THÉORIE DES FONCT[IONS]

DE

VARIABLES IMAGINAIRES

PAR

M. MAXIMILIEN MARIE

RÉPÉTITEUR A L'ÉCOLE POLYTECHNIQUE

TOME PREMIER

—

NOUVELLE GÉOMÉTRIE ANALYTIQUE

OU

EXTENSION DES MÉTHODES DE LA GÉOMÉTRIE DE DESCARTES
A L'ÉTUDE DES LIEUX QUI PEUVENT ÊTRE REPRÉSENTÉS PAR LES SOLUTIONS IMAGINAIRES
DES ÉQUATIONS A DEUX ET A TROIS VARIABLES

PARIS

GAUTHIER-VILLARS, LIBRAIRE-ÉDITEUR

55, QUAI DES AUGUSTINS, 55

—

1874

THÉORIE DES FONCTIONS

DE

VARIABLES IMAGINAIRES

L'Auteur de cet ouvrage se réserve le droit de le traduire ou de le faire traduire en toutes langues. Il poursuivra, en vertu des Lois, Décrets et Traités internationaux, toute contrefaçon ou toute traduction faite au mépris de ses droits.

Le dépôt légal de ce premier volume a été fait à Paris dans le cours du mois de septembre 1874, et toutes les formalités prescrites par les Traités sont remplies dans les divers États avec lesquels la France a conclu des conventions littéraires.

Corbeil: — Typ. et stér. de Crété fils.

THÉORIE DES FONCTIONS

DE

VARIABLES IMAGINAIRES

PREMIÈRE PARTIE

NOUVELLE GÉOMÉTRIE ANALYTIQUE

ou

EXTENSION DES MÉTHODES DE LA GÉOMÉTRIE DE DESCARTES
A L'ÉTUDE DES LIEUX QUI PEUVENT ÊTRE REPRÉSENTÉS PAR LES SOLUTIONS IMAGINAIRES
DES ÉQUATIONS A DEUX ET A TROIS VARIABLES

CHAPITRE PREMIER

DES LIEUX IMAGINAIRES DONT IL SERA QUESTION DANS CET OUVRAGE

1. Les solutions imaginaires d'une équation indéterminée sont infiniment plus nombreuses que les solutions réelles de la même équation.

Une équation $f(x, y) = 0$, ne contenant qu'une variable indépendante, ne fournit qu'un nombre limité de suites de solutions réelles, embrassant des espaces plus ou moins étendus entre $+\infty$ et $-\infty$, soit par rapport à x, soit par rapport à y; mais si, dans la même équation, on remplace x par

$$\alpha + \beta \sqrt{-1},$$

et y par

$$\alpha' + \beta' \sqrt{-1},$$

comme on n'aura entre les quatre variables α, β, α', β' que deux relations, provenant de la décomposition du premier membre de l'équation

$$f(\alpha + \beta \sqrt{-1}, \quad \alpha' + \beta' \sqrt{-1}) = 0$$

en ses deux parties réelle et imaginaire, l'indétermination deviendra

1

double, de sorte que deux des quatre nouvelles variables pourront être regardées comme indépendantes.

De même, dans une équation $f(x, y, z) = 0$, l'indétermination n'est que double tant qu'on n'en considère que les solutions réelles, et devient quadruple lorsqu'il s'agit des solutions imaginaires.

2. On pourrait donc étendre considérablement le champ d'une équation indéterminée, en s'habituant à en étudier les solutions imaginaires aussi bien que les solutions réelles; on les classerait d'abord afin d'y réduire l'indétermination au même ordre que celle des solutions réelles de la même équation, et si l'on pouvait ensuite attacher à des choses réelles et sensibles la représentation sous forme imaginaire, il est clair qu'on serait parvenu à exprimer, sous une même formule, d'abord la loi principale et caractéristique observée par les variables réelles, et, en outre, une infinité d'autres lois analogues à la première.

Ainsi, l'emploi des formes négatives aurait permis de condenser dans une même formule l'expression des lois correspondant aux différentes phases d'un même phénomène, et l'emploi des formes imaginaires permettrait d'y lire encore l'expression des lois d'une infinité de phénomènes analogues au premier.

Une équation à deux variables pourrait représenter une courbe réelle et une infinité de courbes imaginaires; une équation à trois variables représenterait une surface réelle et une infinité d'infinités de surfaces imaginaires. On conservera, par abréviation, la qualification d'imaginaires aux courbes et surfaces fournies par les solutions imaginaires des équations étudiées, mais elles seront parfaitement réelles, les coordonnées de chacun de leurs points n'étant construites qu'après avoir été préalablement débarrassées du signe de l'imaginarité.

3. La réalisation du plan qui vient d'être indiqué nécessite la solution de deux questions préalables : comment classera-t-on les solutions imaginaires d'une équation à deux ou à trois variables; et comment ensuite construira-t-on le point correspondant à chaque solution imaginaire? Car en résolvant arbitrairement ces deux questions, on pourrait associer au lieu géométrique représenté réellement tous les lieux imaginaires que l'on voudrait et qui n'auraient avec le premier aucune propriété commune, présentant quelque intérêt.

Avant tout, il faudra que les lieux imaginaires, associés au lieu réel, restent les mêmes quels que soient les axes auxquels le lieu réel vienne à être rapporté; c'est-à-dire que les coordonnées réelles de chaque point imaginaire devront se former des parties réelles et imaginaires de ses coordonnées imaginaires, suivant une loi telle que ce point se retrouve toujours à la même place sur le plan ou dans l'espace, soit qu'on le construise par rapport aux anciens axes, au moyen de ses coordonnées fournies par l'équation proposée, soit qu'on le construise par rapport à un nouveau système quelconque d'axes, au moyen de ses nouvelles coordonnées composées des anciennes, d'après les formules propres à passer de l'un des systèmes d'axes à l'autre, pour un point réel.

Cette question étant supposée résolue, il faudra en second lieu que les lieux imaginaires associés au lieu réel étant définis et construits, on puisse les étudier aussi bien dans l'équation qui les représentera imaginairement que dans celles qui les représenteraient réellement; il faudra que les mêmes questions posées par rapport au lieu réel ou par rapport à l'un quelconque des lieux imaginaires représentés par la même équation, puissent être résolues au moyen des mêmes calculs, de façon que pour passer de l'un des lieux aux autres, il n'y ait jamais qu'à substituer, dans les résultats obtenus, des coordonnées imaginaires à des coordonnées réelles, et non pas, ce qui est bien différent, de certaines fonctions, plus ou moins faciles à découvrir, des paramètres des lieux imaginaires à des fonctions analogues des paramètres du lieu réel, comme on l'avait fait jusqu'ici dans toutes les tentatives de géométrie comparée, comme on fait, par exemple, lorsque, pour passer de l'ellipse à l'hyperbole, on remplace, dans les résultats, le carré de l'un des axes de la première courbe par le carré affecté du signe *moins* de l'axe non transverse de la seconde.

L'être géométrique alors ne serait plus, comme dans l'antiquité, une branche ou nappe de courbe ou de surface, jouissant dans toute son étendue, et sans aucune modification quelconque, de propriétés absolument identiques; ni, comme dans la géométrie moderne, un assemblage de plusieurs branches ou nappes dont les points jouiraient de propriétés pareilles, à la différence près de quelques changements de sens ou de direction; mais une courbe ou surface, lieu principal dans la question qui en aurait fourni l'équation, accompagné d'une infinité d'autres lieux secondaires, jouissant de propriétés analogues, et qui se substitueraient au lieu réel toutes les fois qu'il ne pourrait plus fournir les solutions déterminées des problèmes qu'on se serait proposé de résoudre.

Il est clair au reste que les deux questions, bien qu'elles puissent être posées séparément, devront être résolues simultanément, en quelque sorte l'une pour l'autre; il eût été effectivement impossible de les séparer à l'origine : toutefois nous pourrons nous borner ici à donner successivement la solution de chacune d'elles, sauf à vérifier ensuite que ces deux solutions concourent bien au but proposé.

Nous nous occuperons d'abord des équations à deux variables, c'est-à-dire des lieux plans.

Des courbes imaginaires.

4. Mettons de côté, pour un moment, la question de construction : la suite de solutions imaginaires de l'équation proposée, qui devra présenter le plus d'intérêt et fournir le lieu le plus analogue au lieu réel, sera évidemment celle qui comprendrait toutes les valeurs réelles de x, auxquelles correspondraient des valeurs imaginaires de y. De toutes les suites de solutions imaginaires de l'équation proposée, ce sera celle qui s'éloignera le moins de la suite des solutions réelles de la même équation.

Mais cette première idée en suggère immédiatement une autre : si la seconde question, qui doit nous occuper bientôt, peut être résolue, si l'on peut trouver, pour construire le point correspondant à un système de valeurs imaginaires de x et de y, une règle qui fournisse toujours le même point pour la même solution, transformée en raison d'un changement d'axes, à chaque système d'axes correspondra une suite de solutions imaginaires, par rapport à y seulement, présentant tout autant d'intérêt que la première.

En conséquence, on réunira dans une même suite toutes les solutions imaginaires de l'équation proposée qui pourraient devenir en même temps réelles par rapport à x, moyennant un changement d'axes convenable.

Ainsi se trouvent définies toutes les suites de solutions imaginaires de l'équation proposée qui fourniront les différents lieux imaginaires que nous considérerons comme représentés par cette équation.

5. Il est facile de découvrir le caractère analytique commun à toutes les solutions qui formeront une même suite; et ce caractère étant connu, la transformation préalable de coordonnées deviendra superflue, on pourra rechercher toutes ces solutions dans l'équation proposée elle-même, en sorte qu'il ne restera plus qu'à construire le point représenté par chacune d'elles.

Soient

$$x = \alpha + \beta \sqrt{-1},$$
$$y = \alpha' + \beta' \sqrt{-1},$$

les coordonnées d'un point imaginaire : une transformation d'axes les changera en

$$x' = mx + ny = m\alpha + n\alpha' + (m\beta + n\beta') \sqrt{-1},$$
$$y' = m'x + n'y = m'\alpha + n'\alpha' + (m'\beta + n'\beta') \sqrt{-1};$$

la nouvelle abscisse du point considéré serait donc réelle si $\dfrac{m}{n}$ se trouvait égal à $-\dfrac{\beta'}{\beta}$. On voit que, quelles que soient les équations qu'on ait l'intention de traiter, ensemble ou séparément, une même transformation de coordonnées pourra rendre en même temps réelles les abscisses de tous les points représentés par celles de leurs solutions dans lesquelles le rapport des parties imaginaires de y et de x aurait la même valeur.

Chacun des lieux imaginaires que nous nous proposons d'étudier, concurremment avec le lieu réel représenté par une équation quelconque, sera donc fourni par les solutions de cette équation où le rapport des parties imaginaires de y et de x aurait la même valeur.

Nous désignerons habituellement ce rapport par la lettre C, et nous lui donnerons le nom de *caractéristique* du lieu imaginaire correspondant, qui lui-même, lorsqu'il aura été construit, prendra le nom de *conjuguée* du lieu réel.

Les caractéristiques d'un même lieu imaginaire rapporté successivement à deux systèmes d'axes différents, sont liées par une relation qu'il sera utile de connaître.

Les formules de transformation

$$x = \frac{x' \sin X'Y + y' \sin Y'Y}{\sin YX}$$

et

$$y = \frac{x' \sin X'X + y' \sin Y'X}{\sin YX}$$

donnent, pour la solution $x = \alpha + \beta \sqrt{-1}$, $y = \alpha' + \beta C \sqrt{-1}$ qui correspond à la solution

$$x' = \alpha_1 + \beta_1 \sqrt{-1}$$
$$y' = \alpha'_1 + \beta_1 C' \sqrt{-1},$$

$$\beta C = \frac{\beta_1 (\sin X'X + C' \sin Y'X)}{\sin YX}$$

et

$$\beta = \frac{\beta_1 (\sin X'Y + C' \sin Y'Y)}{\sin YX},$$

d'où

$$C = \frac{\sin X'X + C' \sin Y'X}{\sin X'Y + C' \sin Y'Y},$$

équation que l'on peut mettre sous la forme

$$CC' \sin Y'Y + C \sin X'Y - C' \sin Y'X - \sin X'X = 0.$$

6. Il suffirait de changer convenablement la direction de l'axe des y pour rendre réelles par rapport à x telles solutions que l'on voudrait, où $\frac{\beta'}{\beta}$ aurait la même valeur ; en effet, des solutions actuellement réelles par rapport à x resteraient telles, quelque nouvelle direction qu'on donnât à l'axe des x sans changer celle de l'axe des y, puisque la nouvelle abscisse ne dépendrait que de l'ancienne.

Si l'on ne fait varier que l'axe des y, la relation précédente se simplifie ; elle devient

$$CC' \sin Y'Y + C \sin XY - C' \sin Y'X = 0.$$

On peut tirer de cette équation une relation entre la caractéristique du lieu imaginaire qu'on veut considérer et la direction qu'il faudrait donner à l'axe des y, pour rendre ses abscisses réelles.

C étant la caractéristique du lieu, si ses abscisses sont devenues réelles, C' est infini et la relation précédente se réduit à

$$C \sin Y'Y = \sin Y'X,$$

ou

$$C = \frac{\sin Y'X}{\sin Y'Y}.$$

C'est-à-dire, que la caractéristique de chaque conjuguée est le coefficient angulaire de la direction qu'il faudrait donner à l'axe des y, pour rendre ses abscisses réelles.

7. Arrivons maintenant à la construction du point représenté par chaque solution imaginaire.

Toute équation pouvant être théoriquement considérée comme décomposable en équations du second degré par rapport à la variable dépendante, et toute conjuguée pouvant, d'un autre côté, être ramenée à avoir ses abscisses réelles : la marche à suivre consistait à choisir d'abord un mode convenable de construction de la conjuguée à abscisses réelles de la courbe représentée par une équation du second degré en y

$$y = \varphi(x) \pm \sqrt{\psi(x)},$$

et, ce mode de construction adopté, à voir ensuite quelle serait la règle à suivre pour retrouver la même conjuguée à l'aide des coordonnées imaginaires nouvelles de ses différents points, fournies par l'équation du même lieu, transformée à la suite d'un changement quelconque d'axes.

Or il paraissait naturel, pour prolonger la courbe

$$y = \varphi(x) \pm \sqrt{\psi(x)},$$

dans les intervalles où $\psi(x)$ se trouvait négatif, de lui associer la courbe

$$y = \varphi(x) \pm \sqrt{-\psi(x)},$$

de façon que toute parallèle à l'axe des y coupant toujours en deux points soit la courbe réelle, soit sa conjuguée à abscisses réelles, elles occupassent à elles deux tout l'espace compris de $x = -\infty$ à $x = +\infty$.

Cette règle s'étend sans difficultés à une équation de degré quelconque.

La conjuguée à abscisses réelles de la courbe représentée par une équation

$$f(x, y) = 0,$$

c'est-à-dire la conjuguée fournie par les solutions de la forme

$$x = \alpha,$$
$$y = \alpha' \pm \beta' \sqrt{-1}$$

de cette équation, s'obtiendra en substituant à chacune de ces solutions le système de valeurs

$$x = \alpha,$$
$$y = \alpha' \pm \beta',$$

de sorte que si l'équation proposée est de degré m en y, toute droite parallèle à l'axe des y coupera toujours en m points soit la courbe réelle, soit sa conjuguée à abscisses réelles.

8. Ces règles posées, il reste, comme nous l'avons dit, à voir comment la conjuguée, qui vient d'être définie, pourra être construite, par rapport à un nouveau système d'axes, au moyen des solutions qui lui correspondront dans l'équation nouvelle du lieu, solutions qui d'ailleurs ne devront être que les transformées de celles qui la fournissaient précédemment.

Or soient généralement

$$x = \alpha + \beta \sqrt{-1},$$
$$y = \alpha' + \beta' \sqrt{-1}$$

les coordonnées d'un point imaginaire quelconque : une transformation de coordonnées les changera en

$$x' = mx + ny = m\alpha + n\alpha' + (m\beta + n\beta') \sqrt{-1},$$
$$y' = m'x + n'y = m'\alpha + n'\alpha' + (m'\beta + n'\beta') \sqrt{-1};$$

et il est évident que si dans les anciennes, aussi bien que dans les nouvelles coordonnées, on remplace $\sqrt{-1}$ par 1, et qu'on construise, par rapport aux deux systèmes d'axes, d'une part le point

$$x = \alpha + \beta,$$
$$y = \alpha' + \beta',$$

et de l'autre le point

$$x' = m\alpha + n\alpha' + (m\beta + n\beta'),$$
$$y' = m'\alpha + n'\alpha' + (m'\beta + n'\beta'),$$

ces deux points coïncideront.

On peut donc adopter la règle qui vient d'être énoncée : elle revient à regarder $\sqrt{-1}$ comme un signe caractéristique de la nature de la grandeur représentée, mais qui ne saurait en modifier l'étendue.

On peut concevoir cette règle sous un autre point de vue : si l'on imagine menées de l'origine les lignes qui aboutiraient aux points $[\alpha, \alpha']$ et $[\beta, \beta']$ dans l'ancien système d'axes, ou aux points $[m\alpha + n\alpha', m'\alpha + n'\alpha']$ et $[m\beta + n\beta', m'\beta + n'\beta']$ dans le nouveau, les deux premières coïncideront avec les deux dernières ; d'un autre côté, on pourrait se rendre de l'origine au point $[xy]$ ou $[x'y']$, en décrivant la ligne brisée dont les côtés seraient égaux et parallèles aux lignes qui joindraient l'origine aux points $[\alpha, \alpha']$ et $[\beta, \beta']$ où $[m\alpha + n\alpha', m'\alpha + n'\alpha']$ et $[m\beta + n\beta', m'\beta + n'\beta']$; on aurait dans les deux cas décrit la même ligne, brisée au même point.

Or, $\frac{\beta'}{\beta}$ restant constant le long d'un même lieu imaginaire, le second côté de la ligne brisée conserverait une direction parallèle à celle qu'il faudrait donner à l'axe des y pour rendre réelles les abscisses de tous les points de ce lieu.

Cela posé, dans le cas où l'équation considérée aurait ses coefficients réels, à la solution

$$x = \alpha + \beta\sqrt{-1},$$
$$y = \alpha' + \beta'\sqrt{-1},$$

il en correspondrait une autre

$$x = \alpha - \beta\sqrt{-1},$$
$$y = \alpha' - \beta'\sqrt{-1},$$

appartenant à la même suite, c'est-à-dire que les deux points

$$[\alpha + \beta\sqrt{-1}, \alpha' + \beta'\sqrt{-1}] \quad \text{et} \quad [\alpha - \beta\sqrt{-1}, \alpha' - \beta'\sqrt{-1}]$$

appartiendraient à un même lieu imaginaire ; or les seconds côtés des deux lignes brisées qui mèneraient de l'origine à ces deux points, seraient égaux et opposés ; ce seraient les moitiés d'une corde du lieu, menée parallèlement à la direction qu'il faudrait donner à l'axe des y pour rendre ses abscisses réelles, et le point $[\alpha, \alpha']$ où les deux lignes se briseraient serait le milieu de cette corde : ce serait donc un point du diamètre du lieu considéré, correspondant aux cordes parallèles à la direction qu'il faudrait donner à l'axe des y pour rendre ses abscisses réelles.

Ainsi la construction d'une conjuguée devenue quelconque, par suite d'un changement d'axes, est entièrement calquée sur la construction de cette même conjuguée dans le système d'axes où ses abscisses sont réelles.

Du caractère obligatoire des règles précédentes.

9. Je n'avais dans l'origine aucune opinion exclusive à l'égard de la représentation des imaginaires : ce qui est bon et utile me paraissant se justifier suffisamment par cela même.

Toutefois la seconde des règles que j'ai adoptées ayant autrefois donné lieu à des critiques, je ne crois pas inutile d'établir que seule elle pouvait remplir la condition fondamentale de conserver au point représentatif d'une solution imaginaire une position fixe sur le plan du tableau, quelque transformation d'axes qu'on dût faire subir à l'équation du lieu.

Cette démonstration ne servira pas seulement à imprimer un nouveau caractère de certitude à la méthode ; en fermant le champ des hypothèses, en matière de représentation des imaginaires, elle enlèvera en même temps tout prétexte à la critique.

La question est celle-ci :

En supposant qu'on veuille figurer une solution imaginaire

$$x = \alpha + \beta \sqrt{-1}, \quad y = \alpha' + \beta' \sqrt{-1}$$

d'une équation

$$f(x, y) = 0,$$

par un point du plan, quelles fonctions de α, β, α' et β', faudra-t-il choisir pour former les coordonnées réelles de ce point, si l'on s'impose la condition que la position de ce point ne change pas quelque transformation d'axes qu'on fasse intervenir ?

En premier lieu, si l'abscisse x_1 du point est représentée par

$$x_1 = \varphi(\alpha, \beta, \alpha', \beta'),$$

son ordonnée devra l'être par

$$y_1 = \varphi(\alpha', \beta', \alpha, \beta),$$

sans quoi l'échange des deux axes de coordonnées ne laisserait pas à la même place le point représentatif de la solution.

D'un autre côté, si l'on transporte l'axe des y parallèlement à lui-même à une distance a, la solution

$$x = \alpha + \beta \sqrt{-1}, \quad y = \alpha' + \beta' \sqrt{-1}$$

deviendra

$$x' = (a + \alpha) + \beta \sqrt{-1}, \quad y' = \alpha' + \beta' \sqrt{-1};$$

les nouvelles coordonnées du point représentatif de la solution deviendront donc

$$x'_1 = \varphi(a + \alpha, \beta, \alpha', \beta'), \quad y'_1 = \varphi(\alpha', \beta', a + \alpha, \beta),$$

et, pour que ce point ait conservé la même position, il faudra que

$$\varphi(a + \alpha, \beta, \alpha', \beta') = \varphi(\alpha, \beta, \alpha', \beta') + a,$$

et que

$$\varphi\,(\alpha',\beta',a+\alpha,\beta)=\varphi\,(\alpha',\beta',\alpha,\beta),$$

quel que soit a.

Ces conditions exigent évidemment d'abord que y_1 ne contienne pas α et, par suite, que x_1 soit de même indépendant de α'; en second lieu que x_1 se compose de α et d'une fonction de β et β', et, par suite, que y_1 se compose de α' et de la même fonction de β' et β.

Ainsi déjà, x_1 et y_1 seront nécessairement exprimés,

$$x_1 \text{ par } \alpha + \varphi\,(\beta,\beta'),$$

et

$$y_1 \text{ par } \alpha' + \varphi\,(\beta',\beta).$$

Rapportons maintenant le lieu au même axe des x et à un nouvel axe d'ordonnées faisant avec l'ancien axe des x l'angle supplémentaire de l'ancien angle des axes; les formules de transformation seront

$$y' = y. \quad \text{et} \quad x' = x + 2y \cos\theta,$$

de sorte que la solution

$$x = \alpha + \beta\sqrt{-1}, \quad y = \alpha' + \beta'\sqrt{-1}$$

sera devenue

$$x' = \alpha + 2\alpha'\cos\theta + (\beta + 2\beta'\cos\theta)\sqrt{-1}, \quad y' = \alpha' + \beta'\sqrt{-1},$$

et que, par suite, les coordonnées du point représentatif auront dû prendre les valeurs

$$x'_1 = \alpha + 2\alpha'\cos\theta + \varphi\,(\beta + 2\beta'\cos\theta, \beta')$$

et

$$y'_1 = \alpha' + \varphi\,(\beta', \beta + 2\beta'\cos\theta).$$

Mais, d'un autre côté, elles auront dû devenir

$$x'_1 = \alpha + \varphi\,(\beta,\beta') + 2\cos\theta\,[\alpha' + \varphi\,(\beta',\beta)]$$

et

$$y'_1 = \alpha' + \varphi\,(\beta',\beta);$$

$\varphi\,(\beta',\beta)$ devrait donc être égal à $\varphi\,(\beta', \beta + 2\beta'\cos\theta)$, quels que fussent β, β' et θ. Cette condition exige évidemment que y_1 ne dépende pas de β et, par suite, que x_1 ne dépende pas de β' : x_1 et y_1 se trouveraient donc réduits,

$$x_1 \text{ à } \alpha + \varphi\,(\beta) \quad \text{et} \quad y_1 \text{ à } \alpha' + \varphi\,(\beta');$$

mais l'homogénéité exige que x_1 et y_1 soient des fonctions linéaires de α, β, α' et β' : par conséquent la seule forme admissible serait

$$x_1 = \alpha + k\beta \quad \text{et} \quad y_1 = \alpha' + k\beta',$$

k désignant une constante numérique.

Il est bien certain que rien ne s'opposerait absolument à ce qu'on donnât à la constante k une valeur différente de 1 ; cela reviendrait à voir dans $\sqrt{-1}$ à la fois un signe et un nombre, tandis que nous n'y avons vu qu'un signe ; mais d'abord la multiplication, dans un rapport quelconque, des parties imaginaires des deux coordonnées x et y n'aurait aucun avantage quelconque ; en second lieu, cette transformation purement arbitraire romprait fort inutilement la continuité entre la courbe réelle et ses conjuguées ; enfin, si l'on voulait considérer la courbe

$$y = \varphi(x) \pm k \sqrt{-\psi(x)}$$

comme conjuguée de la courbe

$$y = \varphi(x) \pm \sqrt{\psi(x)},$$

il faudrait, par les mêmes motifs, regarder la courbe

$$y = \varphi(x) \pm k^2 \sqrt{\psi(x)}$$

comme conjuguée de la courbe

$$y = \varphi(x) \pm k \sqrt{-\psi(x)},$$

ce qui détruirait la réciprocité entre deux courbes conjuguées.

On voit donc que la règle, que j'ai proposée, de représenter la solution

$$x = \alpha + \beta \sqrt{-1}, \quad y = \alpha' + \beta' \sqrt{-1}$$

par le point

$$x_1 = \alpha + \beta, \quad y_1 = \alpha' + \beta'$$

n'offrait rien d'arbitraire, qu'elle tient à la nature des choses et qu'il serait impossible de s'y soustraire.

En résumé, les lieux imaginaires que nous nous proposons d'étudier, que nous associons à chaque lieu réel et que nous regardons comme représentés aussi bien que lui par son équation, sont toutes les courbes que l'on obtiendrait en prenant les solutions de l'équation proposée, où le rapport des parties imaginaires de y et de x serait une constante arbitraire C, et construisant, pour chaque solution, le point qui aurait pour coordonnées les mêmes valeurs de x et de y dans lesquelles on aurait remplacé $\sqrt{-1}$ par 1.

10. On voit par ce qui précède que les ordonnées, l'une réelle, l'autre imaginaire, d'une courbe réelle et de l'une de ses conjuguées, rapportées à un système convenable d'axes, pourront toujours être considérées comme formant une seule et même fonction d'une même abscisse réelle, variable seulement dans des intervalles contraires, pour la courbe réelle et sa conjuguée.

C'est de cette quasi-identité algébrique que naîtront toutes les analogies remarquables que présenteront les deux lieux.

11. D'un autre côté, en ce qui concerne les recherches purement analytiques, la marche que nous avons proposée aura l'avantage considérable de substituer l'étude d'une fonction imaginaire d'une variable réelle à celle, bien plus compliquée, d'une fonction imaginaire d'une variable imaginaire. A la vérité cette substitution paraîtrait exiger celle d'axes mobiles à des axes fixes, mais, en fait, on n'a jamais à effectuer la transformation ; il suffit toujours de la supposer faite.

CHAPITRE II

12. On peut, pour discuter et construire une des conjuguées d'une courbe, soit rendre ses abscisses réelles en donnant à l'axe des y une nouvelle direction convenable et faire ensuite passer x par toutes les valeurs réelles, dans la nouvelle équation ; soit calculer et construire les coordonnées des rencontres imaginaires de la courbe proposée avec des droites réelles ayant pour coefficient angulaire la caractéristique de la conjuguée qu'on veut obtenir.

L'équation $y = Cx + d$, en effet, n'admet de solutions que du système C, car, pour que

$$x = \alpha + \beta \sqrt{-1} \quad \text{et} \quad y = \alpha' + \beta' \sqrt{-1}$$

y satisfassent, il faut que

$$\alpha' = C\alpha + d \quad \text{et} \quad \beta' = C\beta,$$

d'où

$$\frac{\beta'}{\beta} = C.$$

Au reste les équations

$$\alpha' = C\alpha + d \quad \text{et} \quad \beta' = C\beta,$$

ajoutées, donnent

$$\alpha' + \beta' = C (\alpha + \beta) + d,$$

ce qui montre que le point corrrespondant à une solution imaginaire de l'équation

$$y = Cx + d$$

appartient à la droite réelle représentée par cette même équation.

13. Ces mêmes faits pouvaient être aperçus d'une autre manière, car les points de la conjuguée C d'un lieu devant être fournis par les solutions réelles par rapport à x de l'équation nouvelle de ce lieu rapporté au même axe des x et à un nouvel axe d'ordonnées parallèle à la direction

$$y = Cx;$$

14 CHAPITRE II.

c'est-à-dire par les solutions communes à l'équation nouvelle du lieu et à l'équation générale,

$$x = k,$$

dans le nouveau système, des parallèles au nouvel axe des y, ces mêmes points devaient s'obtenir aussi au moyen des solutions communes à l'équation primitive du lieu et à l'équation générale

$$y = Cx + d$$

de ces mêmes parallèles, dans l'ancien système.

D'ailleurs le point correspondant à l'une des solutions dont il s'agit, se trouvant sur l'une des droites

$$x = k,$$

devait par cela même se trouver sur la droite représentée, dans l'ancien système, par l'équation correspondante

$$y = Cx + d.$$

14. L'un des buts que nous nous proposons est d'arriver à construire les conjuguées aussi bien que le lieu réel. Les théories qui vont suivre nous en donneront les moyens, mais nous pouvons déjà remarquer qu'il suffira presque toujours d'avoir construit avec soin la courbe réelle pour se faire une idée générale de la distribution de ses conjuguées, et même de la figure de chacune d'elles. Il ne s'agira, en effet, pour cela, que d'appliquer les remarques suivantes dont l'évidence dispense de toute démonstration.

Si des parallèles menées dans le plan de la courbe réelle ne la coupent pas toutes en autant de points qu'il y a d'unités dans le degré de son équation, il existera nécessairement une conjuguée ayant pour caractéristique le coefficient angulaire commun de ces parallèles, et les rencontres tant avec cette conjuguée qu'avec la courbe réelle devront être, pour chaque parallèle (sauf le cas où elles auraient une des directions asymptotiques), en nombre égal au degré de l'équation.

Si l'on peut mener à la courbe réelle des tangentes parallèles à la direction qu'il faudrait donner à l'axe des y pour rendre réelles les abscisses d'une conjuguée, cette conjuguée passera évidemment par les points de contact de ces tangentes; elle sera elle-même tangente en ces points à la courbe réelle, et les deux courbes y auront leurs concavités tournées en sens contraires. La courbe réelle est donc l'enveloppe de ses conjuguées, ou, du moins, d'une partie de ses conjuguées.

Si toutes les droites imaginables, menées, dans le plan de la courbe réelle, parallèlement aux rayons d'un secteur circulaire, coupent toujours cette courbe en autant de points qu'il y a d'unités dans le degré de son équation, la courbe n'aura pas de conjuguées dont les caractéristiques soient comprises entre les coefficients angulaires des rayons extrêmes de ce secteur. Si l'on ne peut pas mener de tangentes à la courbe réelle parallèlement à une direction donnée, et que cependant les parallèles à cette direction la coupent en un nombre de points moindre que le degré de son équation, il existera une conjuguée ayant pour caractéristique le coefficient angulaire de la direction considérée, mais cette conjuguée ne touchera pas la courbe réelle.

Les courbes imaginaires représentées par une même équation, soit qu'elles touchent ou ne touchent pas la courbe réelle, peuvent avoir une seconde enveloppe, nécessairement imaginaire, qui sera déterminée plus tard.

Nous désignerons habituellement les droites parallèles à la direction $y = Cx$ sous le nom de *cordes réelles* de la conjuguée C.

Extension de la méthode aux équations algébriques à coefficients imaginaires et aux équations transcendantes.

15. Nous supposions implicitement, dans ce qui précède, non-seulement que l'équation proposée eût ses coefficients réels, mais encore représentât un lieu réel. Ces restrictions doivent être abandonnées.

Pour nous une équation

$$f(x, y) = 0,$$

à coefficients réels ou imaginaires, représente, par ses solutions de la forme

$$x = \alpha + \beta \sqrt{-1},$$
$$y = \alpha' + \beta C \sqrt{-1},$$

réalisées par

$$x_1 = \alpha + \beta,$$
$$y_1 = \alpha' + \beta C,$$

une infinité de courbes imaginaires, dont chacune est déterminée par la valeur de C. Les points de la courbe réelle, si elle existe, se trouvant répartis sur les conjuguées, le lieu complet pourrait même être regardé comme ne se composant en réalité que de ses conjuguées.

16. Si la courbe réelle fait défaut, elle sera généralement suppléée dans sa fonction de lien entre les conjuguées par une autre enveloppe imaginaire; mais les conjuguées, outre cette enveloppe imaginaire, ont encore, dans ce cas, une sorte d'enveloppe réelle composée des points dont les coordonnées réelles peuvent satisfaire à l'équation du lieu; car chacun d'entre eux pouvant être considéré comme ayant sa caractéristique indéterminée, c'est-à-dire comme appartenant à une conjuguée quelconque, toutes les conjuguées viendront en général s'y croiser.

17. Si l'on voulait obtenir en coordonnées réelles l'équation de la conjuguée C d'un lieu

$$\mathrm{F}\,(x,\,y) = 0,$$

il faudrait poser

$$x = \alpha + \beta \sqrt{-1}$$

et

$$y = \alpha' + \beta \mathrm{C} \sqrt{-1},$$

substituer dans l'équation proposée, qui se décomposerait en deux

$$f\,(\alpha,\,\beta,\,\alpha') = 0 \quad \text{et} \quad f_1\,(\alpha,\,\beta,\,\alpha') = 0,$$

poser ensuite

$$x_1 = \alpha + \beta$$

et

$$y_1 = \alpha' + \beta \mathrm{C},$$

enfin éliminer α, β et α' entre les quatre équations obtenues.

Si l'équation F, de degré m, avait ses coefficients réels, l'une des équations f et f_1 serait de degré m et l'autre de degré $m-1$, parce que β se serait trouvé facteur commun dans l'ensemble des termes imaginaires de

$$\mathrm{F}\left(\alpha + \beta \sqrt{-1},\quad \alpha' + \beta \mathrm{C} \sqrt{-1}\right) = 0;$$

les deux autres équations étant donc du premier degré, le lieu cherché, c'est-à-dire la conjuguée C, serait du degré $m\,(m-1)$.

Si l'équation F avait au contraire ses coefficients imaginaires, les conjuguées composant le lieu qu'elle représente seraient de degré m^2.

On voit par là que les conjuguées d'un lieu étant généralement de degré bien supérieur à celui de l'équation de ce lieu, l'inconvénient, peu considérable d'ailleurs, comme on le verra par la suite, de la représentation sous forme imaginaire, sera largement compensé par l'avantage toujours si considérable que présente l'abaissement dans le degré des équations.

18. Au reste il faut bien remarquer que si, comme l'ensemble des théories de géométrie analytique a amené les géomètres à le faire, on doit regarder comme une courbe complète et distincte le lieu de tous les points réels représentés par une équation rationnelle à coefficients réels, il n'y a pas à craindre qu'une conjuguée d'un lieu

$$f\,(x,\,y) = 0$$

dont l'équation aurait ou non ses coefficients réels, ne soit composée que de quelques branches d'une courbe de degré supérieur, auquel cas le bénéfice de l'abaissement dans le degré de l'équation de cette courbe, par la représentation sous forme imaginaire, serait compensé et au delà par la suppression effective de quelques branches de cette courbe.

Les équations f et f_1 du numéro précédent étant algébriques et en-

tières, conduiront en effet, pour la conjuguée C, à une équation algébrique et entière, représentant par conséquent une courbe algébrique
complète, contenant tous les points de caractéristique C du lieu
$F = 0$.

19. Toutefois les courbes définies comme conjuguées d'autres courbes
subissent effectivement une réduction que ne comporterait pas leur
représentation en coordonnées réelles : la représentation sous forme
imaginaire les débarrasse des branches parasites qui se présenteraient
sous forme imaginaire dans leurs équations en coordonnées réelles.
En effet, les cordes réelles d'une conjuguée d'un lieu de degré m ne
coupent cette conjuguée qu'en m points au plus, quoique son degré
soit $m(m-1)$ ou m^2 suivant que l'équation du lieu a ses coefficients réels
ou imaginaires et les rencontres omises seraient fournies sous forme
imaginaire dans l'équation en coordonnées réelles de cette même conjuguée.

C'est du reste précisément à la suppression des branches parasites des
courbes, dans leur représentation en coordonnées imaginaires, qu'est
dû l'abaissement indirect de leur degré et par suite la diminution des
difficultés analytiques que comporte leur étude.

20. Une équation transcendante représente, comme une équation
algébrique, une infinité de lieux imaginaires, capables de la même clas-
sification en conjuguées caractérisées par le rapport constant des parties
imaginaires des deux coordonnées.

Par exemple, si dans l'équation de la sinusoïde

$$y = \sin\left(\frac{\pi}{2} - x\right) = \cos x = \frac{e^{x\sqrt{-1}} + e^{-x\sqrt{-1}}}{2},$$

on fait

$$x = 2k\pi + \beta\sqrt{-1},$$

y sera réel et les solutions obtenues appartiendront à la conjuguée $C = 0$
du lieu.

La substitution donne

$$y = \frac{e^{\beta} + e^{-\beta}}{2}$$

puisque

$$e^{2k\pi\sqrt{-1}} = 1.$$

Ainsi la conjuguée $C = 0$ du lieu comprendra d'abord la chaînette

$$y = \frac{e^x + e^{-x}}{2},$$

reproduite une infinité de fois à des intervalles égaux à 2π, parallèlement à l'axe des x.

Si l'on fait $x = (2k+1)\pi + \beta\sqrt{-1}$, y sera encore réel ; les solutions obtenues appartiendront donc encore à la conjuguée $C = 0$, la substitution donnant

$$y = -\frac{e^{\beta} + e^{-\beta}}{2},$$

puisque $e^{(2k+1)\pi\sqrt{-1}} = -1$, la conjuguée $C = 0$ du lieu comprendra donc encore la chaînette

$$y = -\frac{e^{x-\pi} + e^{-(x-\pi)}}{2}$$

également reproduite une infinité de fois à un intervalle constant, 2π compté parallèlement à l'axe des x.

Toutes les chaînettes de la première série touchent la courbe réelle en ses sommets situés au-dessus de l'axe des x, tandis que celles de la seconde la touchent en ses sommets situés au-dessous du même axe.

La conjuguée $C = \infty$ du lieu est évanouissante, parce que, quelque valeur réelle qu'on donne à x, y n'a jamais qu'une valeur réelle.

Les autres conjuguées du lieu seraient des courbes analogues à la chaînette, quant à leur forme, tournées les unes vers les y positifs, les autres vers les y négatifs et toujours tangentes à la sinussoïde, tant que leur caractéristique ne surpasserait pas 1 en valeur absolue.

Celles dont la caractéristique dépasserait les limites -1 et $+1$ ne seraient plus tangentes à la courbe réelle.

21. Nous terminerons ces considérations générales par la démonstration du théorème suivant :

Si une courbe est conjuguée d'une autre courbe, réciproquement celle-ci est conjuguée de celle-là, et les caractéristiques des deux courbes, considérées chacune comme conjuguée de l'autre, sont égales.

La démonstration de ce théorème n'exige évidemment que celle de cet autre plus simple : la conjuguée à abscisses réelles d'une courbe a la première courbe pour conjuguée à abscisses réelles.

Soient y_1 et y_2 deux ordonnées d'une même courbe réelle $f(x, y) = 0$, qui deviennent égales pour une même valeur réelle de l'abscisse, et ensuite imaginaires ; $\varphi(x)$ la demi-somme constamment réelle de ces deux ordonnées et $\psi(x)$ leur demi-différence qui doit devenir imaginaire, lorsque x dépasse certaines limites :

Ces deux ordonnées seront représentées par

$$y_1 = \varphi(x) + \psi(x)$$

et

$$y_2 = \varphi(x) - \psi(x).$$

La conjuguée à abscisses réelles de la courbe proposée contiendra, entre autres, les deux branches représentées par les équations

$$y_1 = \varphi(x) - \psi(x) \sqrt{-1},$$
$$y_2 = \varphi(x) + \psi(x) \sqrt{-1},$$

dans les intervalles où $\psi(x) \sqrt{-1}$ est réel; et l'équation en coordonnées réelles de cette conjuguée sera l'équation algébrique et entière qui admettrait l'une ou l'autre des solutions

$$y = \varphi(x) \pm \psi(x) \sqrt{-1}.$$

Cette équation existe toujours, puisque, pour l'obtenir, il suffirait. d'éliminer α' et β' entre les équations.

$$y = \alpha' + \beta'$$

et

$$f\left(x, \alpha' + \beta' \sqrt{-1}\right) = 0.$$

Imaginons que cette équation, que nous désignerons par

$$f_1(x, y) = 0,$$

ait été trouvée : la courbe $f_1(x, y) = 0$ se composera entre autres des deux branches représentées par les équations

$$y_1 = \varphi(x) - \psi(x) \sqrt{-1},$$
$$y_2 = \varphi(x) + \psi(x) \sqrt{-1},$$

dans les intervalles où $\psi(x) \sqrt{-1}$ est réel; les ordonnées de ces deux branches deviendront égales, lorsque $\psi(x)$ passera par zéro, et ensuite imaginaires ; la conjuguée à abscisses réelles de la courbe $f_1(x, y) = 0$ contiendra donc, entre autres, les deux branches représentées par les équations

$$y_1 = \varphi(x) + \psi(x)$$
$$y_2 = \varphi(x) - \psi(x),$$

dans les intervalles où $\psi(x)$ est réel ; l'équation de cette conjuguée, en coordonnées réelles, sera donc l'équation algébrique et entière qui admettrait l'une ou l'autre des solutions

$$y = \varphi(x) \pm \psi(x);$$

l'équation $f(x, y) = 0$ admettant ces deux solutions sera donc l'équation de la conjuguée de $f_1(x, y) = 0$.

22. On peut remarquer sur ce théorème qu'une courbe quelconque se trouvant au nombre des conjuguées de ses conjuguées, a avec elles des propriétés communes qui l'en rapprochent et qui peuvent servir de point de départ pour former des groupes naturels de courbes distinctes, il est vrai, sous quelques rapports, mais presque identiques sous d'autres.

25. On peut ajouter comme corollaire au théorème précédent cette curieuse remarque :

Lorsqu'un problème, proposé sur une courbe réelle, devient impossible, les solutions imaginaires que fournissent les équations de ce problème donnent, comme on le verra, les solutions du même problème relatif à quelques-unes des conjuguées de la courbe réelle proposée.

D'ailleurs on peut toujours, par une méthode plus complète qui sera bientôt exposée, mettre le problème en équations de manière que la solution obtenue se rapporte à l'une quelconque des conjuguées de la courbe proposée.

Mais si le problème, déjà impossible par rapport à la courbe réelle, l'est encore par rapport à une de ses conjuguées, la solution relative à cette conjuguée sera de nouveau imaginaire ; elle le sera au second ordre, si l'on peut parler ainsi.

Or il est facile de voir que cette solution doublement imaginaire se rapportera à l'une des conjuguées de la conjuguée en question.

Ainsi, supposons que le problème ait pour objet la détermination d'un point jouissant d'une propriété définie et que C soit la caractéristique de la conjuguée sur laquelle on cherche ce point, ses coordonnées auront dû être introduites dans le calcul sous la forme

$$x = \alpha + \beta \sqrt{-1},$$
$$y = \alpha' + \beta C. \sqrt{-1},$$

de telle sorte que les inconnues se soient trouvées être α, β et α' ; or soient

$$f(x, y) = 0$$

l'équation de la courbe réelle, et

$$f_1(x, y) = 0$$

celle de la conjuguée C, en coordonnées réelles : les équations du problème ayant donné pour inconnues des valeurs imaginaires, on aura trouvé par exemple

$$\alpha = \tau + \theta \sqrt{-1},$$
$$\alpha' = \tau' + \theta' \sqrt{-1},$$
$$\beta = \sigma + \rho \sqrt{-1} ;$$

et je dis que le point

$$x_1 = \tau + \theta + \sigma + \rho$$
$$y_1 = \tau' + \theta' + C(\sigma + \rho)$$

appartiendra à l'une des conjuguées de la conjuguée C du lieu $f(x, y) = 0$.

En effet, les équations du problème devaient nécessairement comprendre les deux équations renfermées dans

$$f(\alpha + \beta \sqrt{-1}, \quad \alpha' + \beta C \sqrt{-1}) = 0.$$

Or ces deux équations, jointes à

$$x = \alpha + \beta$$

et

$$y = \alpha' + \beta C,$$

donneraient, par l'élimination de α, β et α', l'équation de la conjuguée C en coordonnées réelles, c'est-à-dire

$$f_1(x, y) = 0;$$

mais α, β et α' ayant les valeurs imaginaires supposées plus haut, celles de x et de y seront

$$x = \tau + \sigma + (\theta + \rho) \sqrt{-1},$$
$$y = \tau' + C\sigma + (\theta' + C\rho) \sqrt{-1},$$

et formeront une solution imaginaire de l'équation

$$f_1(x, y) = 0;$$

cette solution réalisée sous la forme

$$x_1 = \tau + \theta + \sigma + \rho$$
$$y_1 = \tau' + \theta' + C(\sigma + \rho)$$

représentera un point de l'une des conjuguées de $f_1(x, y) = 0$, c'est-à-dire de la conjuguée C de $f(x, y) = 0$.

La caractéristique de cette conjuguée seconde sera au reste

$$\frac{\theta' + C\rho}{\theta + \rho}.$$

La théorie des conjuguées du premier ordre pourrait ainsi s'étendre d'ordre en ordre sans difficultés. Nous n'avons pas l'intention de lui donner une pareille extension, qui serait sans utilité immédiate ; mais comme la pratique fournit d'elle-même des exemples auxquels il faut bien appliquer la méthode d'interprétation qui vient d'être indiquée, nous avons cru devoir en dire au moins un mot.

CHAPITRE III

24. Nous construirons, comme en géométrie plane, le point correspondant à une solution imaginaire quelconque d'une équation à trois variables, en remplaçant le signe $\sqrt{-1}$ par 1 dans les valeurs trouvées pour ses coordonnées. La position du point ainsi obtenue sera indépendante du choix des axes, c'est-à-dire que le même point sera toujours fourni par la solution primitive et par cette solution transformée en raison d'un déplacement quelconque des axes ; car les formules qui servent à passer d'un système à un autre dans l'espace, sont linéaires comme celles qui servent à effectuer le même passage dans un plan, et c'était là en définitive la raison de la permanence du point obtenu.

La vérification du fait est d'ailleurs facile à faire.

En effet, si les formules correspondant à la transformation effectuée sont

$$x' = a + mx + ny + pz,$$
$$y' = b + m'x + n'y + p'z,$$
$$z' = c + m''x + n''y + p''z,$$

deux solutions correspondantes, ancienne et nouvelle, seront :

$$\begin{cases} x = \alpha + \beta \sqrt{-1}, \\ y = \alpha' + \beta' \sqrt{-1}, \\ z = \alpha'' + \beta'' \sqrt{-1}, \end{cases}$$

et

$$x' = a + m\alpha + n\alpha' + p\alpha'' + (m\beta + n\beta' + p\beta'') \sqrt{-1},$$
$$y' = b + m'\alpha + n'\alpha' + p'\alpha'' + (m'\beta + n'\beta' + p'\beta'') \sqrt{-1},$$
$$z' = c + m''\alpha + n''\alpha' + p''\alpha'' + (m''\beta + n''\beta' + p''\beta'') \sqrt{-1},$$

les points réels qui y correspondront auront donc pour coordonnées anciennes et nouvelles

$$\begin{cases} x_1 = \alpha + \beta, \\ y_1 = \alpha' + \beta', \\ z_1 = \alpha'' + \beta'', \end{cases}$$

$$\begin{cases} x'_1 = a + m(\alpha+\beta) + n(\alpha'+\beta') + p(\alpha''+\beta'') = a + mx_1 + ny_1 + pz_1, \\ y'_1 = b + m'(\alpha+\beta) + n'(\alpha'+\beta') + p'(\alpha''+\beta'') = b + m'x_1 + n'y_1 + p'z_1, \\ z'_1 = c + m''(\alpha+\beta) + n''(\alpha'+\beta') + p''(\alpha''+\beta'') = c + m''x_1 + n''y_1 + p''z_1. \end{cases}$$

Ces deux points coïncideront donc.

Il est au reste facile de voir que ce mode de construction est, comme en géométrie plane, le seul qui assure la permanence des lieux représentés par la même équation modifiée à la suite d'une transformation arbitraire de coordonnées.

En effet, pour que le point représenté par une solution imaginaire

$$x = \alpha + \beta \sqrt{-1}, \quad y = \alpha' + \beta' \sqrt{-1}, \quad z = \alpha'' + \beta'' \sqrt{-1}$$

reste fixe dans l'espace, quelque transformation qu'on fasse subir aux axes, il faut notamment que sa projection sur le plan des xy reste la même, quelque transformation qu'on fasse subir aux axes des x et des y, dans leur plan, sans changer la direction de l'axe des z. Il faut donc que les coordonnées de cette projection du point soient réalisées par

$$x_1 = \alpha + \beta \quad \text{et} \quad y_1 = \alpha' + \beta'.$$

Mais la règle relative à l'ordonnée z devant être la même que celle que l'on adopte pour x et y, le z du point représentatif de la solution devra donc être

$$z_1 = \alpha'' + \beta''.$$

25. Quant aux conjuguées de la surface réelle représentée par l'équation proposée, nous formerons chacune d'elles de la réunion des points correspondant aux solutions de cette équation dans lesquelles les rapports des parties imaginaires de z et de x, de z et de y seraient des nombres constants C et C' ; ces rapports seront les deux caractéristiques de la conjuguée correspondante.

Il est facile de voir que les solutions de l'équation proposée dans lesquelles z seulement serait imaginaire, se changeraient, par suite d'une transformation d'axes, en d'autres dans lesquelles les rapports des parties imaginaires de z et de x, de z et de y seraient constants ; et que réciproquement on pourrait rendre réelles par rapport à x et à y, en dirigeant convenablement l'axe des z, toutes les solutions dans lesquelles les parties imaginaires des trois variables seraient dans des rapports constants.

En effet, en premier lieu, si x et y sont réels, les formules précédentes donneront

$$x' = a + m\alpha + n\alpha' + p\alpha'' + p\beta'' \sqrt{-1},$$
$$y' = b + m'\alpha + n'\alpha' + p'\alpha'' + p'\beta'' \sqrt{-1},$$
$$z' = c + m''\alpha + n''\alpha' + p''\alpha'' + p''\beta'' \sqrt{-1},$$

en sorte que les parties imaginaires de z et de x seront dans le rapport constant

$$C = \frac{p''}{p}$$

et les parties imaginaires de z et de y, dans le rapport constant

$$C' = \frac{p''}{p'}.$$

En second lieu, si l'on suppose

$$x = \alpha + \frac{\beta''}{C} \sqrt{-1},$$

$$y = \alpha' + \frac{\beta''}{C'} \sqrt{-1},$$

$$z = \alpha'' + \beta'' \sqrt{-1},$$

les mêmes formules montrent que pour que x' et y' deviennent réels, il suffira que

$$\frac{m}{C} + \frac{n}{C'} + p = 0$$

et

$$\frac{m'}{C} + \frac{n'}{C'} + p' = 0.$$

Ces deux conditions détermineront la direction du nouvel axe des z, sans d'ailleurs assujettir les nouveaux axes des x et des y à aucune obligation. Car si l'on avait une fois rendu réelles les abscisses et les ordonnées d'une conjuguée, toute nouvelle transformation où l'axe des z ne subirait aucun nouveau déplacement laisserait toujours réelles les abscisses et les ordonnées de cette même conjuguée.

Les rapports $C = \dfrac{\beta''}{\beta}$ et $C' = \dfrac{\beta''}{\beta'}$ définissent une conjuguée et la déterminent.

26. Les conjuguées d'une surface seront donc toutes les surfaces qu'on obtiendrait en donnant successivement à l'axe des z toutes les directions possibles et construisant, pour chacune d'elles, les valeurs imaginaires de z qui correspondraient à des valeurs réelles de x et de y.

Chaque conjuguée touchera la surface réelle suivant son contour apparent, parallèlement à la direction qu'il faudrait donner à l'axe des z pour rendre réelles les abscisses et les ordonnées de cette conjuguée; la surface réelle sera donc l'enveloppe de ses conjuguées.

Si la surface réelle n'avait pas de tangentes parallèles à la direction qu'il faudrait donner à l'axe des z pour rendre réelles les abscisses et les ordonnées de la conjuguée considérée, et que toutes les parallèles à cette direction coupassent la surface réelle en un nombre de points égal à son degré, la conjuguée en question n'existerait pas.

Si ces mêmes parallèles coupaient la surface réelle en un nombre de points inférieur à son degré, la conjuguée considérée existerait bien, mais ne toucherait plus la surface réelle.

27. On verra plus loin que les conjuguées d'une surface, qu'elles la touchent ou non, ont généralement une seconde enveloppe imaginaire ; mais cette seconde enveloppe différera essentiellement de l'enveloppe réelle en ce que chaque conjuguée ne la touchera généralement qu'en un nombre limité de points.

28. Les équations d'une droite réelle

$$x = \frac{1}{C} z + d,$$

$$y = \frac{1}{C'} z + d',$$

n'admettent de solutions que du système [C, C'], car si l'on y fait

$$x = \alpha + \beta \sqrt{-1},$$
$$y = \alpha' + \beta' \sqrt{-1},$$
$$z = \alpha'' + \beta'' \sqrt{-1},$$

elles donnent

$$\alpha = \frac{1}{C} \alpha'' + d, \quad \alpha' = \frac{1}{C'} \alpha'' + d'$$

et

$$\beta = \frac{1}{C} \beta'', \quad \beta' = \frac{1}{C'} \beta'' :$$

au reste la solution réalisée représente un point de la droite réelle elle-même, car les équations précédentes, ajoutées deux à deux, donnent

$$\alpha + \beta = \frac{1}{C} (\alpha'' + \beta'') + d$$

et

$$\alpha' + \beta' = \frac{1}{C'} (\alpha'' + \beta'') + d'.$$

On voit par là d'abord que pour construire par points la conjuguée [C, C'] d'une surface, au lieu de commencer par rendre réelles ses coordonnées x et y, on pourra préférablement la considérer comme le lieu des intersections imaginaires de la surface proposée et de toutes les droites réelles parallèles à la direction

$$x = \frac{1}{C} z,$$

$$y = \frac{1}{C'} z ;$$

en second lieu que les inverses des caractéristiques d'une conjuguée ne sont autre. chose que les coefficients angulaires de la direction qu'il faudrait donner à l'axe des z pour rendre réelles les abscisses et les ordonnées de cette conjuguée.

Nous désignerons habituellement les droites parallèles à la direction

$$x = \frac{1}{C} z, \quad y = \frac{1}{C'} z$$

sous le nom de *cordes réelles* de la conjuguée [C, C'].

29. L'équation d'un plan réel

$$Mx + Ny + Pz + Q = 0$$

n'est pas non plus capable de solutions de tous les systèmes; si l'on y fait

$$x = \alpha + \frac{\beta''}{C} \sqrt{-1}, \quad y = \alpha' + \frac{\beta''}{C'} \sqrt{-1}, \quad z = \alpha'' + \beta'' \sqrt{-1},$$

il en résulte

$$M\alpha + N\alpha' + P\alpha'' + Q = 0$$

et

$$\left(\frac{M}{C} + \frac{N}{C'} + P \right) \beta'' = 0.$$

La seconde de ces équations constitue une relation entre les caractéristiques des solutions dont est capable l'équation du plan. D'un autre côté, l'addition des mêmes équations donne

$$M(\alpha + \beta) + N(\alpha' + \beta') + P(\alpha'' + \beta'') + Q = 0,$$

d'où l'on voit que la solution réalisée représente un point du plan réel lui-même.

30. La section totale d'une surface

$$f(x, y, z) = 0,$$

par un plan réel

$$Mx + Ny + Pz + Q = 0,$$

c'est-à-dire le lieu des points réels ou imaginaires fournis par le système des deux équations ne peut se composer, d'après ce qu'on vient de voir, que des sections effectives par ce plan, de la surface réelle et de toutes celles de ses conjuguées dont les caractéristiques satisfont à la relation

$$\frac{M}{C} + \frac{N}{C'} + P = 0;$$

or les cordes réelles de la conjuguée [C, C'] sont parallèles à la droite

$$x = \frac{1}{C} z, \quad y = \frac{1}{C'} z;$$

la condition

$$\frac{M}{C} + \frac{N}{C'} + P = 0$$

exprime donc que le plan sécant est parallèle aux cordes réelles des conjuguées dont il contient les sections.

En d'autres termes, la section totale faite par un plan dans une surface quelconque se compose exclusivement de la section faite dans la surface réelle et des sections faites dans les conjuguées dont les cordes réelles sont parallèles au plan sécant.

Au reste, les courbes imaginaires qui font partie de cette section totale sont les conjuguées mêmes de la courbe réelle qui y est comprise, si du moins cette section réelle existe ; car, si l'on prenait le plant sécant pour l'un des plans coordonnés, ce qui ne saurait altérer la section, on obtiendrait bien un lieu plan composé, en général, d'une courbe réelle et de toutes ses conjuguées.

31. Nous pourrons avoir à nous occuper d'équations à coefficients imaginaires; le lieu total représenté par une pareille équation comprendra en général une courbe réelle représentée par le système des deux équations dans lesquelles se décomposerait la proposée en y séparant les parties réelles et imaginaires.

Cette courbe réelle, pouvant être considérée comme fournie par des solutions de caractéristiques indéterminées, devra appartenir à toutes les conjuguées, c'est-à-dire qu'elle en sera, en général, l'intersection commune.

32. Pour obtenir en coordonnées réelles l'équation de la conjuguée [C, C'] d'un lieu

$$F(x, y, z) = 0,$$

il faudrait poser

$$x = \alpha + \frac{\beta''}{C} \sqrt{-1},$$

$$y = \alpha' + \frac{\beta''}{C'} \sqrt{-1},$$

$$z = \alpha'' + \beta'' \sqrt{-1},$$

substituer dans $F = 0$, qui se décomposerait en deux équations

$$f(\alpha, \alpha', \alpha'', \beta'') = 0$$

et

$$f_1 (\alpha, \alpha', \alpha'', \beta'') = 0,$$

poser alors

$$x_1 = \alpha + \frac{\beta''}{C},$$

$$y_1 = \alpha' + \frac{\beta''}{C'},$$

$$z_1 = \alpha'' + \beta'',$$

et éliminer α, α', α'' et β'' entre les cinq équations obtenues.

Si l'équation $F = 0$, de degré m, avait ses coefficients réels, l'une des équations $f = 0$ et $f_1 = 0$ serait de degré m et l'autre de degré $m - 1$, en sorte que la conjuguée serait de degré $m(m-1)$.

Au contraire si l'équation $F = 0$ avait ses coefficients imaginaires, le degré d'une de ses conjuguées serait m^2.

33. Le théorème du n° 21 et la remarque contenue au n° 23 s'étendent sans difficulté aux surfaces : nous nous bornerons à en reproduire les énoncés.

Si une surface est conjuguée d'une autre surface, réciproquement celle-ci l'est de celle-là, et les caractéristiques des deux surfaces, considérées chacune comme conjuguée de l'autre, sont égales, c'est-à-dire que les cordes réelles des deux conjuguées ont la même direction.

La solution d'un problème impossible par rapport à une conjuguée se rapporte à une conjuguée de cette conjuguée.

Des lignes imaginaires dans l'espace.

34. Les solutions imaginaires communes à deux équations à trois variables, prises arbitrairement, comporteraient une double indétermination, c'est-à-dire que deux des six variables α, β, α', β', α'', β'' seraient indépendantes, en sorte que la section commune aux deux lieux serait une surface ; mais en général les points de cette surface dont les coordonnées auraient mêmes caractéristiques, c'est-à-dire qui appartiendraient à deux conjuguées de mêmes caractéristiques des deux lieux proposés, ces points seraient en nombre limité.

Cependant il pourra arriver que les solutions communes à deux équations $f(x, y, z) = 0$, $f_1(x, y, z) = 0$, doivent avoir leurs caractéristiques liées par une relation particulière ; dans ce cas la section totale ne se composera que de points appartenant à des conjuguées des deux lieux dont les caractéristiques seraient liées par cette relation ; alors naturellement les solutions communes, ayant des caractéristiques données, seront en nombre infini, et par suite la surface de section se composera des sections deux à deux des conjuguées des lieux primitifs dont les caractéristiques satisferaient à la condition supposée.

C'est ce que nous avons déjà vu lorsque nous nous sommes occupés de la section totale d'un lieu, quelconque d'ailleurs, par un plan réel.

Le même fait se représentera, par les mêmes motifs, dans tous les cas où les deux surfaces réelles considérées auraient leur intersection plane, ou, plus généralement encore (car il n'est pas nécessaire que les deux surfaces réelles se coupent effectivement), dans tous les cas où une combinaison des équations proposées fournirait comme conséquence l'équation d'un plan réel.

Mais il est bien clair que l'hypothèse que les deux lieux aient leur intersection plane n'est aucunement nécessaire à la réalisation du fait dont il s'agit, qui pourra se présenter dans une foule d'autres circonstances.

CHAPITRE IV

35. Pour obtenir celle des conjuguées d'une ellipse dont les cordes réelles auraient une direction donnée, on pourra prendre pour axes le diamètre parallèle à cette direction et son conjugué : l'équation de la courbe prendra alors la forme

$$a'^2 y^2 + b'^2 x^2 = a'^2 b'^2,$$

et si l'on fait varier x en dehors des limites $- a'$ et $+ a'$, y prendra la valeur

$$y = \pm \frac{b'}{a'} \sqrt{x'^2 - a'^2} \sqrt{- 1}$$

qui, réalisée, n'est autre que celle de l'ordonnée de l'hyperbole

$$a'^2 y^2 - b'^2 x^2 = - a'^2 b'^2.$$

Ainsi les conjuguées d'une ellipse sont toutes les hyperboles qui ont avec elle un système de diamètres conjugués commun ; elles recouvrent tout le plan sauf l'intérieur de l'ellipse.

36. On obtiendra de même celle des conjuguées d'une hyperbole dont les cordes réelles auraient une direction donnée, en rapportant cette hyperbole au diamètre parallèle à la direction donnée et à son conjugué.

L'équation de la courbe prendra alors l'une des formes

$$a'^2 y^2 - b'^2 x^2 = - a'^2 b'^2,$$

ou

$$b''^2 y^2 - a''^2 x^2 = a''^2 b''^2,$$

suivant que le diamètre parallèle à la direction donnée sera non transverse ou transverse, c'est-à-dire suivant qu'on pourra, ou non, mener à la courbe réelle des tangentes parallèles à cette direction.

Dans le premier cas, si l'on fait varier x entre $- a'$ et $+ a'$, y prendra la valeur

$$y = \pm \frac{b'}{a'} \sqrt{a'^2 - x^2} \sqrt{- 1};$$

qui, réalisée, est celle de l'ordonnée de l'ellipse

$$a'^2 y^2 + b'^2 x^2 = a'^2 b'^2 ;$$

dans le second, y étant toujours réel quelque valeur réelle qu'on attribue à x, la conjuguée correspondant à la direction donnée n'existerait pas, ce qu'il est du reste facile de vérifier, car l'équation

$$a^2 y^2 - b^2 x^2 = - a^2 b^2,$$

pour une solution $x = \alpha + \beta \sqrt{-1}$, $y = \alpha' + \beta C \sqrt{-1}$, donne

$$a^2 (\alpha'^2 - \beta^2 C^2) - b^2 (\alpha^2 - \beta^2) = - a^2 b^2$$

et

$$a^2 \alpha' C - b^2 \alpha = 0,$$

d'où, en éliminant α,

$$a^2 (\alpha'^2 - \beta^2 C^2) - b^2 \left(\frac{a^4 \alpha'^2 C^2}{b^4} - \beta^2 \right) = - a^2 b^2;$$

équation qui revient à

$$C^2 = \frac{a^2 b^2 \alpha'^2 + b^4 \beta^2 + a^2 b^4}{a^4 \alpha'^2 + a^2 b^2 \beta^2} = \frac{b^2}{a^2} + \frac{b^4}{a^3 \alpha'^2 + b^2 \beta^2},$$

ce qui confirme que C^2 ne saurait être moindre que $\frac{b^2}{a^2}$.

Ainsi les conjuguées d'une hyperbole sont toutes les ellipses qui ont avec elle un système de diamètres conjugués commun; mais leur caractéristique ne peut prendre les valeurs des coefficients angulaires des rayons menés du centre aux points de la courbe réelle. Chaque conjuguée touche encore la courbe réelle en deux points; mais elles ont une autre enveloppe, imaginaire; c'est le lieu des extrémités des diamètres non transverses de la courbe réelle, c'est-à-dire l'hyperbole qu'on appelle habituellement conjuguée de la première, et que nous nommerons préférablement sa supplémentaire.

Cette hyperbole supplémentaire, lorsque la courbe est rapportée à deux de ses diamètres conjugués, et que son équation, par conséquent, est

$$a'^2 y^2 - b'^2 x^2 = - a'^2 b'^2,$$

est fournie par les solutions de la forme

$$x = \beta \sqrt{-1}, \quad y = \beta' \sqrt{-1},$$

car la substitution donne

$$a'^2 \beta'^2 - b'^2 \beta^2 = a'^2 b'^2.$$

Les conjuguées recouvrent tout l'espace compris entre les deux hyper-ooles et ne pénètrent à l'intérieur ni de l'une ni de l'autre.

57. Lorsque la caractéristique se rapproche du coefficient angulaire de l'une des asymptotes, la conjuguée s'allonge de plus en plus en s'aplatissant. A la limite, la conjuguée se confond avec l'asymptote elle-même qu'elle recouvre deux fois.

Au reste les coordonnées d'un quelconque des points de l'une des conjuguées limites, analytiquement, sont infinies.

En effet l'équation

$$a^2 y^2 - b^2 x^2 = - a^2 b^2,$$

pour une solution

$$x = \alpha + \beta \sqrt{-1}$$
$$y = \alpha' + \beta \frac{b}{a} \sqrt{-1},$$

donne

$$a^2 \alpha'^2 - b^2 \beta^2 - b^2 \alpha^2 + b^2 \beta^2 = - a^2 b^2$$

et

$$ab\alpha'\beta - b^2 \alpha\beta = 0,$$

C'est-à-dire, puisque β ne saurait être nul qu'au point de contact de la conjuguée avec la courbe réelle,

$$\alpha' = \frac{b}{a}\alpha \quad \text{et} \quad a^2 \alpha'^2 - b^2 \alpha^2 = - a^2 b^2.$$

β, d'après ces équations, serait complétement indéterminé, tandis que α et α' seraient infinis, car en éliminant entre elles l'une de ces deux variables on tombe sur une impossibilité

$$0 = - a^2 b^2;$$

mais si α et α' sont infinis, β doit l'être aussi pour que $\alpha + \beta$ et $\alpha' + \beta \dfrac{b}{a}$ restent finis.

Ainsi les points de la conjuguée qui se confond avec l'asymptote $y = \dfrac{b}{a} x$ sont fournis par les solutions de la forme

$$x = \alpha + \beta \sqrt{-1};$$
$$y = \frac{b}{a}(\alpha + \beta \sqrt{-1}),$$

dans lesquelles α et β sont infinis, mais $\alpha + \beta$ fini et variable.

58. Pour obtenir celle des conjuguées d'une parabole dont les cordes réelles auraient une direction donnée, on pourra prendre pour axes la

tangente parallèle à cette direction et le diamètre correspondant. L'é-
quation de la courbe prendra alors la forme

$$y^2 = 2p'x,$$

et, si l'on fait varier x de $-\infty$ à 0, y prendra la valeur

$$y = \pm \sqrt{-2p'x}\sqrt{-1},$$

qui, réalisée, n'est autre que celle de l'ordonnée de la parabole

$$y^2 = -2p'x.$$

Ainsi les conjuguées d'une parabole sont toutes les paraboles égales à la
proposée, ayant avec elle un diamètre et une tangente commune, mais
l'ouverture dirigée en sens contraire. Elles recouvrent tout le plan excepté
l'intérieur de la courbe réelle.

39. L'équation de l'ellipse évanouissante

$$a^2y^2 + b^2x^2 = 0$$

ou

$$y = \pm \frac{b}{a}\sqrt{-1}\, x$$

doit nécessairement représenter les hyperboles réduites à leurs asymptotes qui correspondent à cette ellipse évanouissante.

Chacune des équations

$$y = +\frac{b}{a}\sqrt{-1}\, x \quad \text{et} \quad y = -\frac{b}{a}\sqrt{-1}\, x,$$

considérée isolément, représente donc un faisceau de droites divergeant
de l'origine, centre de l'ellipse évanouissante.

L'enveloppe réelle des conjuguées est alors réduite à un point.

40. L'équation

$$a^2y^2 + b^2x^2 = -a^2b^2$$

offre un exemple où l'enveloppe réelle n'existe plus. Le lieu total qu'elle
représente, rapporté à de nouveaux axes dirigés suivant deux diamètres
conjugués de l'ellipse

$$a^2y^2 + b^2x^2 = a^2b^2,$$

fournie par les solutions de la forme

$$x = \beta\sqrt{-1}, \quad y = \beta'\sqrt{-1}$$

de l'équation proposée, aurait évidemment pour équation nouvelle

$$a'^2 y^2 + b'^2 x^2 = -a'^2 b'^2.$$

La conjuguée dont la caractéristique aurait eu la valeur du coefficient angulaire ancien de la direction qu'on a donnée au nouvel axe des y n'est donc autre chose que l'hyperbole

$$-a'^2 y^2 + b'^2 x^2 = -a'^2 b'^2,$$

qui touche l'ellipse

$$a^2 y^2 + b^2 x^2 = a^2 b^2$$

aux deux extrémités de son diamètre couché suivant le nouvel axe des y.

Ainsi les conjuguées qui composent le lieu

$$a^2 y^2 + b^2 x^2 = -a^2 b^2$$

sont encore toutes les hyperboles qui ont, avec l'ellipse

$$a^2 y^2 + b^2 x^2 = a^2 b^2,$$

un système de diamètres conjugués commun ; mais cette ellipse n'en est plus que l'enveloppe imaginaire.

Au reste la caractéristique d'une quelconque des conjuguées n'est plus, comme pour lés conjuguées de l'ellipse réelle, le coefficient angulaire du diamètre non transverse qu'elle a de commun avec l'enveloppe, mais celle du diamètre transverse.

Le renversement de la courbure d'une conjuguée, et le changement dans le mode d'accouplement de ses quatre branches, s'est produit au moment où, l'ellipse s'évanouissant, les quatre sommets ont été un instant confondus et la courbure nulle.

Application aux surfaces du second ordre.

41. Les conjuguées d'un ellipsoïde sont les hyperboloïdes continus qui ont avec lui un système de trois diamètres conjugués communs.

En effet, si l'on dirige l'axe des z de manière à rendre réelles les abscisses et les ordonnées de la conjuguée qu'on veut obtenir, et ceux des x et des y suivant deux diamètres conjugués de la section faite par le plan diamétral conjugué de l'axe des z, l'équation de la surface deviendra

$$\frac{x^2}{a'^2} + \frac{y^2}{b'^2} + \frac{z^2}{c'^2} = 1 ;$$

la conjuguée cherchée aura donc son z imaginaire sans partie réelle, par conséquent son équation en coordonnées réelles sera

$$\frac{x^2}{a'^2} + \frac{y^2}{b'^2} - \frac{z^2}{c'^2} = 1,$$

qui représente l'hyperboloïde à une nappe circonscrit à l'ellipsoïde le long de la section faite dans cette surface par le plan des x, y.

Les conjuguées de l'ellipsoïde remplissent donc tout l'espace, sauf l'intérieur de cet ellipsoïde.

42. Les conjuguées de l'hyperboloïde à une nappe sont des ellipsoïdes ou des hyperboloïdes à deux nappes selon que les parallèles à leurs cordes réelles, menées par le centre, sont intérieures ou extérieures au cône asymptote.

En effet, les mêmes dispositions étant prises que dans le cas précédent, l'équation de l'hyperboloïde prendra l'une des deux formes

$$\frac{x^2}{a'^2} + \frac{y^2}{b'^2} - \frac{z^2}{c'^2} = 1$$

ou

$$\frac{x^2}{a'^2} - \frac{y^2}{b'^2} + \frac{z^2}{c'^2} = 1 ;$$

la conjuguée cherchée, dont les x et y seraient réels, aura donc son z imaginaire sans partie réelle ; son équation en coordonnées réelles sera, suivant l'hypothèse,

$$\frac{x^2}{a'^2} + \frac{y^2}{b'^2} + \frac{z^2}{c'^2} = 1$$

ou

$$\frac{x^2}{a'^2} - \frac{y^2}{b'^2} - \frac{z^2}{c'^2} = 1.$$

Ces deux équations représentent l'une un ellipsoïde, l'autre un hyperboloïde à deux nappes.

Chaque conjuguée a encore trois diamètres conjugués communs avec la surface réelle.

43. Les conjuguées dont les cordes réelles seraient parallèles aux génératrices du cône asymptote sont évanouissantes ; mais il convient de remarquer que, lorsque la direction des cordes réelles d'une conjuguée se rapproche de celle d'une génératrice du cône asymptote, la courbe de contact de cette conjuguée avec la surface réelle tend à se réduire à deux droites parallèles, tandis que le diamètre conjugué du plan de cette courbe tend à venir se placer sur ce plan. Suivant donc que la conjuguée limite est considérée comme un ellipsoïde ou un hyperboloïde à deux nappes, elle se réduit elle-même à un cylindre elliptique aplati sur le plan des deux parallèles et dans leur intérieur, ou à un cylindre hyperbolique aplati sur le même plan, mais en dehors des mêmes parallèles. Le double du plan diamétral singulier, correspondant à la direction donnée, forme donc l'ensemble des deux conjuguées évanouissantes.

44. Les ellipsoïdes conjugués d'un hyperboloïde à une nappe remplissent l'espace compris entre cet hyperboloïde et l'hyperboloïde à deux nappes de mêmes axes qui aurait le même cône asymptote.

Quant aux hyperboloïdes à deux nappes conjuguées du même hyperboloïde à une nappe, ils occupent tout l'espace compris en dehors de la surface réelle.

Les ellipsoïdes conjugués d'un hyperboloïde à une nappe ont, pour seconde enveloppe imaginaire l'hyperboloïde à deux nappes supplémentaire; mais, conformément à ce qui a été dit au n° 27, chaque conjuguée ne touche cette enveloppe qu'en deux points.

45. La parallèle menée par le centre aux cordes réelles d'une conjuguée de l'hyperboloïde à deux nappes ne peut être qu'extérieure au cône asymptote, puisque toute parallèle à une droite menée du sommet à l'intérieur de ce cône couperait nécessairement la surface réelle en deux points.

Cela posé, si l'on prend pour axe des z une parallèle menée par le centre aux cordes réelles d'une conjuguée de l'hyperboloïde à deux nappes, et pour axes des x et des y deux diamètres conjugués de la section faite par le plan diamétral conjugué de cette direction, l'équation de la surface réelle aura l'une des formes

$$\pm \frac{x^2}{a'^2} \mp \frac{y^2}{b'^2} - \frac{z^2}{c'^2} = 1,$$

selon que ce sera l'axe des x ou l'axe des y qui sera transverse, mais l'axe des z sera toujours non transverse.

La conjuguée dont les x et y seraient réels et par suite les z imaginaires sans parties réelles, aura donc pour équation en coordonnées réelles

$$\pm \frac{x^2}{a'^2} \mp \frac{y^2}{b'^2} + \frac{z^2}{c'^2} = 1.$$

Ce sera donc toujours un hyperboloïde à une nappe. Les conjuguées de l'hyperboloïde à deux nappes sont donc les hyperboloïdes continus qui ont avec lui un système de diamètres conjugués commun et le touchent suivant ses sections centrales réelles.

46. Les conjuguées dont les cordes réelles seraient parallèles aux génératrices du cône asymptote sont évanouissantes. Mais lorsque la direction des cordes réelles d'une conjuguée se rapproche de celle d'une génératrice du cône asymptote, la section de la surface réelle par le plan diamétral conjugué de cette direction, a son axe transverse infini et une ouverture nulle; en même temps le diamètre conjugué du plan de cette section tend à venir se placer sur ce plan. La conjuguée se réduit donc encore dans ce cas au double du plan diamétral singulier correspondant à la direction de ses cordes réelles.

47. Les conjuguées du paraboloïde elliptique sont des paraboloïdes hyperboliques de mêmes paramètres, et opposés à lui par un diamètre commun.

En effet, si l'on prend pour axe des z une quelconque des tangentes menées à la surface parallèlement à la direction des cordes réelles de la conjuguée qu'on veut obtenir, pour origine le point de contact de cette tangente, pour axe des x une parallèle à l'axe de la surface, pour plan des zy le plan tangent à l'origine, enfin pour axe des y le diamètre conjugué de l'axe des z dans la section évanouissante faite par le plan des zy, l'équation de la surface aura la forme

$$\frac{y^2}{p} + \frac{z^2}{p'} = 2x \, ;$$

la conjuguée dont les x et y seraient réels, et dont par suite les z seraient imaginaires sans parties réelles, aura donc pour équation en coordonnées réelles

$$\frac{y^2}{p} - \frac{z^2}{p'} = 2x :$$

ce sera donc un paraboloïde hyperbolique circonscrit au paraboloïde elliptique le long de la section faite dans cette surface par le plan des xy.

La conjuguée dont les cordes réelles seraient parallèles à l'axe de la surface serait rejetée à l'infini.

48. Les conjuguées du paraboloïde hyperbolique sont des paraboloïdes elliptiques de mêmes paramètres et opposés à lui par un diamètre commun.

Il n'y aurait pour le voir qu'à renverser la démonstration précédente.

Mais il faut remarquer que selon que la parallèle menée par un point de l'axe aux cordes réelles d'une conjuguée sera comprise dans l'un ou l'autre couple des angles dièdres formés par les plans directeurs, la conjuguée aura sa concavité tournée vers une des directions de l'axe ou vers l'autre.

En effet, si l'on fait mouvoir un plan, non parallèle à l'axe, parallèlement à lui-même, selon qu'il se trouve d'un côté ou de l'autre de la position qu'il occupe lorsqu'il est tangent, l'hyperbole de section a ses branches comprises dans un des couples des angles dièdres formés par les deux plans directeurs menés par le diamètre lieu de ses centres, ou dans l'autre couple.

Or, pour qu'une droite réelle coupe imaginairement une hyperbole, il faut que sa parallèle menée du centre ne soit pas comprise dans les mêmes angles, formés par les asymptotes, où se trouve la courbe elle-même.

Suivant donc que la direction donnée aura sa parallèle contenue dans l'un ou l'autre couple des angles dièdres formés par les deux plans directeurs, il faudra, pour obtenir la conjuguée correspondante, faire mouvoir la corde idéale vers la droite de l'axe ou vers la gauche à partir de la parabole de contact du cylindre circonscrit au paraboloïde parallèlement à la direction donnée.

49. La conjuguée dont les cordes réelles seraient parallèles à l'axe même de la surface, serait rejetée à l'infini.

Quant à celles dont les cordes réelles seraient parallèles aux plans directeurs, elles seraient évanouissantes; celle dont les cordes réelles seraient parallèles à une génératrice rectiligne désignée de la surface, se réduirait au double du plan mené par cette génératrice parallèlement à l'axe.

En effet, si l'on coupe la surface par une série quelconque de plans parallèles à cette génératrice, le lieu des centres des sections hyperboliques obtenues sera une parallèle à l'axe, menée par le point de la génératrice où le plan tangent à la surface est parallèle aux plans considérés; celle des asymptotes de l'hyperbole de section qui sera parallèle à la génératrice désignée, décrira donc toujours le même plan directeur quelle que soit la direction donnée aux plans sécants. Mais, dans chaque position du plan sécant, l'asymptote dont on vient de parler, doublée, sera précisément la conjuguée de l'hyperbole de section, correspondante à la direction assignée pour les cordes réelles; le lieu de ces courbes conjuguées n'est autre chose que la surface conjuguée cherchée.

Cette surface conjuguée se confondra donc avec le plan directeur doublé que l'on mènerait par la génératrice désignée.

50. Pour déterminer les conjuguées d'un cône du second degré, on pourra l'assimiler à l'un des hyperboloïdes, par exemple à l'hyperboloïde à une nappe; on verra dès lors immédiatement que, si les cordes réelles d'une conjuguée sont parallèles à une droite menée du sommet à l'intérieur du cône, la conjuguée se réduira au sommet; que, si les cordes réelles sont parallèles à une génératrice du cône, la conjuguée se réduira au double du plan tangent mené suivant cette génératrice; enfin que les conjuguées non singulières sont des cônes du second degré ayant même sommet que le cône réel donné.

Pour préciser davantage, il suffira de rappeler ce qui a été dit plus haut sur les sections faites par un plan réel dans une surface et dans ses conjuguées. On verra ainsi que les conjuguées d'un cône du second degré sont tous les cônes qui auraient même sommet et pour directrices, dans tous les plans imaginables, les conjuguées des sections faites par les mêmes plans dans le cône réel, chaque plan sécant fournissant les directrices des cônes conjugués dont les cordes réelles lui seraient parallèles.

51. En considérant les cylindres du second degré comme des cônes dont les sommets seraient à l'infini, on pourra leur appliquer les considérations précédentes, et l'on en conclura que les conjuguées d'un cylindre du second degré sont tous les cylindres du second degré qui auraient leurs génératrices parallèles aux siennes et, pour directrices, dans tous les plans imaginables, les conjuguées des sections faites par les mêmes plans dans le cylindre réel; mais les plans réels, dont les sections pourraient fournir les directrices d'un des cylindres conjugués, devraient être parallèles aux cordes réelles de ce cylindre.

52. Le lieu représenté par l'équation de l'ellipsoïde imaginaire

$$\frac{x^2}{a^2} + \frac{y^2}{b^2} + \frac{z^2}{c^2} = -1,$$

si on le rapportait à trois diamètres conjugués de l'ellipsoïde réel, mais semblable

$$\frac{x^2}{a^2} + \frac{y^2}{b^2} + \frac{z^2}{c^2} = 1,$$

conserverait une équation de même forme

$$\frac{x^2}{a'^2} + \frac{y^2}{b'^2} + \frac{z^2}{c'^2} = -1,$$

a', b', c' désignant les longueurs de ces trois diamètres. Or la conjuguée à abscisses et ordonnées réelles fournie par cette dernière équation, ayant ses z imaginaires sans parties réelles, serait représentée en coordonnées réelles par l'équation

$$\frac{x^2}{a'^2} + \frac{y^2}{b'^2} - \frac{z^2}{c'^2} = -1;$$

ce serait un hyperboloïde à deux nappes : les conjuguées de l'ellipsoïde imaginaire sont donc les hyperboloïdes à deux nappes qui ont avec l'ellipsoïde réel de mêmes axes un système [de diamètres conjugués commun.

L'ellipsoïde réel

$$\frac{x^2}{a^2} + \frac{y^2}{b^2} + \frac{z^2}{c^2} = 1,$$

enveloppe imaginaire des conjuguées de l'ellipsoïde imaginaire

$$\frac{x^2}{a^2} + \frac{y^2}{b^2} + \frac{z^2}{c^2} = -1,$$

est représenté dans l'équation de ce dernier par les solutions de la forme

$$x = \beta \sqrt{-1},$$
$$y = \beta' \sqrt{-1},$$
$$z = \beta'' \sqrt{-1}.$$

L'enveloppe imaginaire des conjuguées n'est touchée encore ici par chacune d'elles qu'en un seul point.

55. Le cône imaginaire ou ellipsoïde évanouissant a encore pour conjuguées des cônes du second degré, par cette simple raison que lorsque l'ellipsoïde se réduit à un point, les hyperboloïdes continus qui en sont les conjuguées se transforment en cônes.

Au reste les sections faites par un plan réel dans les conjuguées du cône imaginaire seront toujours les conjuguées d'un même lieu ; l'équation de la section totale étant donc celle d'une ellipse imaginaire, les hyperboles circonscrites à cette ellipse imaginaire seront les directrices, sur le plan sécant, des cônes conjugués dont les cordes réelles lui seraient parallèles.

Le cône qui, sur l'un des plans de section, aurait pour directrice l'ellipse de mêmes axes que l'ellipse imaginaire trouvée, sera l'enveloppe de ces cônes conjugués.

L'équation du cône imaginaire étant ramenée à la forme

$$\frac{x^2}{a^2} + \frac{y^2}{b^2} + \frac{z^2}{c^2} = 0,$$

la trace du cône enveloppe imaginaire, sur un plan $z = h$, sera l'ellipse

$$\frac{x^2}{a^2} + \frac{y^2}{b^2} = \frac{h^2}{c^2} ;$$

les points de ce cône seront représentés dans l'équation du lieu par les solutions de la forme

$$x = \alpha,$$
$$y = \alpha',$$
$$z = \beta'' \sqrt{-1}.$$

Pareillement les conjuguées du cylindre elliptique imaginaire seront les cylindres qui auraient pour bases, dans tous les plans imaginables, les conjuguées des ellipses imaginaires de section.

L'ellipse réelle de mêmes axes que l'ellipse imaginaire de section, par un plan quelconque, sera la base, sur ce plan sécant du cylindre enveloppe, de tous les cylindres conjugués.

Quant aux conjuguées du cylindre elliptique évanouissant, ce seraient des plans passant tous par l'axe de ce cylindre.

CHAPITRE V

54. Les courbes sur lesquelles on spécule dans une même recherche sont de deux sortes : la première sorte comprend les courbes que l'on veut étudier, et la seconde celles qui, parfaitement connues d'avance, sont employées à l'étude des autres.

La ligne droite, le cercle sont les lignes de la seconde sorte qui se présentent les premières dans l'ordre croissant de difficulté des recherches.

Or, que les courbes à étudier soient représentées en coordonnées réelles ou en coordonnées imaginaires, leurs équations seront toujours imposées par la question même que l'on traitera.

Tandis que les équations des lignes employées à l'étude des autres devront au contraire être choisies par l'opérateur, de façon à pouvoir remplir le but proposé : car un même lieu peut être imaginairement représenté par une infinité d'équations distinctes, puisque les coordonnées de ses points peuvent être successivement partagées suivant des lois toutes différentes en parties réelles et imaginaires. Il est clair d'ailleurs que le meilleur choix à faire sera déterminé par des conditions souvent très-délicates.

Les plus impérieuses de ces conditions peuvent toutefois être formulées à l'avance d'une manière générale.

En premier lieu, si la courbe à étudier a pour caractéristique C, les lignes au moyen desquelles on voudra l'étudier devront naturellement être représentées dans le même système.

En second lieu, comme la condition, pour une courbe imaginaire, de passer par un point imaginaire, donné par ses coordonnées, s'exprime par deux conditions, pour qu'on puisse établir entre une courbe imaginaire donnée et celle dont on voudra se servir pour l'étudier, le même degré de contingence dont ces deux lignes sont capables, lorsqu'elles sont représentées en coordonnées réelles, il faudra que l'équation de la seconde courbe contienne deux fois plus de paramètres arbitraires que son équation en coordonnées réelles.

Enfin la condition de conserver à l'équation du lieu employé son degré minimum pourra achever de déterminer cette équation.

55. Je m'étais d'abord exclusivement posé la question dans les termes qui viennent d'être rapportés, et c'est ainsi que j'avais été amené à former l'équation en coordonnées imaginaires de la ligne droite sous la forme, d'ailleurs convenable, qui lui sera conservée, puis celle du cercle.

Mais je n'ai pas tardé à m'apercevoir que, parallèlement à l'ancienne méthode, malgré les grands services qu'elle est encore appelée à rendre, on pouvait en instituer une autre plus aisée à mettre en pratique et souvent plus féconde.

56. La simplicité de la figure géométrique d'un lieu entraîne naturellement la simplicité de la forme algébrique de son équation en coordonnées réelles, en sorte que l'emploi des lignes les plus simples, la droite, le cercle, etc., à l'étude des lignes plus compliquées, devait se réaliser par la mise en rapport des équations des lieux à étudier avec des équations plus simples.

Mais si la représentation sous forme imaginaire altérait un peu la simplicité de l'équation d'un lieu naturellement simple, il pourrait devenir préférable d'employer à l'étude des autres lieux des lieux géométriquement plus compliqués que les lieux les plus élémentaires, mais représentés par des équations plus simples que les leurs.

En d'autres termes, dès qu'au point de vue où l'on se place, les considérations algébriques prennent une plus grande importance que les considérations géométriques, c'est aux convenances algébriques qu'il faut demander un guide dans la méthode à suivre.

Si l'on a fait choix, comme terme de comparaison, d'un lieu représenté par une équation simple et défini d'abord par cette équation seulement, on devra, bien entendu, commencer par constituer la théorie de ce lieu; mais quand cette théorie sera faite, le lieu en question servira aux mêmes usages, relativement à l'étude des lieux imaginaires, auxquels servait, relativement à l'étude des lieux réels, le lieu représenté en coordonnées réelles par l'équation analogue à celle qu'on aura choisie.

Ainsi les lieux employés à l'étude des autres pourront être ceux dont les équations seront les plus simples, quelle qu'en soit d'ailleurs la figure : par exemple le lieu représenté par l'équation du premier degré

$$y = \left(m + n\sqrt{-1}\right)x + \rho + q\sqrt{-1}$$

aurait pu être choisi *à priori* comme terme de comparaison, pour jouer dans la théorie des courbes imaginaires le rôle que joue la ligne droite dans la théorie des courbes réelles.

Les lignes représentées par cette équation se trouveront être des droites, mais elles eussent pu servir à l'étude des autres lignes non comme droites, mais comme représentées par une équation analogue à celle de la ligne droite.

Quels qu'eussent pu être les lieux représentés par l'équation

$$y = \left(m + n\sqrt{-1}\right)x + p + q\sqrt{-1},$$

la mise en rapport de cette équation avec celle d'un lieu quelconque aurait toujours pu fournir les solutions de toutes les questions relatives aux tangentes et aux asymptotes de ce lieu et de ses conjuguées.

57. Pareillement les lieux représentés par l'équation

$$\left(x - a - a'\sqrt{-1}\right)^2 + \left(y - b - b'\sqrt{-1}\right)^2 = \left(r + r'\sqrt{-1}\right)^2,$$

lieux qui différeront totalement du cercle, le remplaceront complétement dans l'étude de la courbure des courbes ; et il sera même beaucoup plus aisé d'obtenir le rayon de courbure d'une conjuguée d'un lieu, en un de ses points, au moyén des éléments r et r', déterminés par la formule ordinaire

$$r + r'\sqrt{-1} = \frac{\left[1 + \left(\frac{dy}{dx}\right)^2\right]^{\frac{3}{2}}}{\frac{d^2y}{dx^2}},$$

où $\frac{dy}{dx}$ et $\frac{d^2y}{dx^2}$ auraient les valeurs réelles ou imaginaires des deux premières dérivées de y par rapport à x, au point considéré du lieu, que de former directement l'équation en coordonnées imaginaires du cercle, pour chercher ensuite à établir un contact du second ordre entre ce cercle et la conjuguée considérée du lieu à étudier.

58. Pour obtenir les éléments de l'osculatrice du second degré à une conjuguée en un de ses points, nous n'hésiterions pas davantage à les chercher dans l'équation complète du second degré à coefficients imaginaires, construits d'après les mêmes formules qui donneraient l'équation de l'osculatrice du second degré d'une courbe réelle.

Cette méthode est évidemment la seule qui, en supprimant tout arbitraire, puisse offrir un guide certain. Elle aura d'ailleurs beaucoup d'autres avantages.

On remarquera d'abord que les équations des lieux choisis comme il vient d'être dit pour être employés à l'étude des autres, se trouveront toujours d'elles-mêmes chargées du nombre de paramètres arbitraires exactement convenable aux recherches tentées.

En second lieu l'institution des calculs nécessaires à chaque recherche n'aura jamais besoin d'être reprise directement : les formules employées seront toujours les mêmes que celles qui fourniraient les résultats des mêmes recherches par rapport à des courbes réelles. En sorte que la question ne sera jamais que de donner, dans chaque cas, une bonne interprétation des résultats obtenus.

Ces principes rendent d'avance compte de la manière dont les questions vont être posées et résolues dans ce chapitre où il est question des lieux du premier ordre.

59. Il nous reste, pour çompléter ce qui se rapporte à la méthode, à expliquer comment les données devront être introduites dans les calculs.

On introduit sous forme réelle les données géométriques d'un problème lorsque l'on suppose ce problème possible ; si la solution se rapporte effectivement au lieu réel considéré, le problème est résolu ; si au contraire la solution est imaginaire, elle se rapporte à l'une des conjuguées du lieu ; mais cette conjuguée, dont la caractéristique variera d'ailleurs avec les données, n'aura pas été choisie : elle se sera présentée d'elle-même pour suppléer la courbe réelle.

Si l'on veut disposer le calcul de manière que la solution obtenue puisse se rapporter à une conjuguée quelconque, il faudra nécessairement introduire les données sous forme imaginaire, en ayant soin de conserver l'indétermination qui les affectera nécessairement, jusqu'à ce que, le problème étant résolu dans toute sa généralité, on soit arrivé au point où il ne s'agirait plus que de rendre la solution obtenue propre à celle que l'on voudra des conjuguées.

Un exemple suffira pour expliquer ce que nous venons de dire. Supposons qu'on voulût par un point donné mener une tangente à une courbe définie. Si l'on veut étendre l'énoncé jusqu'à supposer que la question soit de mener par le point donné toutes les tangentes possibles à la courbe et à ses conjuguées, au lieu de représenter le point donné par ses coordonnées réelles a et b, on les représentera par

et
$$x_1 = \alpha_1 + \beta_1 \sqrt{-1}$$
$$y_1 = \alpha'_1 + \beta'_1 \sqrt{-1},$$

en supposant bien entendu

et
$$\alpha_1 + \beta_1 = a$$
$$\alpha'_1 + \beta'_1 = b.$$

On posera alors les équations du problème, et, la solution obtenue, il ne restera plus qu'à achever de déterminer $\alpha_1, \beta_1, \alpha'_1$ et β'_1 par la condition que cette solution se rapporte à une conjuguée désignée du lieu proposé.

60. On a vu au n° 17 que les lieux conjugués que représente une équation de degré m à coefficients imaginaires sont du degré m^2. Il en résulte que les conjuguées du lieu

$$y = \left(m + n\sqrt{-1}\right) x + p + q\sqrt{-1}$$

sont du premier degré, c'est-à-dire des droites.

Leur équation admet pour solution réelle, unique d'ailleurs, le système des valeurs de x et y tirées de

$$y = mx + n$$

et
$$nx + q = 0;$$

le point correspondant à cette solution peut être considéré comme l'enveloppe réelle des conjuguées du lieu, c'est-à-dire que sa caractéristique étant $\dfrac{0}{0}$, ce point peut être considéré comme appartenant indifféremment à toutes les conjuguées ; les droites représentées par l'équation forment donc un faisceau divergeant du point

$$x = -\frac{q}{n}$$

$$y = -\frac{mq}{n} + p.$$

61. On pouvait parvenir aux mêmes conclusions d'une autre manière.

Les deux équations

$$y = \left(m \pm n\sqrt{-1} \right) x + p \pm q\sqrt{-1},$$

réunies, forment l'équation

$$(y - mx - p)^2 + (nx + q)^2 = 0,$$

qui est celle d'une ellipse évanouissante réduite à son centre

$$x = -\frac{q}{n}, \qquad y = -\frac{mq}{n} + p.$$

Les conjuguées du lieu

$$y = \left(m \pm n\sqrt{-1} \right) x + p \pm q\sqrt{-1}$$

devaient donc coïncider avec les hyperboles, réduites à leurs asymptotes, conjuguées de cette ellipse évanouissante, c'est-à-dire former deux faisceaux de droites issues du point

$$x = -\frac{q}{n}, \qquad y = -\frac{mq}{n} + p.$$

Il convient au reste de remarquer que, lorsque la caractéristique change, les deux droites qui forment la conjuguée correspondante de l'ellipse évanouissante tournent en même temps autour de leur point de concours fixe et ne se confondent ni, par conséquent, ne s'intervertissent jamais ; d'où il résulte que chacune d'elles prend successivement toutes les directions imaginaires.

Le faisceau de droites représentées par la seule équation

$$y = \left(m + n\sqrt{-1} \right) x + p + q\sqrt{-1}$$

comprend donc toutes les droites qu'on peut mener du point

$$x = -\frac{q}{n}, \qquad y = -\frac{mq}{n} + p$$

et, par conséquent, recouvre tout le plan du tableau, sauf, bien entendu, les cas particuliers.

62. Il sera souvent nécessaire de repasser de l'équation d'une droite en coordonnées imaginaires à l'équation de cette même droite en coordonnées réelles.

L'équation générale des droites du faisceau

$$y = \left(m + n\sqrt{-1}\right)x + p + q\sqrt{-1},$$

en coordonnées réelles, s'obtiendra par la méthode indiquée au n° 17. – L'équation en coordonnées réelles de la droite, de caractéristique C, du faisceau

$$y = \left(m + n\sqrt{-1}\right)x + p + q\sqrt{-1}$$

résultera de l'élimination de α, β et α' entre les équations

(1, 2) $\alpha' + \beta C\sqrt{-1} = \left(m + n\sqrt{-1}\right)\left(\alpha + \beta\sqrt{-1}\right) + p + q\sqrt{-1},$

(3) $x = \alpha + \beta,$

(4) $y = \alpha' + \beta C,$

d'où l'on tire

$$y = \left(m + n + \frac{2n^2}{m - n - C}\right)x + p + q + \frac{2qn}{m - n - C}.$$

63. Cette équation donne lieu à plusieurs remarques.

On voit d'abord que le coefficient angulaire varie en général avec C, de manière à pouvoir prendre toutes les valeurs, ce qui confirme ce qui a été dit plus haut.

Si l'on fait C infini, l'équation se réduit à

$$y = (m + n)x + p + q,$$

c'est-à-dire que la conjuguée à abscisses réelles du lieu se forme en remplaçant $\sqrt{-1}$ par 1 dans l'équation de ce lieu. Ce résultat sera fréquemment utilisé, parce que dans les démonstrations théoriques, on ramènera habituellement la conjuguée qu'on voudra étudier, du lieu en discussion, à avoir ses abscisses réelles.

64. Nous donnerons habituellement le nom de faisceau *elliptique* au faisceau représenté par l'équation générale du premier degré. Son équation, aussi simplifiée que possible, se réduit à

$$y = n\sqrt{-1}\,x,$$

n étant moindre que 1, si l'ellipse évanouissante dont les diamètres forment ce faisceau a été rapportée à ses axes et que le grand axe ait été pris pour axe des x.

Nous dirons que le faisceau est *circulaire* lorsque l'ellipse évanouissante qui lui correspondrait sera un cercle. Un pareil faisceau, quel que soit le système d'axes rectangulaires auquel on le rapporte, aura toujours son coefficient angulaire égal à $\sqrt{-1}$; il sera représenté par

$$y = \pm\sqrt{-1}\,x + p + q\sqrt{-1}.$$

Enfin le faisceau sera parabolique si l'ellipse qui lui correspondrait a l'un de ses axes infiniment petit par rapport à l'autre, c'est-à-dire si le coefficient angulaire de ce faisceau est réel. L'équation générale des faisceaux paraboliques est

$$y = mx + p + q\sqrt{-1} ;$$

un pareil faisceau est composé de droites repliées toutes les unes sur les autres ; en effet, si dans l'équation

$$y = mx + p + q\sqrt{-1},$$

on fait

$$x = \alpha + \beta\sqrt{-1} \quad \text{et} \quad y = \alpha' + \beta C\sqrt{-1},$$

il vient

$$\alpha' = m\alpha + p \quad \text{et} \quad \beta C = m\beta + q,$$

d'où, en ajoutant,

$$\alpha' + \beta C = m(\alpha + \beta) + p + q,$$

c'est-à-dire, suivant notre notation habituelle,

$$y_1 = mx_1 + p + q.$$

Le faisceau parabolique donne encore lieu à une autre remarque importante, qui sera utilisée dans la théorie des asymptotes ; l'équation

$$\beta C = m\beta + q,$$

qui donne

$$\beta = \frac{q}{C - m},$$

montre que tout le long d'une même droite du faisceau, les parties imaginaires des coordonnées sont absolument constantes. Elles sont d'ailleurs infinies sur la droite dont la caractéristique est le coefficient angulaire du faisceau.

65. L'équation du premier degré entièrement réelle

$$y = mx + p$$

paraîtrait ne représenter que deux droites confondues, l'une réelle et l'autre ayant pour caractéristique le coefficient angulaire m.

Mais on peut remarquer que les deux équations

$$\alpha' = m\alpha + p,$$
$$\beta' = m\beta,$$

qui donnent les solutions imaginaires de l'équation, laissent β complétement arbitraire, par rapport à α, d'où il résulte qu'il vaudra mieux dire que l'équation représente une infinité de droites confondues, l'une réelle et les autres ayant toutes pour caractéristique commune le coefficient angulaire de la droite réelle.

De cette manière, l'équation

$$y = mx + p$$

pourra encore être considérée comme représentant un faisceau de droites.

66. D'après ce qui a été dit dans le chapitre précédent, l'équation

$$y = \left(m + n\sqrt{-1}\right)x + p + q\sqrt{-1}$$

ne saurait être considérée comme l'équation la plus générale de la ligne droite, en coordonnées imaginaires; mais il n'est pas de circonstances où elle puisse être insuffisante, par la raison que chacune des droites qu'elle représente pourra être assujettie à passer par deux points donnés à volonté par leurs coordonnées imaginaires, pourvu que ces deux points aient même caractéristique, ce qui est la condition indispensable pour qu'ils puissent faire partie des données d'une même question.

D'un autre côté, la représentation de la droite, sous forme imaginaire, par l'équation

$$y = \left(m + n\sqrt{-1}\right)x + p + q\sqrt{-1}$$

conserve à ce lieu sa propriété la plus caractéristique, que le rapport des différences des coordonnées de deux quelconques de ses points reste constant.

Ces deux remarques font pressentir la facilité avec laquelle la représentation de la droite par l'équation

$$y = \left(m + n\sqrt{-1}\right)x + p + q\sqrt{-1}$$

s'adaptera à la recherche des tangentes et asymptotes aux courbes imaginaires.

67. La théorie géométrique des angles imaginaires formera un chapitre important de cet ouvrage, mais nous ne pourrions pas dès maintenant résoudre convenablement les questions relatives aux inclinaisons mutuelles de droites imaginaires.

Provisoirement, lorsqu'on en aura besoin, on pourra recourir au coefficient angulaire

$$m + n + \frac{2n^2}{m - n - C}$$

de la droite C d'un faisceau, soit pour arriver à l'interprétation des résultats de calculs achevés, soit même pour disposer un calcul conformément aux conditions imposées par la question.

Si l'on voulait mettre le coefficient angulaire $(m + n\sqrt{-1})$ d'un faisceau de droites, rapporté à des axes rectangulaires, sous la forme $\tang(\varphi + \psi\sqrt{-1})$, l'analyse algébrique ferait aisément connaître φ et ψ. D'un autre côté, si l'on faisait ensuite tourner les axes d'un angle μ, le coefficient angulaire du faisceau deviendrait évidemment

$$\tang\left(\varphi - \mu + \psi\sqrt{-1}\right);$$

d'où l'on voit que φ n'est autre chose que l'angle que fait avec l'axe des x le grand axe de l'ellipse évanouissante qui correspond au faisceau, tandis que la valeur absolue de $\tang\psi\sqrt{-1}$ est le rapport du petit au grand axe de cette ellipse. Car si l'on supposait $\mu = \varphi$, le coefficient angulaire du faisceau se réduisant à $\tang(\psi\sqrt{-1})$, le faisceau serait bien rapporté au grand axe de l'ellipse évanouissante correspondante, pris pour axe des x. Mais la transformation ne présenterait maintenant aucun intérêt, parce qu'elle ne pourrait pas encore recevoir d'interprétation nette.

68. L'expression analytique de la distance de deux points recevra un sens défini de la discussion du lieu représenté par l'équation du cercle imaginaire

$$(x - a - a'\sqrt{-1})^2 + (y - b - b'\sqrt{-1})^2 = (r + r'\sqrt{-1})^2;$$

mais les questions où entreraient des distances, soit comme données, soit comme inconnues, devront être provisoirement écartées, comme celles où entreraient des grandeurs angulaires.

69. Nous pouvons toutefois remarquer que les demi-sommes des coordonnées de deux points, de même caractéristique, représentent, dans le même système, le milieu de la droite qui joint ces deux points.

Cette remarque suffira pour étendre aux courbes imaginaires les deux théories des centres et des diamètres.

4

Du plan.

70. L'équation générale du premier degré à trois variables

$$\left(M + N\sqrt{-1}\right)x + \left(P + Q\sqrt{-1}\right)y + \left(R + S\sqrt{-1}\right)z + H = 0$$

représente des lieux du premier ordre, c'est-à-dire des plans. Ces plans se coupent tous suivant la droite

$$\begin{cases} Mx + Py + Rz + H = 0, \\ Nx + Qy + Sz = 0 \, ; \end{cases}$$

leur équation générale, en coordonnées réelles, s'obtiendrait en éliminant α, α', α'' et β'' entre les équations

$$M\alpha - N\frac{\beta''}{C} + P\alpha' - Q\frac{\beta''}{C'} + R\alpha'' - S\beta'' + H = 0,$$

$$M\frac{\beta''}{C} + N\alpha + P\frac{\beta''}{C'} + Q\alpha' + R\beta'' + S\alpha'' = 0,$$

$$x = \alpha + \frac{\beta''}{C},$$

$$y = \alpha' + \frac{\beta''}{C'},$$

$$z = \alpha'' + \beta''.$$

On trouve ainsi

$$(Mx+Py+Rz+H)+(Nx+Qy+Sz)\frac{(M+N)\,C'+(P+Q)\,C+(R+S)\,CC'}{(M-N)\,C'+(P-Q)\,C+(R-S)\,CC'}$$
$$= 0\, ;$$

les trois formes principales de cette équation sont

$$(Mx + Py + Rz + H) + (Nx + Qy + Sz)\frac{R + S}{R - S} = 0,$$

$$(Mx + Py + Rz + H) + (Nx + Qy + Sz)\frac{P + Q}{P - Q} = 0,$$

$$(Mx + Py + Rz + H) + (Nx + Qy + Sz)\frac{M + N}{M - N} = 0\, ;$$

elles représentent les plans conjugués dont les x et y, ou les x et z, ou les y et z, sont réels.

71. L'équation

$$\left(M + N\sqrt{-1}\right)x + \left(P + Q\sqrt{-1}\right)y + \left(R + S\sqrt{-1}\right)z + H = 0,$$

contenant six paramètres arbitraires, suffira à la représentation du plan dans toutes les circonstances possibles, puisqu'un plan représenté par cette équation pourra toujours être assujetti à passer par trois points donnés à volonté, géométriquement et analytiquement.

De la ligne droite dans l'espace.

72. Nous avons déjà dit que deux équations à trois variables, à coefficients réels ou imaginaires, prises au hasard, ne fourniraient généralement qu'un nombre limité de solutions appartenant à un même système [C, C']. Pour que le contraire arrivât, il faudrait que les quatre équations dans lesquelles se décomposeraient les proposées, lorsqu'on y supposerait les variables imaginaires et telles que les rapports deux à deux de leurs parties imaginaires fussent des nombres donnés C et C', se réduisissent à trois ; et dans ce cas, en général, C et C' dépendraient l'un de l'autre.

On pourrait rechercher, d'après ces indications, les conditions auxquelles devraient satisfaire les équations de deux onglets

$$\left(\mathrm{M} + \mathrm{N}\sqrt{-1}\right)x + \left(\mathrm{P} + \mathrm{Q}\sqrt{-1}\right)y + \left(\mathrm{R} + \mathrm{S}\sqrt{-1}\right)z + \mathrm{H} = 0$$

et

$$\left(\mathrm{M'} + \mathrm{N'}\sqrt{-1}\right)x + \left(\mathrm{P'} + \mathrm{Q'}\sqrt{-1}\right)y + \left(\mathrm{R'} + \mathrm{S'}\sqrt{-1}\right)z + \mathrm{H'} = 0$$

de plans imaginaires, pour que leur intersection totale se composât de séries de points de mêmes caractéristiques ou de lignes droites, ce qui conduirait aux équations de la droite, considérée dans l'espace.

Mais l'intersection totale de deux lieux n'étant en rien changée lorsqu'on substitue au système de leurs équations tout autre système équivalent, nous pourrons supposer que des équations proposées, en éliminant entre elles successivement y et x, on ait tiré deux équations telles que

$$x = \left(m + n\sqrt{-1}\right)z + p + q\sqrt{-1},$$
$$y = \left(m' + n'\sqrt{-1}\right)z + p' + q'\sqrt{-1};$$

les conditions cherchées, alors, s'obtiendront en éliminant α, α', α'' entre

$$\alpha = m\alpha'' - n\beta'' + p,$$
$$\alpha' = m'\alpha'' - n'\beta'' + p',$$
$$\frac{\beta''}{\mathrm{C}} = m\beta'' + n\alpha'' + q,$$
$$\frac{\beta''}{\mathrm{C'}} = m'\beta'' + n'\alpha'' + q',$$

et exprimant que l'équation résultante en β'' est identiquement satisfaite.

Or l'élimination de α'' entre les deux dernières donne

$$\beta''\left(\frac{n'}{C} - \frac{n}{C'} - mn' + m'n\right) = qn' - q'n;$$

les conditions cherchées sont donc

$$qn' - q'n = 0 \quad \text{ou} \quad \frac{q}{q'} = \frac{n}{n'}$$

et

$$\frac{n'}{C} - \frac{n}{C'} = mn' - m'n.$$

La première doit être remplie par les coefficients des équations des deux plans, et la seconde lie entre elles les caractéristiques d'une des droites d'intersection.

75. Cela posé, il est facile de revenir du cas particulier qu'on vient d'examiner, au cas général : il suffira pour cela d'interpréter la condition obtenue.

Or on voit immédiatement qu'en supposant $\frac{q}{q'} = \frac{n}{n'}$ dans les équations

$$x = \left(m + n\sqrt{-1}\right)z + p + q.\sqrt{-1}$$

et

$$y = \left(m' + n'\sqrt{-1}\right)z + p' + q'\sqrt{-1},$$

on pourrait tirer de leur système, en les retranchant membre à membre, une équation à coefficients réels.

La condition est donc que l'intersection totale des deux lieux soit contenue dans un plan réel : cette condition, dans le cas général, s'exprimera par

$$\frac{N}{N'} = \frac{Q}{Q'} = \frac{S}{S'},$$

et en désignant par K la valeur commune de ces rapports, si la condition est remplie, la relation entre les caractéristiques d'une des lignes formant l'intersection totale sera

$$\frac{M - KM'}{C} + \frac{P - KP'}{C'} + R - KR' = 0,$$

puisque l'équation du plan réel contenant cette intersection totale sera

$$(M - KM')x + (P - KP')y + (R - KR')z + H - KH' = 0.$$

74. Il est important de remarquer que dans le cas qui vient de nous occuper, l'intersection totale des deux plans n'est autre qu'un faisceau plan de droites, tel qu'il se trouvait défini par la discussion de l'équation du premier degré à deux variables.

En effet, en prenant pour plan des xy le plan réel qui contient l'intersection totale, on ramènerait nécessairement le système des équations des deux plans au système

$$z = 0,$$
$$y = \left(m + n\sqrt{-1}\right)x + p + q\sqrt{-1}.$$

75. Les équations générales de la droite dans l'espace seront, d'après ce qu'on vient de voir,

et

$$x = \left(m + n\sqrt{-1}\right)z + p + q\sqrt{-1}$$
$$y = \left(m' + n\mathrm{K}\sqrt{-1}\right)z + p' + q\mathrm{K}\sqrt{-1},$$

et les caractéristiques d'une des droites représentées par ce système d'équations seront liées entre elles par la relation

$$\frac{\mathrm{K}}{\mathrm{C}} - \frac{1}{\mathrm{C}'} = m\mathrm{K} - m'.$$

76. Les équations de la droite, dans un système donné $[\mathrm{C}, \mathrm{C}']$, ne contiendront donc effectivement que six constantes arbitraires m, n, p, q, m' et p', puisque C et C' étant donnés, K serait déterminé par la condition

$$\frac{\mathrm{K}}{\mathrm{C}} - \frac{1}{\mathrm{C}'} = m\mathrm{K} - m'.$$

Mais on aurait tort de croire qu'elles en dussent contenir huit, car la condition, pour la droite, de passer par un point

$$x = \alpha + \frac{\beta''}{\mathrm{C}}\sqrt{-1},$$
$$y = \alpha' + \frac{\beta''}{\mathrm{C}'}\sqrt{-1},$$
$$z = \alpha'' + \beta''\sqrt{-1}$$

du système $[\mathrm{C}, \mathrm{C}']$, s'exprimera par trois conditions seulement au lieu de quatre, parce que les équations de la droite auront justement été préparées de telle manière que l'une des quatre équations rentre forcément dans le système des trois autres.

77. Les équations d'une droite assujettie à passer par un seul point donné géométriquement et analytiquement seront

$$x - x' = \left(m + n \sqrt{-1}\right)(z - z'),$$
$$y - y' = \left(m' + n' \sqrt{-1}\right)(z - z').$$

Mais si les coordonnées du point donné $[x', y', z']$ sont

$$x' = \alpha + \frac{\beta''}{C} \sqrt{-1},$$

$$y' = \alpha' + \frac{\beta''}{C'} \sqrt{-1},$$

$$z' = \alpha'' + \beta'' \sqrt{-1},$$

la condition $\dfrac{q}{q'} = \dfrac{n}{n'}$ du n° 72 se traduira par

$$\frac{\dfrac{\beta''}{C} - m\beta'' - n\alpha''}{\dfrac{\beta''}{C'} - m'\beta'' - n'\alpha''} = \frac{n}{n'},$$

qui se réduit à

$$\frac{\dfrac{1}{C} - m}{\dfrac{1}{C'} - m'} = \frac{n}{n'}.$$

Ainsi les équations générales des droites passant par un point $[x', y', z']$, de caractéristiques C et C', sont

$$x - x' = \left(m + n \sqrt{-1}\right)(z - z')$$

et

$$y - y' = \left(m' + n' \sqrt{-1}\right)(z - z'),$$

avec la condition

$$\frac{1 - mC}{1 - m'C'} = \frac{nC}{n'C'}.$$

78. Les équations de la droite assujettie à passer par deux points $[x', y', z']$, $[x'', y'', z'']$ de mêmes caractéristiques C et C' seraient, dans le même système $[C, C']$,

$$x - x' = \frac{x' - x''}{z' - z''}(z - z')$$

et

$$y - y' = \frac{y' - y''}{z' - z''}(z - z').$$

Dans ces déux dernières les conditions

$$\frac{q}{q'} = \frac{n}{n'}$$

et

$$\frac{n'}{C} - \frac{n}{C'} = mn' - nm'$$

seront satisfaites d'elles-mêmes, par cela seul que les deux équations admettront deux solutions d'un même système.

79. Si l'on voulait que l'un des plans représentés par l'équation

$$\left(M + N\sqrt{-1}\right)x + \left(M' + N'\sqrt{-1}\right)y + z + P + Q\sqrt{-1} = 0$$

contînt l'une des droites représentées par

et

$$x = \left(m + n\sqrt{-1}\right)z + p + q\sqrt{-1}$$

$$y = \left(m' + nK\sqrt{-1}\right)z + p' + qK\sqrt{-1},$$

bien que le z d'un point de cette droite ne fût pas complétement arbitraire, puisque ses parties α'' et β'' devraient être assujetties à l'une des relations

$$\frac{\beta''}{C} = m\beta'' + n\alpha'' + q$$

et

$$\frac{\beta''}{C'} = m'\beta'' + nK\alpha'' + qK$$

du n° 72, relations qui rentrent l'une dans l'autre dès qu'on suppose, comme on doit le faire,

$$\frac{K}{C} - \frac{1}{C'} = Km - m',$$

il n'en faudrait pas moins toujours exprimer que l'équation en z résultant de l'élimination de x et de y est satisfaite d'elle-même, ce qui exigerait toujours les deux conditions

$$\left(M + N\sqrt{-1}\right)\left(m + n\sqrt{-1}\right) + \left(M' + N'\sqrt{-1}\right)\left(m' + nK\sqrt{-1}\right) + 1 = 0$$

et

$$\left(M + N\sqrt{-1}\right)\left(p + q\sqrt{-1}\right) + \left(M' + N'\sqrt{-1}\right)\left(p' + qK\sqrt{-1}\right) + P + Q\sqrt{-1} = 0,$$

analogues à celles qui expriment qu'une droite réelle est contenue dans un plan réel.

Mais si l'un des plans représentés par

$$\left(M + N\sqrt{-1}\right)x + \left(M' + N'\sqrt{-1}\right)y + z + P + Q\sqrt{-1} = 0$$

contient l'une des droites

$$x = \left(m' + n\sqrt{-1}\right)z + p + q\sqrt{-1},$$
$$y = \left(m' + nK\sqrt{-1}\right)z + p' + qK\sqrt{-1},$$

comme toute solution quelconque du système des deux dernières équations formera solution de la première, le faisceau entier des droites sera compris dans le système des plans, chaque droite du faisceau étant contenue dans l'un des plans.

80. La condition

$$\left(M + N\sqrt{-1}\right)\left(m + n\sqrt{-1}\right) + \left(M' + N'\sqrt{-1}\right)\left(m' + nK\sqrt{-1}\right) + 1 = 0,$$

du numéro précédent, prise isolément, exprimerait que les droites du faisceau sont respectivement parallèles aux feuillets de l'onglet de ces plans.

CHAPITRE VI

81. Les solutions imaginaires communes à deux équations

$$f(x, y) = 0, \qquad f_1(x, y) = 0,$$

à coefficients réels, sont deux à deux conjuguées; un couple de ces solutions peut donc être représenté par

$$x = \alpha \pm \beta \sqrt{-1},$$
$$y = \alpha' \pm \beta' \sqrt{-1}.$$

Ces deux solutions ont même caractéristique $\dfrac{\pm \beta'}{\pm \beta} = C$, les deux points correspondants

$$x_1 = \alpha \pm \beta,$$
$$y_1 = \alpha' \pm \beta'$$

appartiennent donc aux conjuguées de caractéristique C des deux lieux proposés, la droite qui les joint d'ailleurs a pour coefficient angulaire C; ces points sont donc les extrémités d'une corde réelle commune aux deux conjuguées; enfin le point milieu $x = \alpha$, $y = \alpha'$ de cette corde commune est commun aux diamètres correspondant aux cordes réelles de ces mêmes conjuguées. Ainsi les solutions imaginaires communes aux équations à coefficients réels de deux lieux fournissent, par couples, les points de rencontre des conjuguées, de même caractéristique, qui, en l'un des points de rencontre de leurs diamètres respectifs, correspondant à leurs cordes réelles, ont même ordonnée à partir de ces diamètres, les ordonnées étant prises parall^lement à la direction commune des cordes réelles.

82. Les solutions communes à deux équations à coefficients imaginaires

$$P + Q \sqrt{-1} = 0,$$
$$R + S \sqrt{-1} = 0$$

auraient leurs conjuguées dans les solutions communes à

$$P - Q \sqrt{-1} = 0,$$
$$R - S \sqrt{-1} = 0.$$

Elles fournissent la moitié des solutions communes aux équations à coefficients réels·

$$P^2 + Q^2 = 0,$$
$$R^2 + S^2 = 0,$$

et par conséquent l'énoncé précédent, convenablement modifié, s'y applique aisément.

Cet énoncé même montre pourquoi le nombre des solutions communes à deux équations reste fini, tandis que le nombre des points de rencontre deux à deux des conjuguées des deux lieux est infiniment grand.

85. Si des lieux plans on passe aux surfaces, on verra de même que toute solution commune à deux équations

$$f(x, y, z) = 0, \qquad f_1(x, y, z) = 0,$$

à coefficients réels, ne peut fournir qu'un point tel que la droite menée de ce point parallèlement aux cordes réelles des conjuguées de mêmes caractéristiques qui le contiendraient, aille rencontrer l'intersection commune des surfaces diamétrales correspondant à leurs cordes réelles.

Or si par un point choisi à volonté de l'intersection des surfaces diamétrales correspondant aux cordes réelles de deux conjuguées de mêmes caractéristiques, on mène une parallèle à la direction commune de ces cordes réelles, en général les points de rencontre de cette parallèle avec les deux conjuguées seront différents.

Il en résulte que l'intersection totale des deux lieux

$$f(x, y, z) = 0, \qquad f_1(x, y, z) = 0$$

ne doit en général comprendre qu'un nombre limité de points appartenant à un même système [C, C'], mais qu'en général aussi, quels que soient C et C', on devra trouver sur l'intersection totale quelques points appartenant au système [C, C'].

L'ensemble des solutions communes aux équations de deux lieux à trois dimensions, devait donc fournir une surface, puisque chaque solution était déterminée par le choix de deux constantes complétement arbitraires C et C'.

84. Une droite réelle

$$y = Cx + d$$

ne peut couper que la conjuguée C d'une courbe

$$f(x, y) = 0,$$

mais elle la peut couper en un nombre de points qui atteigne le degré de l'équation de cette courbe.

D'un autre côté une droite non parallèle aux cordes réelles d'une conjuguée C ne peut la couper qu'à la condition d'être représentée imaginairement.

Mais si cette droite dont l'équation en coordonnées réelles serait $y = ax + b$, est représentée en coordonnées imaginaires par une équation du premier degré.

$$y = \left(m + n\sqrt{-1}\right)x + p + q\sqrt{-1},$$

comme les coefficients m, n, p, q ne seront encore assujettis qu'à deux conditions exprimées par

$$m + n + \frac{2n^2}{m - n - C} = a$$

et

$$p + q + \frac{2qn}{m - n - C} = b,$$

on pourra l'assujettir à rencontrer effectivement la conjuguée C du lieu

$$f(x, y) = 0$$

en deux points, puisqu'il restera dans son équation deux constantes arbitraires.

85. Inversement, sans se donner géométriquement la droite à représenter, on peut se proposer de déterminer la forme de son équation sous la condition que le système de cette équation et de celle du lieu ait deux solutions appartenant au système C.

Cette condition s'exprimera par deux relations entre m, n, p et q et il restera encore, dans l'équation, deux constantes arbitraires dont on pourra disposer pour fixer la position géométrique de la droite.

On conçoit sans peine l'utilité de la recherche théorique de l'équation générale des droites capables de couper la conjuguée C d'un lieu $f(x, y) = 0$ en deux points effectifs, puisque, à défaut de méthodes directes, ce serait dans cette équation générale qu'on trouverait, en particularisant davantage, l'équation des cordes de cette conjuguée parallèles à une direction donnée, l'équation générale de ses tangentes, les équations de ses asymptotes, etc.

La solution de cette question serait du reste toujours très-simple, au moins en principe, puisqu'il ne s'agirait que d'exprimer que deux des solutions communes aux équations

$$y = \left(a + a'\sqrt{-1}\right)x + b + b'\sqrt{-1},$$
$$f(x, y) = 0$$

appartiennent au système C.

En supposant le degré de $f(x, y)$ égal à m et en admettant qu'on eût pu résoudre le système des deux équations, on pourrait combiner deux à deux les m solutions trouvées de $\dfrac{m(m-1)}{2}$ manières différentes, et par conséquent en cherchant à exprimer que deux solutions, prises au hasard, dussent appartenir simultanément au système C, on trouverait $\dfrac{m(m-1)}{2}$ formes de l'équation cherchée.

Mais en fait cette question ne présente qu'un intérêt purement théorique, car on n'aura jamais besoin de la résoudre effectivement. Nous nous bornerons en conséquence à la traiter sur les exemples les plus simples.

86. Supposons d'abord qu'il s'agisse de l'ellipse : pour obtenir l'équation générale des droites capables de couper l'une de ses conjuguées en deux points, nous pourrons imaginer que la courbe réelle ait été rapportée au système des deux diamètres conjugués qu'elle a en commun avec cette conjuguée, de manière, par exemple, que ce soit l'axe des x qui soit le diamètre transverse de la conjuguée ; l'équation cherchée étant obtenue dans ce système, il ne s'agira plus que de ramener les axes des coordonnées à coïncider par exemple avec les axes principaux de la courbe réelle.

Soit

$$a'^2 y^2 + b'^2 x^2 = a'^2 b'^2$$

l'équation de l'ellipse rapportée au système choisi de diamètres conjugués : pour que les solutions communes à cette équation et à l'équation

$$y = \left(m + n\sqrt{-1}\right)x + p + q\sqrt{-1}$$

fournissent deux points de la conjuguée désignée, dont les abscisses sont devenues réelles, et dont les ordonnées sont imaginaires sans parties réelles, il faudra que l'équation

$$a'^2 \left[\left(m + n\sqrt{-1}\right)x + p + q\sqrt{-1}\right]^2 + b'^2 x^2 = a'^2 b'^2$$

ait ses deux racines réelles, et que ces racines substituées dans

$$y = \left(m + n\sqrt{-1}\right)x + p + q\sqrt{-1}$$

donnent pour y des valeurs débarrassées de parties réelles.

Ces valeurs de x devront satisfaire à la condition

$$mx + p = 0 \, ;$$

mais celle-ci ne peut être satisfaite par deux valeurs différentes de x à moins que m et p ne soient nuls.

L'équation générale des droites qui peuvent couper la conjuguée à abscisses réelles de l'ellipse

$$a'^2 y^2 + b'^2 x^2 = a'^2 b'^2$$

est donc

$$y = n \sqrt{-1}\, x + q \sqrt{-1}.$$

Au reste les hypothèses $m = 0$ et $p = 0$ réduisent l'équation propre à donner les valeurs de x à

$$(b'^2 - n^2 a'^2)\, x^2 - 2nq a'^2 x - a'^2 b'^2 - a'^2 q^2 = 0,$$

qui donne

$$x = \frac{nq a'^2 \pm a'b' \sqrt{b'^2 - n^2 a'^2 + q^2}}{b'^2 - n^2 a'^2}.$$

Ces valeurs ne sont réelles qu'autant que

$$b'^2 - n^2 a'^2 + q^2 > 0.$$

87. Pour interpréter cette condition il suffit de remarquer que la droite $C = \infty$ du faisceau

$$y = n \sqrt{-1}\, x + q \sqrt{-1},$$

qui est celle qui contient les points de rencontre, aurait pour équation en coordonnées réelles

$$y = nx + q.$$

Il en résulte que la condition

$$b'^2 - n^2 a'^2 + q^2 = 0$$

ou

$$q^2 = n^2 a'^2 - b'^2$$

est celle qui exprimerait que cette droite est tangente à l'hyperbole conjuguée dont il s'est agi dans la question.

88. Si l'on voulait maintenant avoir l'équation générale des droites qui couperaient en deux points la conjuguée C de l'ellipse

$$a^2 y^2 + b^2 x^2 = a^2 b^2$$

rapportée à ses axes, il n'y aurait qu'à faire la transformation de coordonnées.

Les formules seraient

$$x = \frac{x \sin \alpha' - y \cos \alpha'}{\sin (\alpha' - \alpha)},$$

$$y = \frac{y \cos \alpha - x \sin \alpha}{\sin (\alpha' - \alpha)},$$

α' et α désignant les angles des diamètres a', b' avec l'axe a; la substitution dans

$$y = n \sqrt{-1}\, x + q \sqrt{-1}$$

donnerait

$$y = \frac{n \sqrt{-1} \sin \alpha' + \sin \alpha}{n \sqrt{-1} \cos \alpha' + \cos \alpha}\, x + \frac{q \sqrt{-1}\, \sin (\alpha' - \alpha)}{n \sqrt{-1} \cos \alpha' + \cos \alpha}.$$

Sachant d'ailleurs, que

$$\tan \alpha' = C$$

et

$$\tan \alpha = - \frac{b^2}{a^2 C},$$

il ne resterait plus qu'à substituer dans cette dernière

$$\sin \alpha' = \frac{C}{\sqrt{1 + C^2}}, \qquad \sin \alpha = \frac{b^2}{\sqrt{a^4 C^2 + b^4}},$$

$$\cos \alpha' = \frac{1}{\sqrt{1 + C^2}}, \qquad \cos \alpha = \frac{- a^2 C}{\sqrt{a^4 C^2 + b^4}},$$

ce qui la réduirait à

$$y = \frac{n \sqrt{-1}\, C \sqrt{a^4 C + b^4} + b^2 \sqrt{1 + C^2}}{n \sqrt{-1} \sqrt{a^4 C^2 + b^4} - a^2 C \sqrt{1 + C^2}}\, x$$

$$- q \sqrt{-1}\, \frac{a^2 C^2 + b^2}{n \sqrt{-1} \sqrt{a^4 C^2 + b^4} - a^2 C \sqrt{1 + C^2}}.$$

Telle est l'équation générale des droites qui peuvent couper en deux points la conjuguée C de l'ellipse $a^2 y^2 + b^2 x^2 = a^2 b^2$.

On trouverait de même, pour l'équation générale des droites qui peuvent couper en deux points la conjuguée C de l'hyperbole

$$a^2 y^2 - b^2 x^2 = - a^2 b^2,$$

$$y = \frac{n \sqrt{-1}\, C \sqrt{a^4 C^2 + b^4} - b^2 \sqrt{1 + C^2}}{n \sqrt{-1} \sqrt{a^4 C^2 + b^4} - a^2 C \sqrt{1 + C^2}}\, x$$

$$- q \sqrt{-1}\, \frac{a^2 C^2 - b^2}{n \sqrt{-1} \sqrt{a^4 C^2 + b^4} - a^2 C \sqrt{1 + C^2}}.$$

89. L'équation générale des droites qui peuvent couper 'en' deux points la conjuguée C de la parabole $y^2 = 2px$, serait plus simple : on l'obtiendrait aussi en faisant subir à l'équation générale

$$y = n\sqrt{-1}\,x + q\sqrt{-1}$$

de ces droites rapportées.au diamètre commun et à la tangente commune aux deux paraboles, la transformation' correspondant au retour aux anciens axes.

Les formules seraient alors

$$x = x - y\cotang\alpha' - \frac{p}{2\tang^2\alpha'},$$

et

$$y = \frac{y}{\sin\alpha'} - \frac{p}{\tang\alpha'},$$

où l'angle α' serait déterminé par la condition

$$\tang\alpha' = C,$$

ce qui les réduirait à

$$x = x - \frac{y}{C} - \frac{p}{2C^2},$$

$$y = \frac{y}{C}\sqrt{1+C^2} - \frac{p}{C}.$$

La substitution donnerait

$$y = \frac{nC\sqrt{-1}}{n\sqrt{-1}+\sqrt{1+C^2}}\,x + \frac{qC\sqrt{-1}}{n\sqrt{-1}+\sqrt{1+C^2}} + \frac{p}{C}$$
$$-\frac{p}{C}\frac{n\sqrt{-1}}{n\sqrt{-1}+\sqrt{1+C^2}}.$$

90. Les calculs, dans ce qui précède, ont pu être abrégés parce que l'on savait que la conjuguée rapportée aux axes choisis devait avoir ses ordonnées imaginaires sans parties réelles : s'il s'agissait par exemple de trouver l'équation générale des droites capables de couper 'en deux points la conjuguée à abscisses réelles du lieu

$$(a+a'\sqrt{-1})y^2 + 2(b+b'\sqrt{-1})xy + (c+c'\sqrt{-1})x^2 + 2(d+d'\sqrt{-1})y$$
$$+ 2(e+e'\sqrt{-1})x + 1 = 0,$$

on pourrait observer que la substitution à y de

$$(m+n\sqrt{-1})x + p + q\sqrt{-1}$$

dans cette équation, donnant en x une équation de la forme

$$\left(P + P' \sqrt{-1}\right) x^2 + \left(Q + Q' \sqrt{-1}\right) x + R + R' \sqrt{-1} = 0,$$

les racines de cette équation, supposées réelles, devraient satisfaire aux deux équations

$$Px^2 + Qx + R = 0,$$

et

$$P'x'^2 + Q'x + R' = 0,$$

ce qui exigerait que ces deux dernières fussent identiques, de sorte que les deux conditions cherchées entre m, n, p et q seraient exprimées par

$$\frac{P}{P'} = \frac{Q}{Q'} = \frac{R}{R'}.$$

91. Plus généralement, si l'on voulait obtenir l'équation générale des droites capables de couper la conjuguée $C = \infty$ d'un lieu quelconque $f(x, y) = 0$, il faudrait exprimer que l'équation

$$f\left[x, \left(m + n \sqrt{-1}\right) x + p + q \sqrt{-1}\right] = 0$$

eût deux racines réelles; or ces racines, en supposant l'équation développée et mise sous la forme

$$P + Q \sqrt{-1} = 0$$

devraient satisfaire aux équations

$$P = 0, \quad Q = 0.$$

On obtiendrait donc les deux conditions cherchées entre m, n, p et q en exprimant que P et Q aient un diviseur commun du second degré.

92. Les équations générales de la droite capable de couper en deux points une conjuguée $[C, C']$ d'une surface

$$f(x, y, z) = 0$$

s'obtiendraient par une méthode identique à celle qu'on a employée dans les numéros précédents.

Les équations de cette droite, d'après ce qu'on a vu au n° 72, devraient être prises dans le type

$$x = \left(m + n \sqrt{-1}\right) z + p + q \sqrt{-1},$$
$$y = \left(m' + n K \sqrt{-1}\right) z + p' + q K \sqrt{-1},$$

les constantes devant d'ailleurs être assujetties à la condition

$$\frac{K}{C} - \frac{1}{C'} = mK - m'.$$

Si l'on avait préalablement rendu réelles les coordonnées x et y de la conjuguée considérée, en dirigeant convenablement l'axe des z, C et C' seraient infinis, la condition précédente se réduirait par conséquent à

$$mK = m',$$

et par suite les équations de la droite devraient être prises dans le type

$$x = \left(m + n\sqrt{-1}\right) z + p + q\sqrt{-1}$$
$$y = \left(m + n\sqrt{-1}\right) Kz + p' + qK\sqrt{-1},$$

ou mieux

$$x = \left(m + n\sqrt{-1}\right) z + p + q\sqrt{-1}$$
$$Kx - y = pK - p'.$$

Cela posé, il faudrait exprimer que deux des solutions communes à ces équations et à l'équation $f(x, y, z) = 0$ eussent leurs x et y réels.

Mais l'équation

$$Kx - y = pK - p',$$

obligeant d'elle-même y à être réel dès que x le serait, il suffirait en définitive d'exprimer que l'équation en x résultant de l'élimination de y et z entre les trois équations, c'est-à-dire

$$f\left[x, K(x-p) + p', \frac{x - p - q\sqrt{-1}}{m + n\sqrt{-1}} \right] = 0,$$

eût deux de ses racines réelles ; conditions qu'on obtiendra, comme au numéro 91, en exprimant que les équations

$$P = 0, \quad Q = 0,$$

dans lesquelles se décomposerait la précédente, dès qu'on supposerait x réel, eussent deux solutions communes.

Les deux conditions ainsi obtenues réduiraient à quatre le nombre des constantes contenues dans les équations de la droite, c'est-à-dire que cette droite pourrait, comme cela devait être, occuper toutes les positions imaginables.

Des modes de génération comparés de la courbe réelle et de ses conjuguées.

93. On verra dans le troisième volume de cet ouvrage comment en cherchant à découvrir, dans l'équation d'une courbe, les modes de génération dont elle serait susceptible, j'avais été conduit à remarquer que ses conjuguées pourraient être engendrées par le point de rencontre des mêmes courbes mobiles, mais groupées différemment, dont les intersections successives fournissaient la courbe réelle elle-même.

L'espèce d'assimilation que j'avais établie par ce moyen entre la courbe réelle et l'une de ses conjuguées, outre qu'elle est peu naturelle, ne pouvait s'obtenir que dans des cas particuliers, et j'ai bientôt renoncé à poursuivre mes recherches dans la voie où je m'étais primitivement engagé.

Si l'on voulait comparer entre eux les modes de génération qui pourraient convenir à une courbe réelle quelconque, d'une part, et à toutes ses conjuguées, de l'autre, on y arriverait bien plus naturellement et avec des ressources bien autrement fécondes au moyen de cette simple remarque que si la courbe réelle

$$F(x, y) = 0$$

est le lieu des intersections des deux courbes mobiles

$$f(x, y, a) = 0,$$
$$f_1(x, y, a) = 0,$$

où le paramètre a prendrait toutes les valeurs réelles de $-\infty$ à $+\infty$, chaque conjuguée C de cette même courbe réelle pourra être considérée comme le lieu des intersections des conjuguées C des lieux représentés par les deux équations

$$f\left(x, y, p + q\sqrt{-1}\right) = 0,$$
$$f_1\left(x, y, p + q\sqrt{-1}\right) = 0,$$

où p et q seraient assujettis à la condition que l'un au moins des points de rencontre appartînt au système C.

Il résulte en effet de là qu'à chaque mode de génération de la courbe réelle il en correspond un entièrement analogue pour chacune de ses conjuguées.

Ces considérations ne me paraissent plus offrir qu'un intérêt relativement médiocre, aussi ne m'y arrêterai-je que fort peu, mais il m'a paru utile de mentionner au moins la méthode.

J'en ferai seulement l'application à l'ellipse et à ses conjuguées pour un seul mode de génération.

L'ellipse

$$a^2y^2 + b^2x^2 = a^2b^2$$

est le lieu des points de rencontre des droites

$$y = m(x + a) \quad \text{et} \quad y = -\frac{b^2}{a^2m}(x - a);$$

si l'on veut déduire de là un mode de génération de la conjuguée $C = \infty$ de cette ellipse, on remplacera la constante arbitraire réelle m par une constante imaginaire $m + n\sqrt{-1}$ et on liera m à n par la condition que le point de rencontre des deux faisceaux

$$y = (m + n\sqrt{-1})(x + a),$$

$$y = -\frac{b^2}{a^2(m + n\sqrt{-1})}(x - a)$$

ait son abscisse réelle.

L'élimination de y donne

$$x = a\frac{b^2 - a^2m^2 + a^2n^2 - 2mna^2\sqrt{-1}}{b^2 + a^2m^2 - a^2n^2 + 2mna^2\sqrt{-1}},$$

en sorte que la condition serait

$$\frac{b^2 - a^2m^2 + a^2n^2}{b^2 + a^2m^2 - a^2n^2} = -\frac{mn}{mn};$$

elle se réduit en apparence à

$$b^2 = -b^2,$$

si l'on remplace $-\dfrac{mn}{mn}$ par -1; mais cette impossibilité montre que $-\dfrac{mn}{mn}$ doit être $\dfrac{0}{0}$, c'est-à-dire que l'une des parties m ou $n\sqrt{-1}$ de la constante doit disparaître.

En faisant évanouir n on retrouverait naturellement l'ellipse elle-même, il faudra donc pour obtenir sa conjuguée faire au contraire disparaître m.

Ainsi la conjuguée $C = \infty$ de l'ellipse

$$a^2y^2 + b^2x^2 = a^2b^2$$

est le lieu des intersections des droites $C = \infty$ des deux faisceaux

$$y = n\sqrt{-1}(x + a)$$

et

$$y = -\frac{b^2}{a^2n\sqrt{-1}}(x - a).$$

Or ces droites sont représentées en coordonnées réelles par

$$y = n(x + a)$$

et

$$y = \frac{b^2}{a^2n}(x - a).$$

On connaît donc ainsi les deux génératrices réelles de l'hyperbole

$$a^2 y^2 - b^2 x^2 = - a^2 b^2.$$

De l'extension qu'on peut donner à la définition d'un lieu pour y comprendre celles de ses conjuguées, et de la construction graphique de l'une des conjuguées au moyen de la définition de la courbe réelle.

94. L'importante question indiquée dans ce titre est indéfinie de sa nature, elle se reproduira sous une infinité de formes, selon que la définition de la courbe réelle se rapportera à sa génération par points, ou qu'elle contiendra l'énonciation d'une propriété de ses tangentes ou de ses normales, de son cercle osculateur, etc.

Nous aurons donc à y revenir dans le chapitre où nous traiterons des tangentes aux courbes imaginaires.

Nous ne nous occuperons ici que du cas où la courbe réelle serait définie par la construction propre à en fournir un point quelconque.

La question proposée ne comporte évidemment pas de solution générale ; nous nous bornerons donc à l'examen d'un cas simple, présentant de l'intérêt.

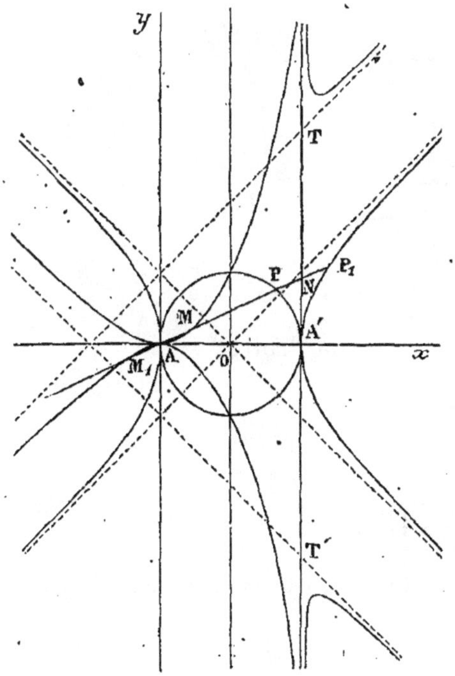

Fig. 1.

95. La cissoïde de Dioclès se tire du cercle, comme on le sait, en menant d'un point A de la circonférence une transversale quelconque APN et portant sur cette transversale, à partir du point A, une longueur AM égale à la portion de cette même transversale comprise entre le second point P où elle coupe la circonférence, et le point N où elle coupe la tangente à cette circonférence menée par la seconde extrémité du diamètre passant en A. Le sens de AM doit d'ailleurs être le même que celui de PN.

Pour généraliser cet énoncé il suffira de le transformer de la manière suivante :

Que l'on imagine par le point A, pris pour origine des coordonnées, une droite quelconque

$$y = \left(m + n \sqrt{-1} \right) x.$$

c'est-à-dire un faisceau de droites; que l'on détermine d'une part les coordonnées du second point de rencontre de ce faisceau avec le cercle ou avec l'une des hyperboles ses conjuguées, et de l'autre les coordonnées du point de rencontre du même faisceau avec la tangente TT' représentée par l'équation

$$x = 2R ;$$

enfin que l'on forme les différences des coordonnées des deux points obtenus (en retranchant les coordonnées du point du cercle des coordonnées du point de la tangente) : le point qui aurait pour coordonnées les différences obtenues sera un point du lieu cherché.

. Les coordonnées de ce point, en raison même de l'identité de marche suivie dans le calcul, satisferont à l'équation de la cissoïde,

$$y = \pm \sqrt{\frac{x^3}{2R - x}} :$$

ce sera donc un point de cette cissoïde ou de l'une de ses conjuguées.

Cela posé, le second point de rencontre du faisceau

$$y = \left(m + n\sqrt{-1}\right) x$$

avec le cercle

$$y^2 = 2Rx - x^2$$

a pour coordonnées

$$x = \frac{2R}{\left(m + n\sqrt{-1}\right)^2 + 1},$$

$$y = \frac{2R\left(m + n\sqrt{-1}\right)}{\left(m + n\sqrt{-1}\right)^2 + 1} ;$$

le point de rencontre du même faisceau avec la droite

$$x = 2R$$

a pour coordonnées

$$x = 2R,$$
$$y = \left(m + n\sqrt{-1}\right) 2R ;$$

les différences des coordonnées des deux points, ou les coordonnées du point du lieu, sont donc

$$x = 2R\left(1 - \frac{1}{\left(m + n\sqrt{-1}\right)^2 + 1}\right) = 2R\frac{\left(m + n\sqrt{-1}\right)^2}{\left(m + n\sqrt{-1}\right)^2 + 1},$$

$$y = \left(m + n\sqrt{-1}\right)2R\left(1 - \frac{1}{\left(m + n\sqrt{-1}\right)^2 + 1}\right) = 2R\frac{\left(m + n\sqrt{-1}\right)^3}{\left(m + n\sqrt{-1}\right)^2 + 1} ;$$

la partie imaginaire de x est

$$\frac{2mn\,(m^2 - n^2 + 1) - (m^2 - n^2)\,2mn}{(m^2 - n^2 + 1)^2 + 4m^2n^2} = \frac{2mn}{(m^2 - n^2 + 1)^2 + 4m^2n^2}.$$

Si l'on veut que le point obtenu appartienne à la conjuguée à abscisses réelles de la cissoïde, c'est-à-dire à la courbe représentée en coordonnées réelles par l'équation

$$y = \sqrt{\frac{x^3}{x - 2\mathrm{R}}},$$

il faudra faire nulle l'une des parties m ou n ; en supposant $n = 0$ on trouverait la cissoïde elle-même, pour avoir sa conjuguée $\mathrm{C} = \infty$ il faudra donc faire $m = 0$.

Mais si $m = 0$ le point de rencontre du faisceau avec le cercle appartiendra à la conjuguée à abscisses réelles de ce cercle, car l'abscisse de ce point de rencontre se réduira alors à

$$\frac{2\mathrm{R}}{-n^2 + 1},$$

c'est-à-dire sera réelle ; l'abscisse 2R du point de rencontre du même faisceau avec la droite

$$x = 2\mathrm{R}$$

étant aussi réelle, les deux points de rencontre du faisceau avec le cercle et avec sa tangente appartiendront à la même droite $\mathrm{C} = \infty$ du faisceau ; enfin le point du lieu ayant encore son abscisse réelle, se trouvera aussi sur la même droite $\mathrm{C} = \infty$ du faisceau.

On voit donc que la conjuguée $\mathrm{C} = \infty$ de la cissoïde se tire de la conjuguée $\mathrm{C} = \infty$ du cercle exactement de la même manière que la cissoïde elle-même se tire du cercle.

Pour construire cette conjuguée $\mathrm{C} = \infty$ de la cissoïde, il faudrait, sur chaque transversale $\mathrm{APNP_1}$, issue du point A, porter, à partir de ce point, une distance $\mathrm{AM_1}$ égale à la distance $\mathrm{NP_1}$, comprise sur la même transversale entre la tangente $\mathrm{TAT'}$ et l'hyperbole équilatère conjuguée du cercle, en ayant soin de donner à $\mathrm{AM_1}$ le sens $\mathrm{P_1N}$.

On pourrait sans doute étendre la même étude aux autres conjuguées de la cissoïde, mais les résultats seraient alors moins intéressants parce que chaque point du lieu proviendrait des points de rencontre de deux droites différentes du faisceau

$$y = \left(m + n\sqrt{-1}\right)x$$

avec le cercle et avec sa tangente, et que du reste non-seulement la caractéristique du point du lieu différerait de la caractéristique du point du cercle dont il proviendrait, mais que les points d'une même conjuguée de la cissoïde ne seraient plus fournis par les points d'une même conjuguée du cercle.

Discussion de quelques problèmes de géométrie élémentaire.

96. La discussion complète des problèmes relatifs au cercle est généralement impossible par les éléments parce que l'une des hyperboles équilatères conjuguées du cercle vient toujours jouer un rôle plus ou moins important dans la question, le problème posé relativement au cercle l'étant en même temps par rapport à toutes ses conjuguées, si l'on en entend l'énoncé aussi largement que possible, et au moins par rapport à une conjuguée convenablement choisie tant que les données restent réelles.

Nous citerons ici quelques exemples choisis parmi ceux où il n'y ait à considérer que des intersections de droites et de cercles: on en trouvera d'autres dans le chapitre des tangentes, mais la goniométrie imaginaire en présentera de plus importants, dont l'étude méthodique est devenue indispensable aux théories des fonctions circulaires et des fonctions exponentielles.

97. Soit proposé d'inscrire dans une sphère un cylindre de volume donné :

En désignant par x le rayon de base du cylindre et par y la moitié de sa hauteur, les équations du problème seront

$$x^2 + y^2 = \text{R}^2$$

et

$$2\pi x^2 y = \text{V} = m^3 ;$$

éliminant x entre ces équations, on trouve :

$$2\pi y (\text{R}^2 - y^2) = m^3.$$

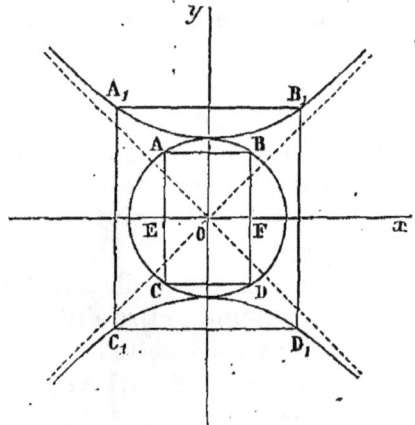

Fig. 2.

L'expression du volume change de signe avec y parce qu'en réalité, dans la mise en équation, on n'a évalué que la moitié du cylindre, soit la partie ABEF, soit la partie CDEF. C'est le double de cette moitié qu'on a égalé à m^3 ; nous pourrons donc borner la discussion aux variations de y de 0 à $+\infty$.

Tant que y est moindre que R, le volume du cylindre est positif, le cylindre est alors réellement inscrit dans la sphère.

Mais dès que y surpasse R, le volume du cylindre devient négatif, il reste réel quoique le cylindre lui-même devienne complétement imaginaire.

L'explication de ce fait est très-simple.

L'équation

$$x^2 + y^2 = R^2$$

exprime que x et y sont les coordonnées d'un point du cercle générateur de la sphère, rapporté aux axes Ox et Oy : si y est plus grand que R, x est imaginaire sans partie réelle, le point $[x,y]$ appartient à l'hyperbole équilatère $A_1 M B_1$, par conséquent l'expression en discussion est celle du volume d'un cylindre inscrit dans l'hyperboloïde engendré par la révolution de l'hyperbole $A_1 M B_1$ autour de l'axe des y. Ce cylindre est en continuité concrète avec le cylindre inscrit dans la sphère, comme l'expression de son volume est en continuité analytique avec l'expression du volume du cylindre inscrit dans la sphère.

98. Les mêmes remarques s'appliqueraient au cône inscrit dans la sphère.

99. Voici une question encore plus simple et où cependant la discussion des résultats obtenus est encore plus impossible par les éléments.

Supposons que d'un point A pris à volonté dans le plan d'un cercle O, de rayon R, on mène à ce cercle une sécante variable qui le rencontre en M et N : on pourra demander le maximum et le minimum de la somme des produits des distances AM et AN par des nombres donnés m et n.

Soient d la distance du point A au centre O du cercle, et x' l'une des longueurs AM ou AN, que nous prendrons pour variable indépendante, l'autre x'', si l'on suppose le point A pris hors du cercle, sera donnée par l'équation

$$x'x'' = d^2 - r^2,$$

en sorte que la fonction dont on demandait le maximum et le minimum sera

$$mx' + n\frac{d^2 - R^2}{x'}.$$

Pour lui faire prendre la valeur S il faudrait donner à x' la valeur

$$x' = \frac{S \pm \sqrt{S^2 - 4mn(d^2 - R^2)}}{2m},$$

le minimum de la somme cherchée serait donc

$$2\sqrt{mn(d^2 - R^2)},$$

tandis que le maximum serait

$$-2\sqrt{mn(d^2 - R^2)}.$$

Mais si [l'on fait application de cette formule, on reconnaît que ni ce minimum ni ce maximum ne se rapportent toujours à la question proposée.

En effet, soient

$$R = 1^m, \quad d = 2^m, \quad n = 9, \quad m = 0,0004,$$

les valeurs limites de la fonction, fournies par l'équation

$$S^2 = 4mn(d^2 - R^2),$$

seraient

$$-2 \times 0,01 \times \sqrt{3} \times 3 \quad \text{et} \quad +2 \times 0,01 \times \sqrt{3} \times 3$$

ou

$$-0^m,06 \times \sqrt{3} \quad \text{et} \quad +0^m,06 \times \sqrt{3},$$

et les valeurs correspondantes de la variable x', réduite alors à $\dfrac{S}{2m}$, seraient

$$-300^m \times \sqrt{3} \quad \text{et} \quad +300^m \times \sqrt{3}.$$

Ainsi l'analyse prescrirait, comme moyen de solution, de décrire du point A comme centre un cercle de rayon égal à $300^m \times \sqrt{3}$ et de joindre au point A les points de rencontre de ce cercle avec le cercle proposé !

Ces rencontres n'existant pas, il faut en conclure que les équations du problème en comprenaient un autre que le proposé.

Pour justifier cette conclusion, on remarquera d'abord que les deux variables x' et x'' liées entre elles par l'équation

$$x'x'' = d^2 - R^2$$

sont toujours réelles en même temps; qu'à la vérité, lorsque la somme S est comprise entre

$$-2\sqrt{mn(d^2 - R^2)} \quad \text{et} \quad +2\sqrt{mn(d^2 - R^2)},$$

x' et par suite x'' sont réels; mais qu'il ne suffit pas que x' et x'' soient réels pour que ces quantités représentent les distances du point A aux points de rencontre d'une transversale issue de ce point avec la circonférence du cercle donné, la formule symbolique de la distance d'un point

$$x = \alpha + \beta\sqrt{-1}, \quad y = \alpha' + \beta'\sqrt{-1}$$

au point

$$x = d, \quad y = 0,$$

c'est-à-dire la formule

$$\sqrt{\left(\alpha + \beta \sqrt{-1} - d\right)^2 + \left(\alpha' + \beta' \sqrt{-1}\right)^2},$$

pouvant représenter une quantité réelle dès que

$$\beta(\alpha - d) + \alpha'\beta' = 0,$$

x' et x'' pouvaient donc rester réels bien au delà des limites en deçà desquelles le problème proposé serait encore possible et par conséquent on pouvait être induit en erreur en cherchant les limites de S dans les conditions de réalité de x' ou de x''.

Quant aux résultats obtenus, on s'en rendra compte en remarquant que lorsque x' et x'' sont réels, sans que le problème soit possible par rapport au cercle, ces variables représentent les distances figurées du point A aux points de rencontre d'un faisceau imaginaire issu du point A avec l'hyperbole conjuguée du cercle fixe qui a pour axe transverse la ligne OA.

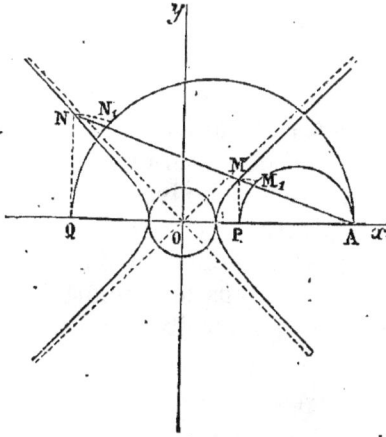

Fig. 3.

En effet, si $x = \alpha + \beta\sqrt{-1}$ et $y = \alpha' + \beta'\sqrt{-1}$ désignent les coordonnées d'un point du lieu

$$x^2 + y^2 = \mathrm{R}^2,$$

α, β, α' et β' devront satisfaire à la condition

$$\alpha\beta + \alpha'\beta' = 0;$$

et si l'on tient compte de celle qu'on a trouvée plus haut

$$\beta(\alpha - d) + \alpha'\beta' = 0,$$

pour exprimer la réalité de la distance x' ou x'' du point $[x, y]$ au point A, il en résulte

$$\beta d = 0,$$

c'est-à-dire

$$\beta = 0,$$

condition qui exprime que le point $[x, y]$ appartient à la conjuguée à abscisses réelles du cercle $x^2 + y^2 = \mathrm{R}^2$.

Les deux points de cette hyperbole dont les distances figurées au point A seront x' et x'', appartiendront naturellement à un même faisceau issu du point A; mais comme ils auront tous deux leurs abscisses réelles, ils appartiendront tous deux à la droite $C = \infty$ de ce faisceau, dont l'équation sera dès lors nécessairement de la forme

$$y = a \sqrt{-1}\,(x - d).$$

Il est au reste facile de voir ce que sont effectivement les distances x' et x'' correspondant à une transversale AMN : les abscisses des points M et N étant réelles et leurs ordonnées étant imaginaires sans parties réelles, l'expression de l'une des distances,

$$\sqrt{(d - x)^2 - y^2},$$

représentera le second côté de l'angle droit du triangle rectangle dont $d - x$ serait l'hypoténuse et dont y serait l'autre côté.

Ainsi les longueurs que désigneraient x' et x'' seraient AM_1 et AN_1, d'où l'on voit à quel problème se rapportera effectivement la solution lorsqu'elle ne conviendra pas au cercle proposé.

Les deux circonférences AM_1P, AN_1Q ayant pour centre de similitude le point A et les distances PM et QN étant dans le rapport de similitude, les trois points A, M_1, N_1 seront en ligne droite, comme les trois points A, M, N.

Sur un paradoxe de la géométrie des surfaces.

100. Supposons, pour prendre un exemple simple, que nous fassions glisser un cercle parallèlement à lui-même de manière qu'il rencontre toujours en deux points un autre cercle fixe, de moindre rayon, dont le plan serait perpendiculaire au sien, le cercle mobile engendrera une surface définie dans tout l'intervalle compris entre les plans parallèles à celui du cercle mobile menés tangentiellement au cercle fixe ; mais, la génération de la surface n'étant plus définie en dehors de ces deux plans, il semblerait qu'elle dût être limitée par eux.

Cependant, si l'on soumet la question au calcul, on trouve que la surface engendrée s'étend indéfiniment et que le cercle mobile se transporte d'une manière aussi parfaitement régulière après avoir perdu ses guides que lorsque son mouvement était déterminé par eux.

Ainsi soient

$$y^2 + z^2 = r^2, \quad x = 0$$

les équations du cercle fixe, dans le plan des yz, et

$$y^2 + (x - d)^2 = R^2, \quad z = h$$

celles du cercle mobile dans un plan parallèle à celui des xy, la condition de rencontre sera exprimée par

$$r^2 - h^2 + d^2 = R^2,$$

de sorte que l'équation de la surface, qui sera double, parce que le cercle mobile peut se présenter d'un côté et de l'autre du cercle fixe, sera

$$\left(x \pm \sqrt{R^2 - y^2}\right)^2 - z^2 = R^2 - r^2.$$

Or, quelque valeur que l'on donne à z dans cette équation, l'équation résultante

$$\left(x \pm \sqrt{R^2 - y^2}\right)^2 = z^2 + R^2 - r^2$$

représentera toujours deux cercles réels de rayon R.

Cela posé, on demande comment le cercle mobile est guidé dans son mouvement en dehors des plans

$$z = \pm r.$$

La réponse à cette question est extrêmement aisée à trouver : la condition de rencontre

$$r^2 - h^2 + d^2 = R^2$$

n'exprime pas exclusivement que les deux circonférences se coupent effectivement, mais que si elles ne se coupent pas, une conjuguée de l'une coupe une conjuguée de l'autre.

Les points de rencontre auront nécessairement leur abscisse nulle, par conséquent réelle, puisque l'une des équations de la circonférence fixe est $x = 0$; ce sera donc la conjuguée à abscisses réelles du cercle mobile qui rencontrera une conjuguée du cercle fixe, mais les ordonnées z des points de rencontre devront aussi être réelles, puisque l'une des équations de la courbe mobile est $z = h$; par conséquent ce sera la conjuguée à z réels de la circonférence fixe qui sera rencontrée par la conjuguée à abscisses réelles de la circonférence mobile.

Ainsi, à partir du moment où les deux circonférences deviennent tangentes et vont se quitter, les deux hyperboles équilatères symétriques par rapport aux axes, et conjuguées de ces circonférences, viennent se substituer à elles de telle sorte que le glissement de l'une d'elles entre les branches de l'autre continue de régler le mouvement du cercle mobile.

Il est clair que la même question pourrait être reproduite pour une surface quelconque, car on pourrait toujours définir cette surface comme engendrée par le mouvement d'une courbe mobile plane variable de grandeur en même temps que de position et assujettie à glisser entre les branches d'une autre courbe plane fixe, de manière que son plan restât parallèle à lui-même.

En donnant à la courbe fixe des dimensions aussi petites qu'on le voudrait on restreindrait à volonté les limites entre lesquelles le mouvement de la courbe mobile pourrait être réglé par les conditions mêmes de l'énoncé.

La solution de la difficulté du reste serait toujours identique à celle que nous avons donnée dans le cas précédent, et les conjuguées des deux courbes planes qui se substitueraient à elles, après qu'elles auraient cessé de se couper, seraient encore définies de la même manière.

En effet, si l'on prenait toujours le plan de la courbe fixe pour plan des zy et un plan parallèle à celui de la courbe mobile pour plan des xy, d'une part, l'une des équations de la courbe fixe étant

$$x = 0,$$

les points de rencontre ne pourraient se trouver que sur la conjuguée à abscisses réelles de la courbe mobile, et de l'autre, l'une des équations de la courbe mobile étant

$$z = h,$$

les points de rencontre ne pourraient se trouver que sur la conjuguée à z réels de la courbe fixe.

Ainsi le mouvement de la courbe mobile serait toujours réglé d'après les mêmes conditions.

Quoique la question qu'on vient d'examiner soit toute particulière, en ce que l'on a supposé planes la directrice et la génératrice de la surface, il est bien clair que les mêmes principes s'appliqueraient d'une manière analogue dans tous les autres cas. Mais il est inutile d'insister.

CHAPITRE VII .

101. Lorsqu'une courbe réelle a un centre, ce point est centre commun de toutes ses conjuguées : en effet, si on l'a pris pour origine, les solutions de l'équation de la courbe seront deux à deux égales et de signes contraires, c'est-à-dire que si

$$x = \alpha + \beta \sqrt{-1},$$
$$y = \alpha' + \beta'\sqrt{-1}$$

est une solution de cette équation,

$$x = -\alpha - \beta \sqrt{-1},$$
$$y = -\alpha' - \beta'\sqrt{-1}$$

en sera une autre. Or ces deux solutions ont même caractéristique $C = \dfrac{\beta'}{\beta}$, les deux points correspondants

$$x_1 = \alpha + \beta,$$
$$y_1 = \alpha' + \beta'$$

et

$$x_1 = -\alpha - \beta,$$
$$y_1 = -\alpha' - \beta'$$

appartiennent donc à la même conjuguée C, et comme leurs coordonnées sont égales et de signes contraires, la corde qui les joint passe par l'origine et y est divisée en deux parties égales.

L'origine est donc le centre de la conjuguée C, c'est-à-dire d'une quelconque des conjuguées.

102. Réciproquement, si l'une des conjuguées d'une courbe réelle a un centre réel, ce point est aussi le centre de la courbe réelle et par suite de toutes les autres conjuguées.

Cela résulte évidemment de ce qu'on a vu au n° 21, que toute courbe réelle est une conjuguée de l'une de ses conjuguées.

103. Au reste les équations du centre d'une courbe algébrique dont l'équation aurait ses coefficients réels ne pourraient en aucun cas donner.de valeurs imaginaires pour les coordonnées de ce point ; en effet, si elles admettaient une solution

$$x = a + b\sqrt{-1},$$
$$y = a' + b'\sqrt{-1},$$

elles admettraient aussi la solution conjuguée

$$x = a - b\sqrt{-1},$$
$$y = a' - b'\sqrt{-1},$$

et cette simultanéité est contraire à ce que l'on sait, qu'une courbe algébrique ne saurait avoir plus d'un centre.

A la vérité on pourrait bien objecter que la présence de deux centres imaginaires ne contredit pas le principe, puisque la courbe dans ce cas n'en aurait même pas un seul.

Je pense qu'on pourrait se contenter de répondre que si les équations du centre du lieu considéré comportaient, pour de certaines valeurs des coefficients, les deux solutions

$$x = a \pm b\sqrt{-1},$$
$$y = a' \pm b'\sqrt{-1},$$

on pourrait changer ces coefficients de manière à rendre réelles les deux solutions trouvées, ce qui ferait reparaître les deux centres.

Mais une preuve directe du fait nous enseignera quelque chose de plus.

Si, dans une équation

$$f(x, y) = 0,$$

on remplace

$$x \text{ par } x + a + b\sqrt{-1}$$

et

$$y \text{ par } y + a' + b'\sqrt{-1},$$

les solutions dont la caractéristique était $C = \dfrac{b'}{b}$ se transformeront en d'autres dont la caractéristique restera la même. D'un autre côté, si en même temps on suppose les axes des coordonnées transportés parallèlement à eux-mêmes au point

$$x_1 = a + b,$$
$$y_1 = a' + b',$$

les nouvelles solutions, de caractéristique C, de l'équation transformée, rapportées au nouveau système d'axes, reproduiront tous les points de la conjuguée C du lieu, dans l'ancien système.

Mais si $a + b\sqrt{-1}$ et $a' + b'\sqrt{-1}$ formaient une solution des équations du centre, les solutions de l'équation transformée seraient deux à deux égales et de signes contraires, et la conjuguée $C = \dfrac{b'}{b}$ du lieu proposé, qui n'aurait pas changé, aurait pour centre le point $x_1 = a + b$, $y_1 = a' + b'$. Mais, pour les mêmes raisons, elle admettrait aussi pour centre le point $x'_1 = a - b$, $y'_1 = a' - b'$, ce qui est impossible.

Ainsi il est impossible que les équations du centre d'un lieu algébrique à coefficients réels admettent une solution imaginaire.

104. Mais s'il s'agissait d'un lieu à coefficients imaginaires, il n'y aurait évidemment aucun empêchement à ce que les équations du centre fournissent une solution imaginaire

$$x = a + b\sqrt{-1},$$
$$y = a' + b'\sqrt{-1}.$$

Dans ce cas, le point

$$x_1 = a + b,$$
$$y_1 = a' + b'$$

serait le centre de la conjuguée $C = \dfrac{b'}{b}$ du lieu. Il n'y aurait d'ailleurs aucune raison pour que le même point fût en même temps centre géométrique des autres conjuguées.

Par exemple, en général, parmi les conjuguées du lieu,

$$(a+a'\sqrt{-1})y^2+2(b+b'\sqrt{-1})xy+(c+c'\sqrt{-1})x^2+2(d+d'\sqrt{-1})y+2(e+e'\sqrt{-1})x+1=0,$$

il y en aura une pourvue de centre, tandis que les autres n'en auront pas.

Mais si les équations du centre de ce lieu,

$$\left(a + a'\sqrt{-1}\right)y + \left(b + b'\sqrt{-1}\right)x + d + d'\sqrt{-1} = 0$$

et

$$\left(b + b'\sqrt{-1}\right)y + \left(c + c'\sqrt{-1}\right)x + e + e'\sqrt{-1} = 0,$$

fournissaient pour x et y des valeurs réelles, ce qui exigerait que les quatre équations

$$ay + bx + d = 0,$$
$$a'y + b'x + d' = 0,$$
$$by + cx + e = 0,$$
$$b'y + c'x + e' = 0,$$

se réduisissent à deux, dans ce cas, toutes les conjuguées du lieu auraient pour centre commun le point représenté par la solution obtenue.

105. Ce qui précède s'applique sans difficultés et sans modifications aux conjuguées des surfaces réelles ou imaginaires.

Diamètres et surfaces diamétrales.

106. La théorie des diamètres se fonde sans difficultés sur ces remarques : 1° que le point dont les coordonnées imaginaires sont les demi-sommes des coordonnées imaginaires de deux points quelconques, de même caractéristique, ou de caractéristiques différentes, est toujours le milieu de la corde qui joint ces deux points ; 2° que si les deux points extrêmes ont même caractéristique, le troisième est représenté dans le même système ; 3° enfin que si les deux points extrêmes appartiennent à une même droite d'un faisceau

$$y = \left(m + n\sqrt{-1}\right)x + p + q\sqrt{-1},$$

le troisième se trouve aussi sur cette droite.

Il résulte de là que si x_1 et y_1 désignent les demi-sommes des coordonnées de deux points communs au lieu

$$f(x, y) = 0$$

et à un faisceau

$$y = \left(m + n\sqrt{-1}\right)x + p + q\sqrt{-1},$$

d'une part, la solution $[x_1, y_1]$ réalisée fournira le point milieu de la droite qui joindrait ces deux points, tandis que d'un autre côté, si dans les deux équations

$$f(x, y) = 0$$

et

$$y = \left(m + n\sqrt{-1}\right)x + p + q\sqrt{-1},$$

on remplace x par $x + x_1$ et y par $y + y_1$, les coordonnées nouvelles des deux points considérés, égales alors et de signes contraires, devront nécessairement satisfaire aux équations

$$f(x + x_1,\ y + y_1) = 0$$

et

$$y = \left(m + n\sqrt{-1}\right)x,$$

c'est-à-dire que l'équation

$$f\left[x + x_1,\ \left(m + n\sqrt{-1}\right)x + y_1\right] = 0$$

devra avoir deux racines égales et de signes contraires.

Si P et Q désignent, dans cette équation, l'ensemble des termes de degrés pairs et l'ensemble des termes de degrés impairs, la condition énoncée s'obtiendra en exprimant que les équations

$$P = 0 \quad \text{et} \quad Q = 0$$

ont une solution commune.

Or cette condition

$$\varphi\left(x_1, y_1, m + n\sqrt{-1}\right) = 0$$

ne différera de l'équation générale des diamètres de la courbe réelle représentée par l'équation,

$$f(x, y) = 0,$$

qu'en ce que le coefficient angulaire des cordes sera remplacé par

$$m + n\sqrt{-1}.$$

107. Ainsi donc, si

$$\varphi(x, y, a) = 0$$

est l'équation générale des diamètres d'une courbe réelle

$$f(x, y) = 0,$$

toute solution de l'équation

$$\varphi\left(x, y, m + n\sqrt{-1}\right) = 0,$$

quels que soient m et n, fournira toujours le milieu d'une corde joignant deux points pris sur deux conjuguées du lieu $f(x, y) = 0$, ou, en sens inverse, l'équation

$$\varphi\left(x, y, m + n\sqrt{-1}\right) = 0,$$

dans laquelle on pourra faire varier m et n à volonté, représentera l'ensemble de tous les points milieux de toutes les cordes que l'on pourrait mener d'un point quelconque d'une quelconque des conjuguées du lieu

$$f(x, y) = 0$$

à un autre point quelconque d'une autre conjuguée quelconque.

108. Mais il ne faudrait pas croire que m et n restant fixes, les solutions d'un même système C de l'équation

$$\varphi\left(x, y, m + n\sqrt{-1}\right) = 0$$

dussent fournir les différents points du diamètre lieu des milieux des cordes menées dans la conjuguée C de la courbe $f(x, y) = 0$ parallèlement à la droite

$$y = \left(m + n + \frac{2n^2}{m - n - C} \right) x = ax.$$

En général, pour obtenir la suite de ces points, il faudrait faire varier m et n tout en les assujettissant à la condition

$$m + n + \frac{2n^2}{m - n - C} = a,$$

et, pour chaque système de valeurs de m et de n, ne prendre que certaines des solutions du système C de l'équation

$$\varphi \left(x, y, m + n \sqrt{-1} \right) = 0.$$

109. Si l'on prolonge l'un des diamètres

$$\varphi (x, y, a) = 0$$

d'une courbe réelle

$$f (x, y) = 0$$

au delà des limites en deçà desquelles les cordes parallèles à la direction $y = ax$ coupent effectivement cette courbe, le prolongement fournit naturellement le diamètre correspondant aux cordes parallèles à la même direction $y = ax$ de la conjuguée $C = a$ du lieu. Ce diamètre est réel dans toute son étendue parce que les extrémités des cordes de la conjuguée qu'il coupe en parties égales ayant leurs coordonnées conjuguées, c'est-à-dire telles que

$$x = \alpha \pm \beta \sqrt{-1},$$
$$y = \alpha' \pm \beta' \sqrt{-1},$$

les demi-sommes de ces coordonnées sont réelles.

La définition même des conjuguées d'une courbe réelle contenait au reste cette propriété.

Les conjuguées d'une courbe ne sont en effet que les courbes qui ont en commun avec elle un diamètre et dont les cordes, comptées à partir de ce diamètre, parallèlement à la direction correspondante, sont en continuité avec celles de la courbe réelle.

110. Si l'on voulait obtenir spécialement le diamètre lieu des milieux des cordes parallèles à une direction

$$y = ax$$

d'une conjuguée désignée C d'un lieu

$$f(x, y) = 0,$$

il faudrait d'abord déterminer, conformément aux prescriptions du n° 92, l'équation générale des droites capables de couper cette conjuguée C en deux points.

Cette équation

$$y = \left(m + n\sqrt{-1}\right)x + p + q\sqrt{-1},$$

où m, n, p et q seraient assujettis à deux conditions, étant obtenue, on achèverait de la particulariser en exprimant le parallélisme de la droite C du faisceau et de la direction $y = ax$, au moyen de la condition

$$m + n + \frac{2n^2}{m - n - C} = a;$$

elle ne contiendrait plus alors qu'un paramètre arbitraire, et pourrait par conséquent recevoir par exemple la forme

$$y = \left[m + \lambda(m)\sqrt{-1}\right]x + \mu(m) + \nu(m)\sqrt{-1};$$

pour chaque valeur de m, cette équation et $f[x, y] = 0$ auraient deux solutions communes appartenant au système C et auxquelles correspondraient deux points situés sur une même parallèle à $y = ax$.

Le milieu de la corde qui joindrait ces deux points devant appartenir d'une part au lieu

$$\varphi\left(x, y, m + \lambda(m)\sqrt{-1}\right) = 0$$

et de l'autre au faisceau

$$y = \left(m + \lambda(m)\sqrt{-1}\right)x + \mu(m) + \nu(m)\sqrt{-1},$$

ou obtiendrait le lieu de ces milieux, ou l'équation du diamètre cherché, en éliminant m entre ces deux dernières équations.

Il pourra arriver que l'une des deux conditions propres à exprimer que le faisceau

$$y = \left(m + n\sqrt{-1}\right)x + p + q\sqrt{-1}$$

coupe la conjuguée C du lieu $f[x, y] = 0$ en deux points, ne contienne que m et n; dans ce cas m et n assujettis d'autre part à la condition

$$m + n + \frac{2n^2}{m - n - C} = a$$

seront complétement déterminés et l'équation du système des cordes à considérer sera de la forme

$$y = \mathrm{M}x + \mathrm{P},$$

M désignant une expression connue dépendant de a et des paramètres du lieu et P une fonction connue de la variable p.

Pour avoir le diamètre cherché, il faudrait éliminer p entre

$$\varphi\,(x,\,y,\,\mathrm{M}) = 0$$

et

$$y = \mathrm{M}x + \mathrm{P}\,;$$

mais

$$\varphi\,(x,\,y,\,\mathrm{M}) = 0$$

ne contenant pas p, cette équation sera précisément celle du lieu.

Par exemple l'équation, trouvée au n° 92, des droites qui peuvent couper en deux points la conjuguée C de l'ellipse

$$a^2 y^2 + b^2 x^2 = a^2 b^2$$

étant

$$y = \frac{n\sqrt{-1}\,\mathrm{C}\,\sqrt{a^4\mathrm{C}^2+b^4}+b^2\sqrt{1+\mathrm{C}^2}}{n\sqrt{-1}\,\sqrt{a^4\mathrm{C}^2+b^4}-a^2\mathrm{C}\,\sqrt{1+\mathrm{C}^2}}\,x - q\sqrt{-1}\,\frac{a^2\mathrm{C}^2+b^2}{n\sqrt{-1}\,\sqrt{a^4\mathrm{C}^2+b^4}-a^2\mathrm{C}\,\sqrt{1+\mathrm{C}^2}},$$

l'équation générale des diamètres de cette conjuguée C sera

$$y = -\frac{b^2}{a^2}\,\frac{n\sqrt{-1}\,\sqrt{a^4\mathrm{C}^2+b^4}-a^2\mathrm{C}\,\sqrt{1+\mathrm{C}^2}}{n\sqrt{-1}\,\mathrm{C}\,\sqrt{a^4\mathrm{C}^2+b^4}+b^2\sqrt{1+\mathrm{C}^2}}\,x,$$

c'est-à-dire que, pour chaque valeur de n, la droite C du faisceau représenté par cette équation sera un diamètre de la conjuguée C de l'ellipse.

Cette équation, s'il s'agissait de la conjuguée C$=\infty$ de l'ellipse se réduirait à $y = \dfrac{b^2}{a^2 n\sqrt{-1}}\,x = -\dfrac{b^2}{a^2 n}\sqrt{-1}\,x$ et pour chaque valeur de n fournirait le diamètre de l'hyperbole $a^2 y^2 - b^2 x^2 = -a^2 b^2$ correspondant aux cordes parallèles à la direction $y = nx$.

111. La même théorie s'applique évidemment et sans d'ailleurs aucune modification aux surfaces diamétrales des conjuguées d'un lieu à trois dimensions.

112. La recherche du lieu des points milieux des cordes d'une courbe $f(x,y) = 0$ qui divergeraient d'un point fixe $[x = a,\ y = b]$, se lie intimement à la précédente et présente un intérêt analogue.

L'équation de ce lieu étant une fois trouvée, le coefficient angulaire variable de la transversale menée du point [a, b], après qu'il aura été éliminé, pourra aussi bien être supposé avoir été imaginaire que réel ; le lieu complet représenté par l'équation obtenue, se composera donc non-seulement du lieu réel, qu'on avait en vue, mais du lieu des milieux de toutes les cordes qui joindraient les points d'intersection de la courbe $f(x, y) = 0$ avec tous les faisceaux imaginables que pourrait représenter l'équation

$$y - b = \left(m + n\sqrt{-1}\right)(x - a),$$

qui contient les deux constantes arbitraires m et n.

Au reste la partie réelle du lieu représenté par l'équation trouvée n'appartiendrait généralement pas tout entière au lieu qu'on avait d'abord en vue.

En effet la transversale mobile, menée du point [a, b], à partir de l'une des positions où elle serait devenue tangente à la courbe

$$f(x, y) = 0,$$

ne fournirait plus d'intersections réelles, et cependant le lieu réel se prolongerait sans solution de continuité au delà du point de contact, car les abscisses, par exemple, des deux points de rencontre, devenus imaginaires, de la transversale réelle et du lieu

$$f(x, y) = 0,$$

étant imaginaires conjuguées, leur demi-somme serait restée réelle et la demi-somme de leurs ordonnées le serait pareillement.

Au reste la caractéristique commune des deux points imaginaires auxquels correspondrait un point réel du lieu ne serait autre que le coefficient angulaire actuel de la transversale mobile.

En général donc, la partie réelle du lieu trouvé se composera du lieu des milieux des cordes menées effectivement du point donné au travers de la courbe réelle

$$f(x, y) = 0$$

et de la suite des points milieux des cordes menées du même point au travers des conjuguées de cette courbe, mais avec cette restriction que chaque conjuguée n'apportera au lieu d'autre contingent que le système des points milieux des cordes qu'elle pourra intercepter sur la seule transversale menée du point donné parallèlement à ses cordes réelles.

Par exemple le lieu des milieux des cordes menées d'un point à un cercle est fourni par l'équation de la circonférence ayant pour diamètre la droite qui joint le point donné au centre du cercle donné : lorsque le point donné est intérieur au cercle donné, la partie réelle du lieu appartient tout entière au lieu qu'on avait en vue ; mais lorsqu'au contraire le point est extérieur au cercle, la partie de la circonférence obtenue qui se trouve en dehors du cercle donné, est étrangère à la question.

Cette partie extérieure est le lieu des milieux de cordes menées du point donné aux hyperboles conjuguées du cercle donné ; mais chacune de ces hyperboles ne fournit au lieu que le milieu de la corde menée du point donné perpendiculairement à son axe transverse.

115. Si au lieu des milieux des cordes NN′ menées d'un point fixe A à une courbe $f[x, y] = 0$ on voulait considérer le lieu des points M tels que

$$\text{AM} = k\text{AN} + k'\text{AN}',$$

on arriverait naturellement à des conséquences analogues ; c'est-à-dire que la partie réelle du lieu se prolongerait encore sans aucune solution de continuité, à partir du point où elle traverserait la tangente menée du point A à la courbe réelle.

Mais il est important de remarquer qu'un point réel du lieu, voisin du point situé sur cette tangente ne proviendrait plus alors de points N et N′ ayant leurs coordonnées imaginaires conjuguées, et que, par suite, la transversale qui le fournirait n'aurait plus son coefficient angulaire réel.

Le coefficient angulaire variable de la transversale, en tant que cette transversale dût fournir un point de la portion réelle du lieu, resterait réel jusqu'au moment où la transversale deviendrait tangente, mais ce coefficient angulaire deviendrait ensuite imaginaire et sa partie imaginaire, d'abord nulle, commencerait par être infiniment petite pour n'atteindre une valeur finie qu'à une distance finie de la tangente.

Au reste dès que le coefficient angulaire de la transversale serait devenu imaginaire, naturellement les expressions analytiques des distances AN et AN′ le seraient devenues en même temps et ces expressions débarrassées du signe $\sqrt{-1}$, c'est-à-dire construites comme nous avons construit les coordonnées d'un point imaginaire, ne représenteraient aucunement les distances effectives du point réel A aux points imaginaires N et N′.

Enfin les caractéristiques des deux points N et N′ étant différentes, ces deux points n'appartiendraient plus à une même droite du faisceau représenté par l'équation de la transversale imaginaire.

Intersection de deux courbes du second degré.

114. Les quatre points d'intersection de deux courbes du second degré sont deux à deux les extrémités de cordes égales de ces deux courbes, menées par les points d'intersection des diamètres correspondants. Le nombre des points d'intersection est limité parce que, si l'on choisit au hasard une direction commune de cordes et qu'on construise

les diamètres correspondants, en général la corde parallèle à la direction choisie, menée par le point de rencontre des deux diamètres, n'aura
pas la même longueur dans les deux courbes ou dans leurs conjuguées.
Cette droite pourra d'ailleurs couper l'une des courbes et la conjuguée
de l'autre.

Lorsque les quatre points d'intersection sont réels, les trois systèmes
de sécantes communes se composent de droites réelles.

Dans les deux autres cas les sécantes réelles communes sont la droite
qui joint les deux points de rencontre réels et celle qui joint les deux
points imaginaires conjugués, ou les deux droites qui joignent les points
imaginaires conjugués.

La droite qui joint deux points imaginaires conjugués est, dans tous
les cas, une corde réelle commune à deux conjuguées de même caractéristique.

Si deux des quatre solutions communes se confondent, les deux
autres pourront être distinctes, si les premières sont réelles, mais elles
se confondront nécessairement si les premières sont imaginaires, parce
qu'elles en seront les conjuguées.

On voit par là que deux courbes du second degré non bitangentes ne
peuvent se toucher qu'en un point réel.

Mais du reste le cas où deux conjuguées seraient bitangentes peut
évidemment se réaliser. En effet,
si l'on considère deux coniques
MANBP et M'AN'BP' tangentes à
la fois en A et en B, les coniques réelles dont elles pourraient
être les conjuguées, sous une
caractéristique commune égale
au coefficient angulaire de AB,
auront pour diamètre commun,
correspondant aux cordes parallèles à AB, la droite TC menée du

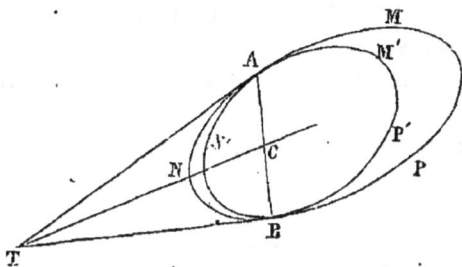

Fig. 4.

point C milieu de AB au point de concours T des tangentes communes
en A et en B aux deux coniques proposées; et les équations de ces
coniques réelles rapportées aux droites CT et CA, prises pour axes des x
et des y, admettront pour solutions doubles

$$x = 0^{\circ} \quad \text{et} \quad y = \pm \text{AC} \sqrt{-1}.$$

115. Une ellipse imaginaire peut de même, évidemment, être bitan-
gente à une ellipse réelle ou à une hyperbole. Les deux lieux auront
encore dans ce cas un diamètre commun conjugué, dans l'un et l'autre,
de la corde double commune. Les deux conjuguées bitangentes admettant l'une et l'autre la corde double pour corde réelle, auront encore
même caractéristique.

116. Lorsque l'ellipse imaginaire est rapportée à son centre, les coor-

CHAPITRE VIII

Tangentes aux courbes planes.

117. La théorie des tangentes aux courbes représentées en coordonnées imaginaires exigerait une révision préalable de la théorie des dérivées dont la notion doit recevoir une plus grande extension que celle qu'on lui donne ordinairement dans les éléments.

Lorsqu'on définit la dérivée d'une fonction, pour un système particulier de valeurs de cette fonction et de sa variable, comme étant la limite du rapport des accroissements infiniment petits que prendraient simultanément la fonction et la variable, à partir de leurs valeurs initiales, on laisse planer sur la définition cette restriction que l'accroissement de la variable, au moins, doive être réel.

Quoique cette restriction n'ait peut-être jamais été expressément énoncée, elle est restée d'abord tacitement consentie et il en est résulté des habitudes d'esprit dont il faut aujourd'hui se débarrasser, après réflexion.

La limite du rapport des accroissements infiniment petits d'une fonction et de sa variable reste toujours la même, pour chaque système de valeurs de cette fonction et de sa variable, quel que soit l'accroissement de la variable, réel ou imaginaire et, s'il est imaginaire, quel que soit le rapport de ses deux parties. Mais ce fait d'abord inaperçu a été ensuite accepté comme n'ayant pas même besoin d'explication.

Quelques mots à cet égard seront d'autant moins superflus que la démonstration du fait ne pourra être convenablement présentée, relativement aux fonctions transcendantes, que lorsque la théorie de ces fonctions, trop peu satisfaisante aujourd'hui, aura été reconstituée sur de nouvelles bases.

La raison générale du fait en question consiste en ce que, bien que zéro soit essentiellement indéterminé, puisque son argument peut avoir toutes les valeurs comprises entre 0 et 2π, néanmoins la substitution de zéro à une variable, dans une fonction quelconque, donne toujours un résultat déterminé. Il résulte de là en effet que, lorsqu'après avoir introduit sous un symbole quelconque, dx, par exemple, l'accroissement donné à la variable x, dont dépend une fonction, et exprimé en conséquence l'accroissement de cette fonction, si l'on fait ensuite tendre vers zéro cet accroissement dx, on n'a pas besoin de spécifier la loi de variation de ses deux parties réelle et imaginaire, le résultat final, au moment où dx est arrivé à la valeur zéro, restant toujours le même.

Mais encore faudrait-il, pour que cette raison pût acquérir toute sa valeur, que la fonction considérée, quand elle portera sur une valeur imaginaire de sa variable, fût nettement intelligible, et c'est justement ce qui manque encore à la notion des fonctions exponentielles et circulaires.

Provisoirement, nous n'accepterions donc même pas le théorème en ce qui concerne les fonctions transcendantes ; mais quant aux fonctions algébriques explicites ou implicites dont la notion est toujours claire, la raison que nous venons de donner de la réalité du fait qui nous occupe est suffisante. Au reste il serait bien facile, en passant en revue les calculs si simples au moyen desquels on a établi les règles de dérivation de ces fonctions, de s'assurer que la limite du rapport de leur accroissement à celui de la variable reste toujours la même, quelle que soit la loi suivant laquelle ce dernier tende vers zéro.

Nous regarderons donc le fait comme établi en ce qui concerne les fonctions algébriques, dont nous nous occupons presque exclusivement, et nous l'admettrons provisoirement pour les fonctions transcendantes, relativement auxquelles il prendra le caractère d'un principe, lorsque ces fonctions seront définies, comme elles doivent l'être, par leurs dérivées.

118. Quoi qu'il en soit, si l'on a trouvé que la dérivée de y par rapport à x, en un point d'un lieu

$$f(x, y) = 0,$$

est

$$m + n\sqrt{-1},$$

cela signifiera qu'à un accroissement infiniment petit de x,

$$dx = d\alpha + d\beta\sqrt{-1},$$

il correspondrait pour y un accroissement donné par l'équation

$$dy = d\alpha' + d\beta'\sqrt{-1} = (m + n\sqrt{-1})(d\alpha + d\beta\sqrt{-1}),$$

qui se décompose en

$$d\alpha' = md\alpha - nd\beta$$

et

$$d\beta' = md\beta + nd\alpha,$$

d'où

$$\frac{d\alpha' + d\beta'}{d\alpha + d\beta} = \frac{(m+n)d\alpha + (m-n)d\beta}{d\alpha + d\beta} = \frac{m + n + (m-n)\dfrac{d\beta}{d\alpha}}{1 + \dfrac{d\beta}{d\alpha}}.$$

119. Cela posé, si deux lieux

$$f(x, y) = 0 \quad \text{et} \quad \varphi(x, y) = 0$$

ont un point commun réel ou imaginaire, $[x, y]$, et qu'en ce point les dérivées de y par rapport à x soient les mêmes et égales à $m + n\sqrt{-1}$, quelque accroissement infiniment petit qu'on donne à x, les accroissements correspondants de y seront les mêmes sur les deux lieux; ces deux lieux auront donc une infinité de points communs infiniment voisins du point $[x, y]$, de sorte que les deux portions du plan recouvertes par les points imaginaires fournis par les équations des deux lieux auront généralement en commun un disque infiniment petit s'étendant dans tous les sens autour du point $[x, y]$, à moins que n ne soit nul, car excepté dans ce cas, qui sera examiné à part,

$$\frac{m + ni + (m - n)\dfrac{d\beta}{d\alpha}}{1 + \dfrac{d\beta}{d\alpha}}$$

pourra prendre toutes les valeurs de $-\infty$ à $+\infty$ lorsqu'on donnera à $\dfrac{d\beta}{d\alpha}$ des valeurs convenables.

120. Supposons que sur les deux portions du plan recouvertes par les points imaginaires fournis par les deux équations

$$f(x, y) = 0 \quad \text{et} \quad \varphi(x, y) = 0,$$

on trace, à partir du point $[x, y]$, les deux courbes définies par une équation complémentaire

$$\psi(\alpha, \beta, \alpha', \beta') = 0,$$

satisfaite, bien entendu, par les parties des coordonnées du point $[x, y]$, il est facile de voir que ces deux courbes seront tangentes au point $[x, y]$.

En effet, les accroissements $d\alpha$, $d\beta$, $d\alpha'$ et $d\beta'$ des parties des coordonnées seront, sur l'un et l'autre lieu, liés entre eux par les mêmes relations

$$\frac{d\alpha'}{d\alpha} = m - n\frac{d\beta}{d\alpha},$$

$$\frac{d\beta'}{d\alpha} = n + m\frac{d\beta}{d\alpha}$$

et

$$\psi'_\alpha + \psi'_\beta \frac{d\beta}{d\alpha} + \psi'_{\alpha'} \frac{d\alpha'}{d\alpha} + \psi'_{\beta'} \frac{d\beta'}{d\alpha} = 0,$$

qui donneront la même valeur pour $\dfrac{d\beta}{d\alpha}$, de sorte que le coefficient an-gulaire

$$\frac{m + n + (m - n)\dfrac{d\beta}{d\alpha}}{1 + \dfrac{d\beta}{d\alpha}}$$

du chemin joignant le point de départ $[x, y]$ au point $[x + dx, y + dy]$ aura la même valeur dans les deux cas.

Si en particulier on choisit pour équation complémentaire

$$\frac{d\beta'}{d\beta} = C,$$

C désignant la caractéristique du point $\{x, y\}$, c'est-à-dire si on consi-dère entre autres courbes fournies par les points correspondant aux solutions des deux équations $f(x, y) = 0$ et $\varphi(x, y) = 0$, les conjuguées des deux lieux qui passent au point $[x, y]$, ces deux conjuguées seront tangentes en ce point.

Or les deux équations

$$f(X, Y) = 0$$

et

$$Y - y = -\frac{f'_x(x, y)}{f'_y(x, y)}(X - x),$$

où x et y forment une solution de $f(X, Y) = 0$, sont précisément dans le cas qu'on vient de supposer : elles admettent l'une et l'autre la solu-tion $X = x$, $Y = y$ et la dérivée de Y par rapport à X, pour $X = x$ et $Y = y$, est la même, soit qu'on la déduise de l'une ou de l'autre équation. Les lieux que représentent ces deux équations ont donc une infinité de points communs infiniment voisins du point $[x, y]$ et en particulier les conjuguées de ces deux lieux qui ont pour caractéristique commune celle du point $[x, y]$, sont tangentes en ce point. Or l'équation

$$Y - y = -\frac{f'_x(x, y)}{f'_y(x, y)}(X - x)$$

se réduit, tous calculs faits, à une équation telle que

$$Y = (m + n\sqrt{-1})X + p + q\sqrt{-1};$$

elle représente donc un faisceau de droites issues du point

$$Y = mX + p,$$
$$0 = nX + q;$$

celle de ces droites qui passe au point $[x, y]$, ou qui a pour caractéristique la caractéristique C du point $[x, y]$, est donc tangente en ce point à la conjuguée C du lieu

$$f(X, Y) = 0.$$

121. Le disque élémentaire de contact entre deux lieux tangents change de forme avec la valeur de la dérivée commune de y par rapport à x. Si la dérivée de y par rapport à x en un point $[x, y]$ d'un lieu, est $m + n\sqrt{-1}$, les éléments de ce lieu à partir du point $[x, y]$ sont fournis par l'équation

$$dy = \left(m + n\sqrt{-1}\right) dx.$$

En donnant à dx, dans cette équation, une valeur infiniment petite quelconque on en tirera la valeur correspondante de dy, et l'on aura les coordonnées d'un point du lieu infiniment voisin du point $[x, y]$.

Si l'on fait

$$dx = d\alpha + d\beta \sqrt{-1}$$

et

$$dy = d\alpha' + d\beta' \sqrt{-1},$$

on pourra achever de déterminer la direction de l'élément en posant $\dfrac{d\beta'}{d\beta} = C$. D'un autre côté, si l'on considère le faisceau de droites représentées par l'équation

$$y = \left(m + n\sqrt{-1}\right) x$$

et que l'on fasse dans cette équation

$$x = \alpha + \beta \sqrt{-1},$$
$$y = \alpha' + \beta' \sqrt{-1}$$

et

$$\frac{\beta'}{\beta} = C,$$

les valeurs finies de α, β, α', β' seront proportionnelles aux valeurs infiniment petites de $d\alpha$, $d\beta$, $d\alpha'$ et $d\beta'$ tirées des équations précédentes.

On conclut de là que les éléments d'un lieu à partir d'un de ses points où la dérivée de y par rapport à x est $m + n\sqrt{-1}$ forment un faisceau semblable à celui des droites représentées par l'équation

$$y = \left(m + n\sqrt{-1}\right) x.$$

Ce faisceau dont on peut toujours réduire l'équation à la forme

$$y = n'\sqrt{-1}\, x$$

par un choix convenable d'axes rectangulaires, si elle n'est pas d'avance de la forme

$$y = m'x,$$

est généralement elliptique, c'est-à-dire qu'il se compose habituellement des rayons d'une ellipse évanouissante.

Si $n' = 1$ le faisceau devient exceptionnellement circulaire, son coefficient angulaire est alors indépendant du choix du système d'axes rectangulaires auquel on le rapporte.

Si le coefficient angulaire du faisceau des éléments du lieu est exceptionnellement réel, ce faisceau s'aplatit de manière que tous ses éléments se confondent géométriquement en un seul, parce que l'équation

$$dy = d\alpha' + d\beta' \sqrt{-1} = m' (d\alpha + d\beta \sqrt{-1}).$$

donne

$$d\alpha' = m'd\alpha$$

et

$$d\beta' = m'd\beta,$$

d'où l'on conclut

$$d\alpha' + d\beta' = m' (d\alpha + d\beta).$$

Les points d'un lieu où $\dfrac{dy}{dx}$ est réel forment une courbe remarquable que nous caractériserons dans le chapitre suivant.

122. Le problème de mener par un point extérieur une tangente à une courbe $f(x, y) = 0$ peut être entendu de deux manières selon qu'on suppose les coordonnées du point extérieur données de façon que l'équation de la tangente doive être satisfaite par ces coordonnées, d'ailleurs réelles ou imaginaires, ou que l'on demande seulement que la tangente passe par le point géométriquement donné.

Dans le premier cas, le problème est déterminé et les solutions qu'on en obtient se rapportent partie à la courbe réelle, partie à quelques-unes de ses conjuguées qu'on n'est plus maître de choisir dès que le problème est posé.

Dans le second cas, au contraire, le problème est naturellement indéterminé et on peut à volonté en rendre la solution relative à celle que l'on veut des conjuguées du lieu.

Nous supposerons d'abord que les coordonnées du point extérieur soient données et réelles, le cas où elles seraient imaginaires devant se trouver compris dans celui où elles seraient laissées indéterminées dans l'énoncé de la question.

Soient x_0 et y_0 les coordonnées du point donné, celles du point de contact seront déterminées par le système des deux équations

$$f(x, y) = 0$$

et

$$y_0 f'_y (x, y) + x_0 f'_x (x, y) = y f'_y (x, y) + x f'_x (x, y) - m f (x, y),$$

l'une de degré m, et l'autre de degré $m-1$.

Les solutions réelles du système de ces deux équations fourniront naturellement les coordonnées des points de contact des tangentes qui pourront être menées du point réel $[x_0, y_0]$, à la courbe réelle représentée par l'équation $f(x, y) = 0$; quant aux solutions imaginaires de ces mêmes équations, elles fourniront les coordonnées de points remplissant à la fois les deux conditions que la tangente menée en chacun d'eux à la conjuguée qui y passe contienne de fait le point $[x_0, y_0]$ et que l'équation de cette tangente soit satisfaite par les valeurs $x = x_0$, $y = y_0$, ce qui explique pourquoi le nombre de ces solutions restera limité.

Au reste le point réel donné $[x_0, y_0]$ sera le centre commun des différents faisceaux tangents obtenus comme solutions et si l'équation $f(x, y) = 0$ a ses coefficients réels, les coordonnées des points de contact seront conjuguées deux à deux, c'est-à-dire appartiendront deux par deux à une même conjuguée.

123. Lorsque la courbe proposée est du second degré, la seconde équation du problème s'abaisse au premier et, par conséquent, représente une droite, qui porte, comme on le sait, le nom de corde des contacts ou de polaire du point extérieur. Les solutions du problème sont fournies par les intersections de la courbe proposée avec cette droite.

Cette droite est toujours réelle, quelque part que l'on place le point réel $[x_0, y_0]$ dans le plan de la courbe, c'est-à-dire lors même qu'on ne peut mener de ce point aucune tangente réelle à la courbe. L'équation du second degré étant en effet représentée par

$$A y^2 + 2 B x y + C x^2 + 2 D y + 2 E x + F = 0,$$

on trouve pour équation de la polaire du point $[x_0, y_0]$

$$y (A y_0 + B x_0 + D) + x (B y_0 + C x_0 + E) + D y_0 + E x_0 + F = 0.$$

Cette polaire contient effectivement les points de contact des tangentes menées de son pôle, alors même que ces points de contact sont imaginaires, puisque son équation ne représente qu'un faisceau de droites confondues en une seule.

D'un autre côté les coordonnées des points de contact devant satisfaire à l'équation de cette polaire, ont nécessairement pour caractéristique son coefficient angulaire, c'est-à-dire que la polaire est une des cordes réelles de la conjuguée à laquelle appartiennent les points de contact.

Enfin la droite qui joint effectivement les points de contact des tangentes menées d'un point extérieur à une courbe du second degré, étant toujours conjuguée du diamètre de cette courbe qui contient le point extérieur, il en résulte que les points de contact des tangentes imaginaires menées d'un point réel à une conique appartiennent toujours à la conjuguée de cette conique qui la touche aux extrémités de celui de ses diamètres qui passe par le point d'où les tangentes sont menées.

Cet énoncé doit être un peu modifié lorsqu'il s'agit d'une ellipse imaginaire : si on rapporte cette ellipse au diamètre passant par le point donné, pris pour axe des x, et au diamètre conjugué pris pour axe des y, son équation prend la forme

$$a'^2 y^2 + b'^2 x^2 = - a'^2 b'^2,$$

et les coordonnées du point donné sont

$$x = x_0 \quad \text{et} \quad y = 0 ;$$

la corde des contacts est alors

$$x_0 x = - a'^2 ;$$

elle est toujours parallèle au diamètre conjugué de celui qui contient le pôle, mais la conjuguée qu'elle coupe, dont les abscisses sont actuellement réelles, touche l'ellipse imaginaire, qui est alors l'enveloppe imaginaire des conjuguées du lieu, aux extrémités du diamètre couché suivant l'axe des y, c'est-à-dire aux extrémités du diamètre conjugué de celui qui contient le pôle.

Les points de contact des tangentes menées d'un point réel à l'ellipse imaginaire n'appartiennent jamais à cette ellipse, à moins que le point de contact ne soit à l'infini, puisque les coordonnées des points de l'ellipse elle-même sont toutes imaginaires, mais en supposant $x_0 = \infty$ dans l'équation de la corde des contacts

$$x_0 x = - a'^2,$$

on trouve

$$x = 0 \quad \text{et par suite} \quad y = \pm b' \sqrt{-1}.$$

124. Si la courbe considérée étant une ellipse, d'ailleurs réelle ou imaginaire, on place le point donné en son centre, on trouve pour les coordonnées des points de contact des valeurs infinies. C'est qu'en effet les tangentes fournies par le calcul doivent alors se confondre avec les asymptotes des conjuguées.

125. L'équation d'une conique rapportée à l'un de ses foyers et à son axe focal est

$$y^2 + x^2 - (nx + p)^2 = 0 ;$$

la polaire de ce foyer est

$$nx + p = 0 ;$$

c'est la directrice correspondante. Les points de contact des tangentes sont les points de rencontre de la directrice

$$nx + p = 0$$

et du lieu

$$y^2 + x^2 = 0$$

ou

$$y = \pm \sqrt{-1}\, x.$$

D'un autre côté, comme l'abscisse commune, $-\dfrac{p}{n}$, de ces points de contact est réelle, et que les tangentes partent de l'origine actuelle, leurs équations en coordonnées réelles sont

$$y = \pm x,$$

ces tangentes sont rectangulaires

L'équation de l'ellipse imaginaire peut recevoir la forme

$$y^2 + x^2 = -(nx + p)^2,$$

et l'origine jouit alors des propriétés des foyers réels des coniques réelles.

L'équation

$$y^2 + x^2 = -(nx + p)^2$$

peut s'écrire

$$y^2 + (1 + n^2)\, x^2 + 2npx + p^2 = 0$$

ou

$$y^2 + (1 + n^2)\left[x + \frac{np}{1 + n^2}\right]^2 + \frac{p^2}{1 + n^2} = 0;$$

le centre de la courbe est au point $x = -\dfrac{np}{1 + n^2}$, $y = 0$ et, en rapportant la courbe à ce point, on fait prendre à son équation la forme

$$y^2 + (1 + n^2)\, x^2 + \frac{p^2}{1 + n^2} = 0.$$

Si l'on pose

$$1 + n^2 = \frac{b^2}{a^2} \quad \text{et} \quad p^2 = \frac{b^4}{a^2},$$

cette équation devient

$$y^2 + \frac{b^2}{a^2}\, x^2 = -b^2$$

où
$$a^2 y^2 + b^2 x^2 = -a^2 b^2 ;$$

$\dfrac{np}{1 + n^2}$ est d'ailleurs égal à $\pm na$, c'est-à-dire à $\pm a \sqrt{\dfrac{b^2}{a^2} - 1}$ ou $\pm \sqrt{b^2 - a^2}$, puisque b est plus grand que a.

Les points réels qui jouissent par rapport à l'ellipse imaginaire des propriétés des foyers des coniques sont donc situés sur le petit axe et à une distance du centre marquée par la racine carrée de la différence des carrés des deux axes.

126. Supposons maintenant que le point donné soit connu de position seulement : ses coordonnées pourront être représentées par

$$x_0 = \alpha_0 + \beta_0 \sqrt{-1}$$

et

$$y_0 = \alpha'_0 + \beta'_0 \sqrt{-1},$$

α_0, β_0, α'_0 et β'_0 n'étant encore assujettis qu'aux deux conditions

$$\alpha_0 + \beta_0 = a$$

et

$$\alpha'_0 + \beta'_0 = b,$$

a et b désignant les coordonnées du point géométriquement donné.

Les équations
$$f(x, y) = 0$$

et

$$y_0 - y = -\frac{f'_x(x, y)}{f'_y(x, y)} (x_0 - x)$$

ne fourniront pas nécessairement dans ce cas, pour chaque système de valeurs de α_0, β_0, α'_0 et β'_0, les coordonnées des points de contact de tangentes menées du point donné à des conjuguées du lieu, mais seulement les coordonnées des points de contact de tangentes appartenant à des faisceaux contenant le point donné représenté par ses coordonnées imaginaires actuelles. Pour que les tangentes obtenues passent effectivement par le point donné, il faudra que $\dfrac{\beta'_0}{\beta_0}$ soit égal à la caractéristique du point de contact ; cette condition étant remplie, on pourra ensuite achever de déterminer α_0, β_0, α'_0 et β'_0 de façon que l'une des solutions doive se rapporter à une conjuguée désignée du lieu.

Supposons par exemple que le lieu proposé soit une ellipse, et que la conjuguée à laquelle on veut mener une tangente par le point donné ait été désignée par sa caractéristique, on pourra supposer que l'on ait pris pour axe des x le diamètre conjugué des cordes réelles de cette conjuguée et pour axe des y le diamètre conjugué de l'axe des x. L'équation de la courbe aura alors pris la forme

$$a'^2 y^2 + b'^2 x^2 = a'^2 b'^2 ;$$

quant aux coordonnées du point donné, on devra les introduire sous la forme

$$x_0 = \alpha_0$$

et

$$y_0 = \alpha'_0 + \beta'_0 \sqrt{-1},$$

α'_0 et β'_0 n'étant encore assujettis qu'à la condition de fournir une somme égale à l'ordonnée, dans le nouveau système d'axes, du point géométriquement donné. Les coordonnées du point de contact, fournies par le calcul, seront

$$x = a^2 \frac{b^2 \alpha_0 \pm \left(\alpha'_0 + \beta'_0 \sqrt{-1}\right) \sqrt{a^2 \left(\alpha'_0 + \beta'_0 \sqrt{-1}\right)^2 + b^2 \alpha_0^2 - a^2 b^2}}{a^2 \left(\alpha'_0 + \beta'_0 \sqrt{-1}\right)^2 + b^2 \alpha_0^2}$$

et

$$y = b^2 \frac{a^2 \left(\alpha'_0 + \beta'_0 \sqrt{-1}\right) \pm \alpha_0 \sqrt{a^2 \left(\alpha'_0 + \beta'_0 \sqrt{-1}\right)^2 + b^2 \alpha_0^2 - a^2 b^2}}{a^2 \left(\alpha'_0 + \beta'_0 \sqrt{-1}\right)^2 + b^2 \alpha_0^2} ;$$

il ne restera plus qu'à déterminer α'_0 et β'_0 sous la condition que x soit réel. Or on voit immédiatement que cette condition donne soit $\beta'_0 = 0$, soit $\alpha'_0 = 0$. Si l'on fait β'_0 nul, le point donné redevient réel et la solution s'applique soit à l'ellipse elle-même, si le point donné est en dehors de cette courbe, soit, dans le cas contraire, à celle de ses conjuguées qui la touche aux extrémités du diamètre passant par le point donné.

Si l'on fait α'_0 nul, l'abscisse du point de contact devient

$$x = a^2 \frac{b^2 \alpha_0 \pm \beta'_0 \sqrt{a^2 \beta'_0{}^2 - b^2 \alpha_0^2 + a^2 b^2}}{b^2 \alpha_0^2 - a^2 \beta'_0{}^2} ;$$

si elle est réelle, c'est-à-dire si $a^2 \beta'_0{}^2 - b^2 \alpha_0^2 + a^2 b^2$ est positif, la solution appartiendra bien effectivement à la conjuguée que l'on voulait considérer, et il est remarquable que les deux points de contact fournis par le calcul se trouveront tous deux sur cette même conjuguée, ce qui n'arriverait pas en général, c'est-à-dire si l'on n'imposait pas aux coordonnées du point donné la condition de fournir un point de même système que le point de contact.

Si $a^2 \beta'_0{}^2 - b^2 \alpha_0^2 + a^2 b^2$ est négatif, le problème sera impossible pour la conjuguée considérée, parce que le point donné sera dans son intérieur, mais la solution, en quelque sorte imaginaire au second degré, à laquelle on sera parvenu, fournira les points de contact des tangentes menées du point donné à la conjuguée de la conjuguée de la courbe proposée, qui touchera cette conjuguée aux extrémités de celui de ses diamètres qui passe par le point donné.

127. On peut tout aussi aisément faire porter la discussion du problème sur la corde des contacts. Cette corde est généralement représentée, dans le cas de l'ellipse, que nous continuons de prendre pour exemple, par l'équation

$$a^2 y_0 y + b^2 x_0 x = a^2 b^2.$$

y_0 et x_0 étant maintenant imaginaires, il ne faut plus regarder cette équation comme représentant une droite unique, mais bien un faisceau de droites, et en général les points de rencontre de ce faisceau avec la courbe appartiendront à des conjuguées différentes.

Supposons qu'on ait pris pour axe des y le diamètre parallèle aux cordes réelles de la conjuguée à laquelle on veut qu'une des solutions se rapporte et pour axe des x le diamètre conjugué de l'axe des y. L'équation de la courbe sera devenue

$$a'^2 y^2 + b'^2 x^2 = a'^2 b'^2,$$

et pour que le point donné appartienne effectivement à la tangente obtenue comme solution, il faudra supposer x_0 réel. L'équation de la corde des contacts sera donc

$$a'^2 (\alpha'_0 + \beta'_0 \sqrt{-1}) y + b'^2 \alpha_0 x = a'^2 b'^2,$$

α_0 étant l'abscisse du point géométriquement donné et la somme $\alpha'_0 + \beta'_0$ formant son ordonnée.

On aura, pour achever de déterminer α'_0 et β'_0, à exprimer la condition que l'un des points de rencontre du faisceau

$$a'^2 (\alpha'_0 + \beta'_0 \sqrt{-1}) y + b'^2 \alpha_0 x = a'^2 b'^2$$

avec la courbe ait son abscisse réelle.

Or l'équation aux abscisses des points de rencontre est

$$\frac{b'^2 (a'^2 - \alpha_0 x)^2}{a'^2 (\alpha'_0 + \beta'_0 \sqrt{-1})^2} + x^2 = a'^2,$$

dont les coefficients deviennent réels si l'une des quantités α'_0 ou β'_0 est annulée.

L'hypothèse $\beta'_0 = 0$ se rapporterait au cas où les tangentes devraient être menées à la courbe réelle; on supposera donc $\alpha'_0 = 0$. Alors l'équation de la corde des contacts deviendra

$$a'^2 \beta'_0 \sqrt{-1}\, y + b'^2 \alpha_0 x = a'^2 b'^2,$$

α_0 et β'_0 étant les coordonnées du point géométriquement donné.

128. Considérons le cas où le point donné serait l'un des foyers imaginaires de l'ellipse et supposons que ses coordonnées aient été introduites précisément sous la forme

$$x_0 = 0 \quad \text{ct.} \quad y_0 = \sqrt{a^2 - b^2}\,\sqrt{-1};$$

l'équation de la corde des contacts sera

$$\sqrt{a^2 - b^2}\sqrt{-1}\,y = b^2,$$

c'est-à-dire l'équation analytique de la directrice correspondant au foyer considéré.

Les points de contact des tangentes auront leurs abscisses déterminées par l'équation

$$b^2 x^2 = a^2 b^2 + \frac{a^2 b^4}{a^2 - b^2},$$

d'où

$$x = \pm \frac{a^2}{\sqrt{a^2 - b^2}};$$

quant à leurs ordonnées elles seront

$$y = \pm \frac{b^2}{\sqrt{a^2 - b^2}}\,\sqrt{-1}.$$

Ces points de contact sont justement les points de contact des tangentes menées par les foyers réels. Il en résulte que les tangentes menées par les foyers réels passent par les foyers imaginaires et réciproquement; ou que les droites qui joignent dans l'ellipse les deux points pris sur les deux axes à la distance c du centre sont tangentes à l'hyperbole de, mêmes axes.

L'équation générale des tangentes à l'hyperbole

$$a^2 y^2 - b^2 x^2 = -a^2 b^2$$

est en effet

$$y = mx \pm \sqrt{a^2 m^2 - b^2},$$

et si l'on y fait $m = \pm 1$, elle devient

$$y = \pm x \pm \sqrt{a^2 - b^2}.$$

Les tangentes menées du foyer imaginaire sont naturellement rectangulaires entre elles comme celles qui sont menées du foyer réel, les quatre tangentes formant un carré.

129. Les mêmes principes nous serviront à compléter la solution du problème des tangentes parallèles à une direction donnée et à inter-préter les résultats obtenus, dans tous les cas. Le problème pourra encore être étendu de la courbe réelle à ses conjuguées et comportera par conséquent comme solutions les tangentes menées parallèlement à la droite donnée, à la courbe réelle et à celles de ses conjuguées pour lesquelles la condition imposée sera réalisable. Le même problème pourra ensuite subir une nouvelle généralisation, lorsque l'on supposera que la direction donnée soit fournie géométriquement, sans que la forme analytique du coefficient angulaire de cette direction soit déterminée à l'avance.

En désignant par m le coefficient angulaire de la direction donnée, les équations propres à déterminer les coordonnées du point de contact sont

$$f(x, y) = 0$$

et

$$m = -\frac{f'_x(x; y)}{f'_y(x, y)}.$$

Occupons-nous d'abord du cas où m serait donné sous forme réelle. Les solutions réelles du système des équations

$$f(x, y) = 0 \quad \text{et} \quad mf'_y + f'_x = 0$$

fourniront les coordonnées des points de contact des tangentes qui pourront être menées parallèlement à la direction

$$y = mx$$

à la courbe réelle.

Quant aux solutions imaginaires de ces mêmes équations, elles fourniront les points remplissant la double condition non-seulement que la tangente menée en chacun d'eux soit de fait parallèle à

$$y = mx,$$

mais encore que le coefficient angulaire

$$-\frac{f'_x}{f'_y}$$

ait identiquement la valeur m.

Ce coefficient angulaire étant réel, les points de contact trouvés appartiendront à un lieu particulier que nous verrons, dans le chapitre suivant, être l'enveloppe imaginaire des conjuguées du lieu. Ainsi le problème se sera trouvé être de mener parallèlement à une direction donnée $y = mx$, toutes les tangentes possibles à l'enveloppe totale des conjuguées du lieu.

Supposons par exemple que la courbe proposée soit une hyperbole, qu'on ait pris pour axe des x le diamètre parallèle à la direction donnée et pour axe des y le diamètre conjugué correspondant, l'équation de la courbe sera

$$a'^2 y^2 - b'^2 x^2 = - a'^2 b'^2$$

ou

$$a'^2 y^2 - b'^2 x^2 = a'^2 b'^2,$$

selon que l'axe des x sera transverse ou non transverse. Les tangentes seront dans le premier cas représentées par l'équation

$$y = \pm b' \sqrt{-1},$$

et dans le second par

$$y = \pm b';$$

quant aux coordonnées des points de contact, elles seront

$$y = \pm b' \sqrt{-1}, \quad x = 0$$

ou

$$y = \pm b', \qquad x = 0.$$

Le lieu des points de contact de celles de ces tangentes qui seront imaginaires sera le lieu des extrémités des diamètres non transverses, c'est-à-dire précisément l'enveloppe imaginaire des conjuguées.

150. Supposons maintenant que la direction donnée soit fournie géométriquement : le coefficient angulaire de cette direction pourra être représenté par

$$m' + n' \sqrt{-1},$$

m' et n' n'étant encore assujettis qu'à la seule condition

$$m' + n' + \frac{2n'^2}{m' - n' - C} = m,$$

m désignant le coefficient angulaire réel de la droite donnée et C la caractéristique de celle des droites du faisceau

$$y = \left(m' + n' \sqrt{-1} \right) x$$

qui devra être parallèle à cette droite donnée. Les équations

$$f(x, y) = 0$$

et

$$\left(m' + n' \sqrt{-1} \right) f'_y + f'_x = 0$$

ne fourniront pas nécessairement, pour chaque système de valeurs de m', et n', les coordonnées de points de contact de tangentes effectivement parallèles à la direction donnée, mais seulement les coordonnées des points de contact de tangentes appartenant à des faisceaux dont les droites de caractéristique C seraient parallèles à la direction donnée. Pour que les tangentes obtenues soient parallèles à la direction donnée, il faudra que les points de contact appartiennent au système C. Cette condition jointe à

$$m' + n' + \frac{2n'^2}{m' - n' - C} = m$$

déterminera m' et n' en fonction de C ; on pourra ensuite faire varier C de manière à obtenir successivement toutes les tangentes parallèles à la direction donnée que l'on pourrait mener à toutes les conjuguées du lieu proposé.

Supposons par exemple que le lieu proposé soit une ellipse et donnons-nous d'avance la conjuguée à laquelle devra s'appliquer la solution ; si nous prenons pour axes les diamètres conjugués communs à la courbe réelle et à cette conjuguée, la caractéristique C sera infinie par exemple et la première équation de condition entre m' et n' se réduira à

$$m' + n' = m,$$

m désignant la valeur nouvelle du coefficient angulaire de la droite donnée. Les coordonnées des points de contact seront

$$x = \pm \frac{a'^2 \left(m' + n' \sqrt{-1} \right)}{\sqrt{a'^2 \left(m' + n' \sqrt{-1} \right)^2 + b'^2}}$$

et

$$y = \mp \frac{b'^2}{\sqrt{a'^2 \left(m' + n' \sqrt{-1} \right)^2 + b'^2}};$$

pour que x soit réel il faudra que $n' = 0$ ou $m' = 0$; dans la première hypothèse, les tangentes appartiendraient à l'ellipse elle-même, dans la seconde elles appartiendront à la conjuguée $C = \infty$ si

$$- a'^2 n'^2 + b'^2$$

est négatif. Dans le cas contraire, on aurait obtenu les points de contact des tangentes menées parallèlement à la droite donnée à la conjuguée $C = 0$.

131. La question générale des tangentes parallèles à une direction donnée à une courbe

$$f(x, y) = 0$$

ou à ses conjuguées, peut être traitée d'une autre manière : si l'on exprime la condition pour que la droite

$$y = mx + p$$

rencontre la courbe

$$f(x, y) = 0$$

en deux points confondus en un seul, on trouvera une condition

$$\varphi(m, p) = 0$$

propre à déterminer p lorsque m serait donné.

Supposons que cette équation puisse être résolue par rapport à p et qu'on en tire

$$p = \psi(m),$$

l'équation

$$y = mx + \psi(m)$$

représentera une tangente à la courbe $f(x, y) = 0$ ou à l'une de ses conjuguées, quel que soit m. Si on remplace m par $m + n\sqrt{-1}$, on aura sous la forme

$$y = \left(m + n\sqrt{-1}\right) x + \psi\left(m + n\sqrt{-1}\right),$$

l'équation générale de toutes les tangentes imaginables à la courbe proposée et à toutes ses conjuguées.

Si l'on veut que la solution se rapporte à l'une des conjuguées en particulier, on aura à exprimer, par une condition à remplir par m et n, que le point de contact appartient effectivement à la conjuguée désignée.

Supposons par exemple qu'il s'agisse d'une ellipse

$$a^2 y^2 + b^2 x^2 = a^2 b^2,$$

l'équation générale des tangentes sera

$$y = \left(m + n\sqrt{-1}\right) x \pm \sqrt{a^2 \left(m + n\sqrt{-1}\right)^2 + b^2}.$$

Pour que l'abscisse du point de contact soit réelle, il faut, comme on l'a déjà vu, que n ou m soit nul : si $n = 0$, on retrouve l'équation générale des tangentes à l'ellipse elle-même ; si $m = 0$, on a l'équation générale des tangentes à la conjuguée $C = \infty$

$$y = n\sqrt{-1}\, x \pm \sqrt{-a^2 n^2 + b^2},$$

en supposant $n^2 > \dfrac{b^2}{a^2}$, car dans le cas contraire la tangente se rapporterait à la conjuguée $C = 0$.

Tangentes aux courbes à double courbure.

132. Les équations d'une droite assujettie à passer par deux points $[x', y', z']$, $[x'', y'', z'']$, de mêmes caractéristiques, sont

$$x - x' = \frac{x' - x''}{z' - z''} (z - z')$$

et

$$y - y' = \frac{y' - y''}{z' - z''} (z - z').$$

Si deux équations

$$f(x, z) = 0, \qquad f_1(y, z) = 0$$

sont capables d'une infinité de solutions continues d'un même système $[C, C']$, solutions auxquelles il correspondra alors une courbe représentée dans ce système $[C, C']$, les équations

et

$$x - x' = \frac{x' - x''}{z' - z''} (z - z')$$

$$y - y' = \frac{y' - y''}{z' - z''} (z - z'),$$

dans lesquelles on substituerait à x', y', z' et à x'', y'', z'' les coordonnées de deux points de la courbe en question, représenteront, par leurs solutions du même système $[C, C']$, la corde menée entre les deux points $[x', y', z']$ et $[x'', y'', z'']$ de la courbe ; et si x'', y'', z'' sont les coordonnées d'un point infiniment voisin du point x', y', z', les mêmes équations représenteront, toujours dans le système $[C, C']$, la tangente à la courbe au point $[x', y', z']$.

D'un autre côté, si x'', y'' et z'' diffèrent infiniment peu de x', y' et z', $\frac{x' - x''}{z' - z''}$ et $\frac{y' - y''}{z' - z''}$ auront pour valeurs limites

$$-\frac{f'_z(x, z)}{f'_x(x, z)} \quad \text{et} \quad -\frac{f'_{1z}(y, z)}{f'_{1y}(y, z)}.$$

Les équations de la tangente à une courbe

$$f(x, z) = 0, \quad f_1(y, z) = 0,$$

en un de ses points $[x, y, z]$ sont donc, dans le système où est représentée la courbe,

$$X - x = -\frac{f'_z}{f'_x} (Z - z) \quad \text{et} \quad Y - y = -\frac{f'_{1z}}{f'_{1y}} (Z - z).$$

Tangentes aux surfaces courbes.

133. Une tangente à une surface passe par deux points infiniment voisins de cette surface, c'est une sécante dont deux points de rencontre sont venus se confondre en un seul.

Soit

$$f(x, y, z) = 0$$

l'équation d'une surface, les différentielles des coordonnées x, y, z d'un point de cette surface sont liées entre elles par l'équation

$$\frac{df}{dx}\, dx + \frac{df}{dy}\, dy + \frac{df}{dz}\, dz = 0,$$

les coefficients angulaires $\dfrac{dx}{dz}$ et $\dfrac{dy}{dz}$ de la droite menée entre les deux points $[x, y, z]$ et $[x + dx, y + dy, z + dz]$ sont donc liés entre eux par la condition

$$\frac{df}{dx}\frac{dx}{dz} + \frac{df}{dy}\frac{dy}{dz} + \frac{df}{dz} = 0 \, ;$$

par suite les équations d'une tangente quelconque à la surface au point $[x, y, z]$ sont

$$X - x = m\,(Z - z)$$

et

$$Y - y = n\,(Z - z),$$

m et n étant assujettis à la seule condition

$$m\,\frac{df}{dx} + n\,\frac{df}{dy} + \frac{df}{dz} = 0.$$

Si le point $[x, y, z]$ est imaginaire et appartient à la conjuguée $[C, C']$ de la surface, la droite représentée dans le système $[C, C']$ par les équations précédentes sera tangente à la conjuguée $[C, C']$ au point $[x, y, z]$. Les coefficients de ces équations rempliront d'eux-mêmes les conditions nécessaires pour qu'elles aient une infinité de solutions du système $[C, C']$, parce que le point $[x + dx, y + dy, z + dz]$ pourra être supposé pris dans le système auquel appartient le point $[x, y, z]$.

134. Si l'on propose de mener une tangente à une surface $f(x, y, z) = 0$ par un point extérieur $[x_0, y_0, z_0]$, les équations propres à déterminer les coordonnées du point de contact seront

$$x_0 - x = m\,(z_0 - z), \qquad y_0 - y = n\,(z_0 - z)$$

et

$$m \frac{df}{dx} + n \frac{df}{dy} + \frac{df}{dz}, = 0,$$

ou simplement

$$\frac{x_0 - x}{z_0 - z} \frac{df}{dx} + \frac{y_0 - y}{z_0 - z} \frac{df}{dy} + \frac{df}{dz} = 0,$$

avec

$$f(x, y, z) = 0.$$

Les points de contact formeront donc l'intersection des deux surfaces représentées par les équations

$$f(x, y, z) = 0$$

et

$$x \frac{df}{dx} + y \frac{df}{dy} + z \frac{df}{dz} = x_0 \frac{df}{dx} + y_0 \frac{df}{dy} + z_0 \frac{df}{dz},$$

dont la seconde pourra être abaissée au degré $m - 1$, si m est le degré de $f(x, y, z)$, en retranchant $mf(x, y, z)$ de son premier membre.

L'intersection de deux surfaces, en y comprenant les points représentés par les solutions imaginaires communes à leurs équations, forme une surface dont, en général, les points de mêmes caractéristiques sont en nombre limité. La solution analytique ne fournira donc de chaque conjuguée de la surface proposée que les quelques points remplissant la double condition que, joints au point donné, ils donnent effectivement des tangentes à la conjuguée qui les contiendra, et que les équations analytiques de ces tangentes soient satisfaites par les coordonnées du point donné.

Supposons que la surface proposée soit du second degré et que le point donné x_0, y_0, z_0 soit réel, l'équation

$$(x_0 - x) \frac{df}{dx} + (y_0 - y) \frac{df}{dy} + (z_0 - z) \frac{df}{dz} + 2f(x, y, z) = 0$$

représentera un plan réel

$$Mx + Ny + Pz + Q = 0;$$

or une pareille équation n'admet que des solutions où les rapports C et C' des parties imaginaires de z et de x, de z et de y satisfassent à la condition

$$\frac{M}{C} + \frac{N}{C'} + P = 0;$$

les points de contact des tangentes imaginaires menées du point donné

se trouveront donc exclusivement sur les conjuguées de la surface
proposée dont les caractéristiques rempliront cette condition ; mais,
par compensation, les points de contact appartenant à un même
système [C, C'] seront en nombre infini et formeront une courbe qui ne
sera autre que l'intersection du même plan

$$M x + N y + P z + Q = 0$$

avec la conjuguée [C, C'] de la surface. Toutes les courbes de contact
des cônes circonscrits aux conjuguées dont les caractéristiques rempliront la condition

$$\frac{M}{C} + \frac{N}{C'} + P = 0$$

seront d'ailleurs les conjuguées, dans son plan

$$M x + N y + P z + Q = 0,$$

de la courbe de contact du cône circonscrit à la surface réelle elle-
même. En effet, si l'on prenait pour plan des xy le plan de la courbe de
contact avec la surface réelle, les points imaginaires formant les courbes
de contact avec les conjuguées [C, C'] ne seraient plus déterminés que
par la même équation qui représenterait la première courbe.

On pourrait généraliser le problème en attribuant des coordonnées
imaginaires $\alpha_0 + \beta_0 \sqrt{-1}$, $\alpha'_0 + \beta'_0 \sqrt{-1}$, $\alpha''_0 + \beta''_0 \sqrt{-1}$ au point
géométriquement donné. Si l'on voulait que le point de contact appar-
tînt à une conjuguée [C, C'] de la surface et qu'en même temps la tangente menée en ce point passât effectivement au point donné, il faudrait
d'abord faire

$$\frac{\beta_0}{\beta''_0} = \frac{1}{C} \quad \text{et} \quad \frac{\beta'_0}{\beta''_0} = \frac{1}{C'},$$

et exprimer en outre la condition pour que le point de contact appartînt au système [C, C']. Les deux équations propres à exprimer la dernière condition se réduiraient à une seule parce que, les équations de la
tangente étant déjà satisfaites par les coordonnées d'un point appartenant
au système [C, C'], celles d'un autre point ayant sa première caractéristique égale à C, ne pourraient les vérifier qu'autant que la seconde
caractéristique serait C'. On n'aurait donc à exprimer entre α_0, β_0, α'_0, β'_0,
α''_0 et β''_0 que trois nouvelles conditions qui jointes à

$$\alpha_0 + \beta_0 = x_0, \quad \alpha'_0 + \beta'_0 = y_0 \quad \text{et} \quad \alpha''_0 + \beta''_0 = z_0,$$

achèveraient de les déterminer. Cela fait on aurait obtenu les équations
propres à représenter la courbe de contact du cône circonscrit à la
conjuguée [C, C'] et ayant son sommet au point donné.

Soit proposé par exemple de déterminer le cône, de sommet donné, circonscrit à la conjuguée à abscisses et ordonnées réelles de l'ellipsoïde

$$\frac{x^2}{a^2} + \frac{y^2}{b^2} + \frac{z^2}{c^2} - 1 = 0;$$

l'abscisse et l'ordonnée du sommet donné ne devront être introduites que sous forme réelle, ce seront donc α_0 et α'_0 ; quant à l'ordonnée parallèle aux z, elle sera provisoirement représentée par $\alpha''_0 + \beta''_0 \sqrt{-1}$. Les équations propres à déterminer les coordonnées de l'un des points de contact seront

$$\frac{x^2}{a^2} + \frac{y^2}{b^2} + \frac{z^2}{c^2} - 1 = 0$$

et

$$\frac{\alpha_0 x}{a^2} + \frac{\alpha'_0 y}{b^2} + \frac{\left(\alpha''_0 + \beta''_0 \sqrt{-1}\right) z}{c^2} - 1 = 0.$$

Mais x et y devant être réels et z imaginaire sans partie réelle, cette seconde équation se décomposera en

$$\frac{\alpha_0 x}{a^2} + \frac{\alpha'_0 y}{b^2} + \frac{\beta''_0 z}{c^2} \sqrt{-1} - 1 = 0$$

et

$$\alpha''_0 z = 0,$$

ce qui montre que α''_0 devra être nul ; le sommet du cône devra donc avoir pour coordonnées

$$\alpha_0, \quad \alpha'_0 \quad \text{et} \quad \beta''_0 \sqrt{-1} ;$$

le plan de la courbe de contact sera alors donné par l'équation

$$\alpha_0 \frac{x}{a^2} + \alpha'_0 \frac{y}{b^2} + \beta''_0 \sqrt{-1} \frac{z}{c^2} - 1 = 0,$$

dont on ne construira que les solutions réelles par rapport à x et à y.

155. Le problème de mener une tangente à une surface parallèlement à une droite donnée peut être considéré comme un cas particulier du précédent : soient

$$x = mz \quad \text{et} \quad y = nz$$

les équations de la parallèle menée de l'origine à la direction donnée : les équations propres à déterminer les coordonnées du point de contact seront

$$f(x, y, z) = 0$$

et

$$m\,\frac{df}{dx} + n\,\frac{df}{dy} + \frac{df}{dz} = 0.$$

L'ensemble de ces deux équations fournira en général, pour la surface réelle, une courbe continue, mais il ne donnera de chaque conjuguée que les quelques points remplissant la double condition, que des parallèles à la direction donnée, menées de ces points, soient effectivement tangentes à la conjuguée et que les coefficients angulaires des projections de ces tangentes sur les plans des xy et des xz soient m et n.

Lorsque la surface proposée sera du second degré, l'équation

$$m\,\frac{df}{dx} + n\,\frac{df}{dy} + \frac{df}{dz} = 0$$

sera du premier degré,

$$\mathrm{M}x + \mathrm{N}y + \mathrm{P}z + \mathrm{Q} = 0;$$

elle n'admettra que des solutions où les rapports C et $\mathrm{C'}$ des parties imaginaires de z et de x, de z et de y satisferaient à la condition

$$\frac{\mathrm{M}}{\mathrm{C}} + \frac{\mathrm{N}}{\mathrm{C'}} + \mathrm{P} = 0.$$

Les points de contact des tangentes imaginaires menées parallèlement à la direction donnée se trouveront donc exclusivement sur les conjuguées de la surface proposée dont les caractéristiques rempliront cette condition; mais par compensation les points de contact appartenant à une même conjuguée formeront une courbe continue. Toutes les courbes de contact des cylindres circonscrits aux conjuguées dont les caractéristiques rempliront la condition

$$\frac{\mathrm{M}}{\mathrm{C}} + \frac{\mathrm{N}}{\mathrm{C'}} + \mathrm{P} = 0$$

seront d'ailleurs les conjuguées de la courbe de contact du cylindre circonscrit à la surface réelle parallèlement à la même direction.

156. On pourrait généraliser le problème en attribuant des coefficients imaginaires à la direction donnée. Les parties réelles et imaginaires de ces coefficients angulaires seraient assujetties à deux conditions, et on achèverait de les déterminer en exprimant que le point de contact dût appartenir à une conjuguée désignée.

157. Si l'on avait déterminé les équations générales des tangentes à une surface $f(x, y, z) = 0$ sous la forme

$$x = mz + \varphi(m, p),$$
$$y = pz + \psi(m, p),$$

les équations générales des tangentes aux conjuguées de la même surface seraient

$$x = \left(m + n\sqrt{-1}\right) z + \varphi\left(m + n\sqrt{-1},\, p + q\sqrt{-1}\right)$$

et

$$y = \left(p + q\sqrt{-1}\right) z + \psi\left(m + n\sqrt{-1},\, p + q\sqrt{-1}\right);$$

mais il faudrait y joindre deux conditions particulières entre m, n, p et q
pour exprimer que les points de contact appartiennent à une conjuguée
désignée.

Plans tangents aux surfaces courbes.

138. Le plan tangent à une surface en un de ses points est le plan
qui la coupe suivant une ligne dont ce point soit un point double, au
moins.

On peut aisément déduire l'équation du plan tangent de cette définition ; mais on arrive également au but en cherchant le lieu des tangentes à la surface au point considéré.

Les équations d'une quelconque de ces tangentes sont

$$\mathrm{X} - x = \frac{dx}{dz}\,(\mathrm{Z} - z)$$

et

$$\mathrm{Y} - y = \frac{dy}{dz}\,(\mathrm{Z} - z),$$

$x + dx$, $y + dy$ et $z + dz$ désignant les coordonnées d'un point quelconque de la surface, infiniment voisin du point $[x, y, z]$. Si $f(x, y, z) = 0$
est l'équation de la surface considérée, dx, dy et dz sont assujettis à la
condition

$$\frac{df}{dx}\,dx + \frac{df}{dy}\,dy + \frac{df}{dz}\,dz = 0,$$

d'où l'on tire

$$\frac{df}{dx}\frac{dx}{dz} + \frac{df}{dy}\frac{dy}{dz} + \frac{df}{dz} = 0;$$

le lieu des tangentes est donc représenté par l'équation

$$\frac{df}{dx}\frac{\mathrm{X} - x}{\mathrm{Z} - z} + \frac{df}{dy}\frac{\mathrm{Y} - y}{\mathrm{Z} - z} + \frac{df}{dz} = 0,$$

ou

$$(\mathrm{X} - x)\frac{df}{dx} + (\mathrm{Y} - y)\frac{df}{dy} + (\mathrm{Z} - z)\frac{df}{dz} = 0,$$

qui représente un plan.

On donne souvent à l'équation du plan tangent une autre forme en y introduisant les dérivées partielles $\frac{dz}{dx} = p$ et $\frac{dz}{dy} = q$ de z par rapport à x et à y au point de contact : les valeurs de ces dérivées sont

$$p = -\frac{\frac{df}{dx}}{\frac{df}{dz}} \quad \text{et} \quad q = -\frac{\frac{df}{dy}}{\frac{df}{dz}},$$

de sorte que l'équation du plan tangent peut être écrite sous la forme

$$Z - z = p\,(X - x) + q\,(Y - y).$$

Si l'on suppose que x, y et z prennent des valeurs imaginaires

$$x = \alpha + \frac{1}{C}\beta\sqrt{-1},$$
$$y = \alpha' + \frac{1}{C'}\beta\sqrt{-1},$$
$$z = \alpha'' + \beta\sqrt{-1},$$

satisfaisant, bien entendu, à l'équation de la surface, l'équation

$$Z - z = p\,(X - x) + q\,(Y - y)$$

qui, les substitutions faites, se présentera sous une forme telle que

$$Z = \left(m + m'\sqrt{-1}\right)X + \left(n + n'\sqrt{-1}\right)Y + h + h'\sqrt{-1},$$

représentera une infinité de plans imaginaires contenant tous la droite

$$Z = mX + nY + h,$$
$$0 = m'X + n'Y + h';$$

mais celui de ces plans qui appartiendra au système [C, C'] passera au point [x, y, z] et sera tangent en ce point à la conjuguée [C, C'] de la surface proposée. En effet les dérivées partielles de z par rapport à x et à y gardant les mêmes valeurs au point [x, y, z], soit qu'on les tire de l'équation de la surface ou de celle du lieu

$$Z - z = p\,(X - x) + q\,(Y - y),$$

on aura dans l'un et l'autre cas, pour un même système de valeurs de dx et de dy, la même valeur de dz,

$$dz = \left(m + m'\sqrt{-1}\right)dx + \left(n + n'\sqrt{-1}\right)dy;$$

d'un autre côté, si l'on veut que le point $x + dx$, $y + dy$, $z + dz$ appartienne à la conjuguée [C, C'] soit de la surface, soit du lieu

$$Z = \left(m + m'\sqrt{-1}\right) X + \left(n + n'\sqrt{-1}\right) Y + h + h'\sqrt{-1},$$

il faudra que dx, dy et dz aient respectivement les formes

$$d\alpha + \frac{1}{C}\, d\beta \sqrt{-1}, \qquad d\alpha' + \frac{1}{C'}\, d\beta \sqrt{-1} \qquad \text{et} \qquad d\alpha'' + d\beta \sqrt{-1}.$$

Il n'y aura donc d'arbitraires que $d\alpha$ et $d\alpha'$, par exemple, puisque l'équation

$$dz = \left(m + m'\sqrt{-1}\right) dx + \left(n + n'\sqrt{-1}\right) dy$$

se décompose en deux. Ainsi $d\alpha$ et $d\alpha'$ recevant les mêmes valeurs dans les deux cas, dx, dy et dz prendront aussi les mêmes valeurs. Les cordes élémentaires de la conjuguée [C, C'] de la surface proposée, qui rayonneraient du point $[x, y, z]$ de cette conjuguée, appartiendront donc bien au plan déterminé par les solutions du système [C, C'] de l'équation

$$Z - z = p\,(X - x) + q\,(Y - y),$$

c'est-à-dire que ce plan sera bien tangent au point $[x, y, z]$ à la conjuguée de la surface proposée qui passe en ce point.

159. Les mêmes considérations prouvent que si deux lieux

$$f\,(x, y, z) = 0 \qquad \text{et} \qquad f_1\,(x, y, z) = 0$$

ont un point commun $[x, y, z]$ et qu'en ce point les dérivées partielles de z par rapport à x et à y aient les mêmes valeurs, soit qu'on les tire de la première équation, soit qu'on les tire de la seconde, les conjuguées des deux lieux qui passeront au point $[x, y, z]$ seront tangentes en ce point.

Mais il y a plus : deux lieux tangents en un point $[x, y, z]$, c'est-à-dire tels qu'en ce point les dérivées partielles de z par rapport à x et à y soient les mêmes de part et d'autre, ont en commun un volume infinitésimal entourant le point de contact. Car dz conserve la même valeur sur l'un et l'autre lieu, quelques valeurs que l'on donne à dx et à dy, c'est-à-dire quand bien même le point $[x + dx, y + dy, z + dz]$ n'appartiendrait plus au même système que le point $[x, y, z]$.

140. Si l'on propose de mener un plan tangent à une surface parallèlement à un plan donné, on pourra prendre pour inconnues soit les coordonnées du point de contact, soit le paramètre linéaire de l'équation du plan cherché. Dans le premier cas, quelques formes qu'on ait données aux coefficients angulaires du plan, le plan tangent au point trouvé sera bien représenté par une équation du premier degré ayant ces coefficients angulaires, mais il ne sera pas nécessairement pour cela parallèle au plan géométriquement donné. Il faudra pour qu'il en soit ainsi que les coefficients angulaires aient reçu des formes convenables. D'ailleurs le point de contact n'appartiendra à une conjuguée désignée de la surface que si on a achevé convenablement la détermination des coefficients angulaires en question.

Le second cas est plus simple : si

$$z = mx + ny + \varphi(m, n)$$

est l'équation générale des plans tangents à une surface réelle $f(x, y, z) = 0$,

$$z = \left(m + m'\sqrt{-1}\right) x + \left(n + n'\sqrt{-1}\right) y + \varphi\left(m + m'\sqrt{-1}, n + n'\sqrt{-1}\right)$$

sera l'équation générale des plans tangents à toutes ses conjuguées. Si l'on veut en particulier l'équation générale des plans tangents à l'une des conjuguées, on aura à établir en conséquence deux conditions entre m, m', n et n'.

Ainsi l'équation générale des plans tangents à l'ellipsoïde

$$\frac{x^2}{a^2} + \frac{y^2}{b^2} + \frac{z^2}{c^2} = 1$$

est

$$z = mx + ny \pm \sqrt{m^2 a^2 + n^2 b^2 + c^2},$$

et celle des plans tangents à la conjuguée à abscisses et à ordonnées réelles de cet ellipsoïde est

$$z = m\sqrt{-1}\, x + n\sqrt{-1}\, y \pm \sqrt{m^2 a^2 + n^2 b^2 - c^2}\,\sqrt{-1},$$

$m^2 a^2 + n^2 b^2$ étant supposé plus grand que c^2.

141. Les problèmes qui consisteraient à déterminer les plans tangents à une surface menés par un point extérieur ou parallèlement à une droite donnée, n'ont pas d'autres solutions que ceux qui consistent à déterminer les tangentes à cette surface dans les mêmes conditions. Ces derniers ayant été traités plus haut, nous n'avons pas à revenir sur ceux qui s'y ramènent.

142. Toutefois nous présenterons ici une remarque d'une certaine importance.

Un lieu $f(x, y, z) = 0$ a bien une infinité de plans tangents parallèles à un plan donné, puisque chaque conjuguée de ce lieu en a quelques-uns, mais, du moins, dès que les coefficients du plan tangent cherché sont donnés sous une forme particulière, le problème ne comporte plus en général qu'un nombre limité de solutions, parce que les équations du problème sont alors en même nombre que les inconnues. Les solutions trouvées se rapportent alors à quelques conjuguées particulières, à l'exclusion des autres. En sorte que l'introduction volontaire de la considération des surfaces imaginaires n'ajoute rien au fait.

Il n'en est plus de même lorsqu'il s'agit de mener à une surface un plan tangent par un point extérieur dont les coordonnées soient fournies sous une forme particulière, ou parallèlement à une droite donnée dont les coefficients angulaires soient fournis sous une forme particulière. Dans l'un et l'autre cas la solution trouvée doit être interprétée d'une façon plus large qu'on n'avait autrefois l'habitude de le faire. Il ne suffit pas de prendre les solutions réelles des équations du problème, il faut aussi en prendre les solutions imaginaires et alors on obtient outre le contour apparent de la surface réelle, d'autres contours apparents en nombre infini.

143. S'il s'agit de mener un plan tangent par un point extérieur et que ce point soit donné sous forme réelle, l'ensemble des points formant solution sera l'intersection totale du lieu représenté par l'équation proposée et du lieu représenté par l'équation de la surface polaire. Cette intersection se composera soit de points appartenant aux conjuguées de mêmes caractéristiques, d'ailleurs quelconques, des lieux représentés par les deux équations, soit des intersections des conjuguées dont les caractéristiques communes satisferaient à une condition que l'on obtiendra en éliminant, lorsque ce sera possible, α, β, α', β', α'' et β'' entre les quatre équations dans lesquelles se décomposeront les équations des deux lieux et les équations

$$\beta'' = C\beta \quad \text{et} \quad \beta'' = C'\beta'.$$

S'il s'agit d'une surface du second degré, la surface polaire se réduisant alors à un plan réel, et l'intersection de ce plan avec la surface totale se composant de ses intersections avec toutes les conjuguées de la surface proposée dont les cordes réelles lui seraient parallèles, les contours apparents fournis par les équations du problème seront ceux des conjuguées dont les cordes réelles seraient parallèles au plan trouvé ; et ce seront aussi les conjuguées du contour apparent de la surface réelle.

144. S'il s'agit de mener un plan tangent parallèle à une direction donnée sous forme réelle et qu'on ait pris l'axe des z parallèle à cette direction, il n'y aura d'autre condition à exprimer que

$$\frac{df}{dz} = 0 ;$$

l'élimination de z entre cette équation et

$$f(x, y, z) = 0$$

fournira entre x et y une équation

$$\varphi(x, y) = 0,$$

dont toutes les solutions réelles ou imaginaires fourniront des solutions de la question. Or ces solutions formeront une suite réelle à laquelle correspondra le contour apparent, sur le plan des xy, de la surface réelle et une infinité de suites imaginaires constituant les conjuguées du contour apparent réel.

Les points correspondant aux solutions imaginaires de l'équation

$$\varphi(x, y) = 0$$

appartiendront à toutes les conjuguées de la surface proposée, mais en nombre limité pour chacune, ou bien aux conjuguées dont les caractéristiques satisferaient à une condition que l'on obtiendra en éliminant, lorsque ce sera possible, α, β, α', β', α'' et β'' entre les quatre équations dans lesquelles se décomposeront

$$f(x, y, z) = 0 \quad \text{et} \quad \frac{df}{dz} = 0$$

et les conditions

$$\beta'' = C\beta, \quad \beta'' = C'\beta'.$$

Dans ce dernier cas, le contour apparent

$$\varphi(x, y) = 0$$

se composera du contour apparent de la surface réelle et des contours apparents de celles de ses conjuguées dont les caractéristiques satisferaient à la condition trouvée.

C'est ce qui arrivera toujours pour une surface du second degré, parce qu'une combinaison convenable des équations

$$f(x, y, z) = 0 \quad \text{et} \quad \frac{df}{dz} = 0$$

fournira l'équation d'un plan réel dont l'intersection complète avec la surface proposée se composera exclusivement des sections faites dans la surface réelle et dans celles de ses conjuguées dont les cordes réelles seraient parallèles au plan trouvé.

Ainsi s'il s'agit de l'ellipsoïde

$$\frac{x^2}{a^2} + \frac{y^2}{b^2} + \frac{z^2}{c^2} = 1,$$

la condition

$$\frac{df}{dz} = 0$$

se réduisant à

$$z = 0,$$

le contour apparent par rapport au plan des xy,

$$\frac{x^2}{a^2} + \frac{y^2}{b^2} = 1,$$

se composera du contour apparent de la surface réelle et des contours apparents de toutes celles de ses conjuguées dont les cordes réelles seraient parallèles au plan des xy.

Discussion d'un problème du second degré.

145. J'ai déjà donné plusieurs exemples de problèmes de géométrie élémentaire dont la discussion ne pouvait être complétée que par l'intervention des méthodes exposées dans cet ouvrage. Les exemples précédents se rapportaient à des questions d'intersections simples, le suivant est relatif à une question où intervient la considération d'une tangente au cercle, capable de devenir imaginaire. On verra que la solution que fournit l'algèbre élémentaire comprend le cas où le cercle serait remplacé par sa conjuguée hyperbolique, de façon que l'interprétation des résultats obtenus n'est possible que par l'intervention de cette conjuguée qui se trouve jouer dans la question un rôle nécessaire quoique entièrement imprévu d'abord.

Supposons qu'on demande les éléments du cône de volume donné circonscriptible à une sphère de rayon donné : en prenant pour inconnues le rayon de la base de ce cône et sa hauteur, et désignant par πm^3 le volume donné et par R le rayon de la sphère donnée ; on a à résoudre les deux équations

$$\frac{1}{3}\,\pi x^2 y = \pi m^3$$

et

$$\frac{\sqrt{x^2 + y^2}}{x} = \frac{y - R}{R}.$$

La seconde donne

$$x^2 = \frac{R^2 y}{y - 2R},$$

et il en résulte pour déterminer y,

$$\frac{R^2 y^2}{y - 2R} = 3m^3.$$

Cette équation donne

$$y = \frac{3m^3 \pm \sqrt{9m^6 - 24m^3 R^3}}{2R^2}.$$

On en conclut que le minimum des valeurs positives de m^3 est $\frac{24}{9} R^3$.

Mais si m^3 est négatif, y reste constamment réel, ses deux valeurs sont l'une positive et l'autre négative, la première est moindre que 2R et la seconde quelconque; x^2 est aussi réel, d'ailleurs négatif ou positif suivant que y est positif ou négatif.

D'un autre côté, si on discute la marche du volume, considéré comme fonction de y, on voit que y partant de $+\infty$, m part aussi de $+\infty$; que m décroît d'abord avec y et atteint son minimum pour $y = 4R$; que pour $y = 2R$, m redevient infini; que si y décroît au-dessous de 2R, m devient négatif; que pour $y = R$, $3m^3 = -R^3$; que pour $y = 0$, $m = 0$; enfin que si y décroît de 0 à $-\infty$, m décroît aussi de 0 à $-\infty$.

Que signifient tous ces résultats et. quel lien peut-on établir entre eux ?

Si l'on prend pour axe des x un des rayons de la base du cône et pour axe des y la hauteur de ce cône, l'équation du grand cercle de la sphère compris dans le plan des xy est

$$X^2 + Y^2 - 2RY = 0;$$

et l'équation de la corde des contacts des tangentes menées du point situé sur l'axe des y à la distance y de l'origine est

$$Y(y - R) - Ry = 0;$$

les coordonnées des points de contact sont donc

$$Y = \frac{Ry}{y - R} \quad \text{et} \quad X = \pm \frac{R\sqrt{y^2 - 2Ry}}{y - R};$$

par suite les équations des tangentes sont

$$RY \pm \sqrt{y^2 - 2Ry}\, X - Ry = 0.$$

Si on cherche la demi-distance de leurs pieds sur l'axe des x on retrouve

$$x = \frac{Ry}{\sqrt{y^2 - 2Ry}},$$

c'est-à-dire la valeur du rayon de base du cône.

Mais le calcul précédent s'applique aussi bien à celle des conjuguées du cercle qui le touche aux extrémités de son diamètre couché suivant l'axe des y qu'au cercle lui-même. En effet quand y est compris entre 2R et 0, l'ordonnée commune des deux points de contact est réelle et leurs abscisses sont imaginaires, de sorte que les deux tangentes sont données alors par les solutions réelles par rapport à Y de l'équation

$$RY \pm \sqrt{2Ry - y^2}\, \sqrt{-1}\, X - Ry = 0.$$

En faisant dans cette équation $Y = 0$ on en tire

$$X^2 = \frac{R^2 y}{y - 2R}.$$

Lors donc que y est compris entre $2R$ et 0 le cône est circonscrit à l'hyperboloïde engendré par la rotation autour de l'axe des y de l'hyperbole dont il vient d'être question.

Si $y = R$, ce cône devient le cône asymptote de l'hyperboloïde, il est isocèle, c'est-à-dire que le rayon de sa base est égal à sa hauteur, ou à R ; son volume est par conséquent

$$\frac{1}{3}\pi R^3 :$$

c'est justement ce qu'on a trouvé plus haut.

Si y est négatif, le sommet du cône passe au-dessous de l'axe des x et ce cône redevient tangent à la sphère.

CHAPITRE IX

Enveloppe imaginaire des conjuguées d'un lieu plan.

146. On a vu au n° 121 que lorsque la dérivée de y par rapport à x en un point $[x, y]$ d'un lieu plan, est imaginaire, les éléments du lieu rayonnent autour de ce point dans toutes les directions, d'où il résulte qu'un pareil point ne peut pas appartenir à l'enveloppe des conjuguées. Au contraire en un point $[x, y]$ où $\dfrac{dy}{dx}$ est réel les éléments du lieu se dirigent tous suivant la droite menée du point $[x, y]$ parallèlement à la droite réelle qui aurait pour coefficient angulaire la valeur de $\dfrac{dy}{dx}$. Un pareil point jouit donc de la propriété que toutes les courbes continues qui y passent, dans le champ recouvert par les points représentés par les solutions de l'équation du lieu, y ont même tangente. C'est par conséquent un point de l'enveloppe des conjuguées du lieu.

$\dfrac{dy}{dx}$ est réel en un point quelconque de la courbe réelle et l'est encore en tous les points du lieu déterminé par la condition que dans

$$f'_{\alpha+\beta\sqrt{-1}}\left(\alpha + \beta\sqrt{-1},\ \alpha' + \beta'\sqrt{-1}\right)$$

et dans

$$f'_{\alpha'+\beta'\sqrt{-1}}\left(\alpha + \beta\sqrt{-1},\ \alpha' + \beta'\sqrt{-1}\right),$$

les parties réelles et imaginaires soient proportionnelles. Cette condition jointe aux deux équations dans lesquelles se décompose

$$f\left(\alpha + \beta\sqrt{-1},\ \alpha' + \beta'\sqrt{-1}\right) = 0,$$

laissera en général arbitraire l'une des quantités α, β, α' et β', il y correspondra donc une certaine courbe qui sera l'enveloppe imaginaire des conjuguées.

Ainsi l'enveloppe totale des conjuguées d'un lieu plan est caractérisée par la condition

$$\frac{dy}{dx} = \text{réel},$$

et cette enveloppe se compose en général de deux parties, la courbe réelle et une courbe imaginaire que l'on verra s'associer à la courbe réelle dans un grand nombre de recherches et la suppléer relativement à d'autres.

147. Les conjuguées de l'ellipse réelle ni celles de la parabole n'ont d'enveloppe imaginaire ; nous avons trouvé que l'ellipse

$$a^2 y^2 + b^2 x^2 = a^2 b^2$$

est l'enveloppe imaginaire des conjuguées de l'ellipse imaginaire

$$a^2 y^2 + b^2 x^2 = - a^2 b^2,$$

et que les conjuguées de l'hyperbole

$$a^2 y^2 - b^2 x^2 = - a^2 b^2$$

ont pour enveloppe imaginaire l'hyperbole supplémentaire

$$a^2 y^2 - b^2 x^2 = a^2 b^2.$$

On peut se proposer d'obtenir directement ces deux enveloppes.
Soit d'abord l'ellipse imaginaire

$$a^2 y^2 + b^2 x^2 = - a^2 b^2 :$$

$\dfrac{dy}{dx}$ en un point $x = \alpha + \beta \sqrt{-1}$, $y = \alpha' + \beta' \sqrt{-1}$ de ce lieu est

$$- \frac{b^2 \left(\alpha + \beta \sqrt{-1} \right)}{a^2 \left(\alpha' + \beta' \sqrt{-1} \right)} ;$$

pour que ce coefficient angulaire soit réel, il faut que

$$\frac{b^2 \alpha}{a^2 \alpha'} = \frac{b^2 \beta}{a^2 \beta'} ;$$

d'un autre côté l'équation du lieu donne

$$a^2 (\alpha'^2 - \beta'^2) + b^2 (\alpha^2 - \beta^2) + a^2 b^2 = 0$$

et

$$a^2 \alpha' \beta' + b^2 \alpha \beta = 0.$$

La dernière donne

$$\frac{b^2 \alpha}{a^2 \alpha'} = - \frac{\beta'}{\beta},$$

et de celle-ci, combinée avec la première, on tirerait

$$- 1 = \frac{b^2 \beta^2}{a^2 \beta'^2},$$

ce qui est impossible. On ne peut rétablir la compatibilité entre les équations

$$\frac{b^2\alpha}{a^2\alpha'} = \frac{b^2\beta}{a^2\beta'} \quad et \quad \frac{b^2\alpha}{a^2\alpha'} = -\frac{\beta'}{\beta}$$

qu'en faisant soit β et β' nuls, soit α et α' nuls, mais l'équation proposée n'ayant pas de solutions réelles, β et β' ne sauraient être en même temps nuls, il faut donc faire α et α' nuls. Les coordonnées d'un point de l'enveloppe sont donc de la forme

$$x = \beta\sqrt{-1}, \quad y = \beta'\sqrt{-1},$$

et comme l'équation du lieu donne entre β et β' la relation

$$a^2\beta'^2 + b^2\beta^2 = a^2b^2,$$

on voit que l'enveloppe est bien l'ellipse

$$a^2y^2 + b^2x^2 = a^2b^2.$$

Soit maintenant le lieu

$$a^2y^2 - b^2x^2 = -a^2b^2 :$$

$\frac{dy}{dx}$ en un point

$$x = \alpha + \beta\sqrt{-1}, y = \alpha' + \beta'\sqrt{-1}$$

est

$$\frac{b^2(\alpha + \beta\sqrt{-1})}{a^2(\alpha' + \beta'\sqrt{-1})};$$

la condition de réalité est donc

$$\frac{b^2\alpha}{a^2\alpha'} = \frac{b^2\beta}{a^2\beta'};$$

d'un autre côté l'équation du lieu donne

$$a^2(\alpha'^2 - \beta'^2) - b^2(\alpha^2 - \beta^2) = -a^2b^2$$

et

$$a^2\alpha'\beta' = b^2\alpha\beta.$$

La dernière donne

$$\frac{b^2\alpha}{a^2\alpha'} = \frac{\beta'}{\beta} \quad et \quad \frac{b^2\beta}{a^2\beta'} = \frac{\alpha}{\alpha'},$$

d'où l'on tirerait, en tenant compte de la première,

$$b^2\beta^2 = a^2\beta'^2$$

et

$$b^2\alpha^2 = a^2\alpha'^2,$$

de sorte que la seconde

$$a^2(\alpha'^2 - \beta'^2) - b^2(\alpha^2 - \beta^2) = -a^2b^2$$

se réduirait à

$$-a^2b^2 = 0.$$

On peut encore rétablir la compatibilité entre les équations en faisant α et α', ou β et β' nuls. Si on fait β et β' nuls, on trouve la courbe réelle ; pour avoir l'enveloppe imaginaire il faut donc faire α et α' nuls. Ainsi les coordonnées d'un point de l'enveloppe imaginaire sont de la forme

$$x = \beta\sqrt{-1} \quad \text{et} \quad y = \beta'\sqrt{-1},$$

l'équation du lieu donne d'ailleurs entre β et β' la relation

$$a^2\beta'^2 - b^2\beta^2 = a^2b^2.$$

Par conséquent l'enveloppe imaginaire est bien l'hyperbole

$$a^2y^2 - b^2x^2 = a^2b^2.$$

On trouvera plus loin d'autres exemples relatifs à différents lieux. Nous citerons ici seulement celui qui se rapporte au cercle imaginaire

$$\left(x - a - a'\sqrt{-1}\right)^2 + \left(y - b - b'\sqrt{-1}\right)^2 = \left(r + r'\sqrt{-1}\right)^2,$$

dont les conjuguées ont pour enveloppe imaginaire le cercle

$$(x - a - a')^2 + (y - b - b')^2 = (r + r')^2.$$

148. Lorsque la courbe représentée par l'équation proposée, tout en restant réelle, comprend un point réel isolé, toutes les conjuguées, ou au moins celles d'une certaine classe passent par ce point. Cela résulte évidemment soit de ce qu'un point isolé peut être considéré comme un anneau évanouissant qui, avant de disparaître, formait l'enveloppe d'une certaine catégorie de branches de conjuguées d'une certaine classe ; soit de ce que $\frac{dy}{dx}$ se présentant en un pareil point sous la forme $\frac{0}{0}$, la condition que les parties réelles et imaginaires de f'_x et de f'_y soient proportionnelles, est satisfaite d'elle-même.

Il convient toutefois de remarquer que cette dernière raison pour être probante exige qu'il puisse en effet partir du point considéré une infinité de branches imaginaires composées de points de caractéristiques différentes, ce qui suppose que les valeurs de $\frac{dy}{dx}$, après leur séparation, se trouvent imaginaires, ce qui était précisément l'hypothèse.

En effet il ne pourrait partir d'un point double, où $\dfrac{dy}{dx}$ aurait les deux valeurs réelles m et m', que deux branches imaginaires composées de points ayant pour caractéristique soit m, soit m'. Car le rapport.

$$\frac{dy}{dx} = \frac{d\alpha' + d\beta' \sqrt{-1}}{d\alpha + d\beta \sqrt{-1}},$$

ayant nécessairement pour valeur m ou m', $\dfrac{d\beta'}{d\beta}$ ne pourrait prendre que l'une ou l'autre de ces valeurs.

Les points de rebroussement cependant feront exception à la règle parce qu'une droite réelle qui en se déplaçant parallèlement à elle-même viendrait à passer par un point de rebroussement de la courbe réelle coupera ensuite cette courbe en un nombre de points réels plus grand ou plus petit de deux unités. Mais c'est qu'aussi $\dfrac{d^2y}{dx^2}$ étant infini en un point de rebroussement y n'est plus développable par la série de Taylor à partir d'un pareil point, d'où il résulte qu'on ne peut plus égaler le rapport $\dfrac{dy}{dx}$ au coefficient angulaire de la tangente double obtenue.

149. Lorsque l'équation proposée, quoique ayant encore ses coefficients réels, ne représente plus aucune courbe réelle, l'enveloppe réelle des conjuguées n'existe plus : elle est généralement suppléée par quelques points qui forment les seules solutions réelles de l'équation. Les conjuguées passent généralement toutes par ces points, par les mêmes motifs qui viennent d'être énoncés.

150. Lorsque l'équation proposée a ses coefficients imaginaires, elle ne représente plus aucune courbe réelle, à moins que les parties imaginaires des différents coefficients ne soient proportionnelles à leurs parties réelles.

L'équation admet encore dans ce cas quelques solutions réelles fournies par les intersections des deux courbes représentées par les équations à zéro des deux parties réelle et imaginaire du premier membre.

Les conjuguées du lieu passent généralement par ces différents points, qui peuvent être considérés comme résumant l'enveloppe réelle.

151. Lorsque les coefficients d'une équation variant d'une manière continue passent de l'état réel à l'état imaginaire, l'enveloppe réelle disparaît instantanément, à moins que les accroissements imaginaires acquis par tous les coefficients ne soient proportionnels à leurs valeurs antérieures, auquel cas le lieu ne changerait aucunement, mais la portion de l'enveloppe imaginaire qui la remplace est en continuité géométrique avec l'ancienne enveloppe réelle.

En effet, soient α et α' les coordonnées d'un point de l'enveloppe restée encore réelle, si l'on fait prendre aux coefficients des accroissements imaginaires infiniment petits et qu'on donne ensuite à x la valeur α, d'une part la nouvelle équation fournira pour y une valeur infiniment peu différente de α', de sorte que le point correspondant sera infiniment voisin de l'ancienne enveloppe réelle ; et, de l'autre, le coefficient angulaire de la tangente en ce nouveau point, différant infiniment peu de ce qu'il était en $[\alpha, \alpha']$, la partie imaginaire en sera infiniment petite, de sorte que le point lui-même sera infiniment voisin de l'enveloppe imaginaire des conjuguées du nouveau lieu.

L'enveloppe imaginaire du nouveau lieu et l'enveloppe réelle de l'ancien différeront donc infiniment peu de forme et de position.

152. Dans cette même hypothèse où les coefficients, d'abord réels, d'une équation représentant un lieu réel, viennent à prendre des accroissements imaginaires, les conjuguées qui tout à l'heure touchaient la courbe réelle, subissent une modification instantanée considérable qu'il est important de signaler.

Les courbes qui formaient ces conjuguées sont remplacées par d'autres qui en diffèrent infiniment peu de forme et d'étendue, mais il s'y ajoute instantanément des branches finies ou indéfiniment étendues qui proviennent de l'ancienne courbe réelle, laquelle donne naissance d'abord à une enveloppe imaginaire, destinée à la remplacer, mais aussi à une infinité de branches de conjuguées qui se séparent plus ou moins de la courbe réelle.

En effet, tant que la courbe réelle existe, elle fait partie de toutes les conjuguées qui la touchent, parce qu'elle a sa caractéristique indéterminée, mais dès qu'elle cesse d'exister elle est forcément remplacée par une infinité de courbes approchant plus ou moins de son ancienne forme, mais de caractéristiques toutes différentes.

Ces caractéristiques sont dans ce cas constituées par des rapports de quantités d'abord infiniment petites, puisque si les coefficients de l'équation n'ont varié que de quantités infiniment petites, les solutions de cette équation n'ont pu varier non plus que de quantités infiniment petites, mais les rapports des parties imaginaires de ces quantités infiniment petites peuvent avoir toutes les valeurs.

Le même fait s'explique aussi bien par cette considération que tant que la courbe réelle existe, ses différents points sont reproduits dans les intersections successives du lieu avec toutes les droites réelles imaginables, tandis que, au contraire, dès qu'elle cesse d'exister, les intersections avec les mêmes droites réelles cessent de se confondre. A chaque direction de cordes réelles, il correspond alors un système particulier d'intersections qui n'est plus reproduit lorsque la direction des cordes change.

Un exemple simple achèvera de faire comprendre ce qui vient d'être dit. Supposons qu'il s'agisse d'une hyperbole d'abord réelle, la conjuguée dont les cordes réelles seraient parallèles à un diamètre non transverse de cette hyperbole serait une ellipse limitée aux deux tangentes à l'hyperbole parallèles à ce diamètre non transverse. Si la sécante parallèle à ce diamètre ne passait plus entre ces deux tangentes, il n'y aurait plus d'intersections imaginaires. Mais si les coefficients de l'équation de l'hyperbole recevaient des accroissements imaginaires même infiniment petits, aussitôt la sécante, transportée en dehors de ses anciennes limites, fournirait une suite indéfinie de points imaginaires qu'il faudrait joindre à ce que serait devenue l'ellipse pour avoir la conjuguée du nouveau lieu, ayant pour caractéristique le coefficient angulaire de cette sécante mobile : la courbe réelle se serait donc transformée instantanément en une infinité de courbes imaginaires.

La théorie des asymptotes permettra d'éclairer encore mieux ce point important.

155. Le problème de mener une tangente à une courbe réelle parallèlement à une droite réelle donnée, $y = ax$, comprend à la fois comme solutions toutes les tangentes réelles que l'on peut mener à la courbe réelle parallèlement à cette droite et toutes les tangentes imaginaires qu'on peut mener dans la même direction à l'enveloppe imaginaire des conjuguées. En effet, si en un point de l'enveloppe la tangente est effectivement parallèle à $y = ax$, le coefficient angulaire réel de la tangente en ce point ne pourra pas différer de a, puisqu'une équation du premier degré dont le coefficient angulaire est réel, ne représente qu'une parallèle à la droite réelle de même coefficient angulaire.

D'un autre côté on sait que le problème de mener une tangente à une courbe de degré m parallèlement à une direction donnée a généralement

$$m (m - 1)$$

solutions. Ces $m (m - 1)$ solutions se partagent donc entre la courbe réelle et l'enveloppe imaginaire des conjuguées : si l'une de ces courbes a p tangentes parallèles à la direction donnée, l'autre en a $m (m - 1) - p$. Si la courbe réelle n'en a pas, l'enveloppe en a $m (m - 1)$. Cependant le degré de l'enveloppe est

$$m (m - 1) (2m - 3)$$

ou

$$2m^2 (m - 1),$$

suivant que l'équation du lieu a ses coefficients réels ou imaginaires. Les courbes de son degré pourraient avoir

$$m (m - 1)(2m - 3) \left\{ m (m - 1)(2m - 3) - 1 \right\} \quad \text{ou} \quad 2m^2 (m - 1) \left\{ 2m^2 (m - 1) - 1 \right\}$$

tangentes parallèles à une droite donnée, d'où il résulte que l'enveloppe imaginaire des conjuguées d'un lieu de degré m a toujours au moins

$$m^2 (m - 1)^2 (2m - 3)^2 - 2m (m - 1) (m - 2)$$

ou

$$4m^4 (m - 1)^2 - 2m^2 (m - 1) - m (m - 1)$$

9

tangentes de moins, parallèlement à une direction donnée, que celle des courbes de son degré qui en a le plus.

Lorsque les coefficients de l'équation proposée sont imaginaires, l'enveloppe a toujours $m(m-1)$ tangentes parallèles à une direction quelconque puisque la courbe réelle n'existe pas.

154. Il est important de remarquer que le coefficient angulaire de la tangente en un point de l'enveloppe imaginaire des conjuguées d'un lieu plan ne saurait que très-exceptionnellement coïncider avec la caractéristique de la conjuguée qui touche l'enveloppe en ce point, c'est-à-dire avec le coefficient angulaire des cordes réelles de cette conjuguée. En effet si

$$x = \alpha + \beta\sqrt{-1} \quad \text{et} \quad y = \alpha' + \beta C\sqrt{-1}$$

sont les coordonnées d'un point de l'enveloppe imaginaire, C est la caractéristique de la conjuguée à laquelle ce point appartient, mais il n'y a aucune raison pour que $\dfrac{dy}{dx}$ en ce point soit égal à C.

Il en résulte que parmi les $m(m-1)$ points de contact des tangentes menées parallèlement à une droite

$$y = Cx$$

à un lieu de degré m, ceux qui sont réels appartiennent bien à la conjuguée C, mais que les autres appartiennent en général à des conjuguées quelconques.

155. Une valeur infinie de $\dfrac{dy}{dx}$ doit toujours être considérée comme réelle, parce que

$$\text{tang}\left(\varphi + \psi\sqrt{-1}\right) \quad \text{ou} \quad \frac{\text{tang}\,\varphi + \text{tang}\,\psi\sqrt{-1}}{1 - \text{tang}\,\varphi\,\text{tang}\,\psi\sqrt{-1}}$$

n'est infinie que pour

$$\psi = 0 \quad \text{et} \quad \varphi = (2K+1)\frac{\pi}{2};$$

car, d'une part, $\text{tang}\,\psi\sqrt{-1}$ est fini quel que soit ψ, de l'autre l'hypothèse

$$1 - \text{tang}\,\varphi\,\text{tang}\,\psi\sqrt{-1} = 0$$

est impossible, et enfin si $\text{tang}\,\varphi$ était infini sans que $\text{tang}\,\psi\sqrt{-1}$ fût nul, $\text{tang}(\varphi + \psi\sqrt{-1})$ se réduirait à

$$\frac{1}{\text{tang}\,\psi\sqrt{-1}}.$$

Il résulte de là que les points d'un lieu où $\dfrac{dy}{dx}$ est infini appartiennent toujours à l'une ou à l'autre enveloppe. S'ils sont réels, ils appartiennent de plus à la conjuguée C = ∞, mais s'ils sont imaginaires ils appartiennent généralement à des conjuguées quelconques et on peut toujours diriger l'axe des y de manière qu'aucun de ces derniers n'appartienne à la conjuguée C = ∞, car les points de l'enveloppe où la caractéristique coïncide avec le coefficient angulaire sont toujours en nombre limité.

156. L'enveloppe imaginaire des conjuguées d'une courbe réelle touche toujours cette courbe en ses points d'inflexion et s'y infléchit comme elle.

En effet le problème de mener à une courbe une tangente parallèle à une direction donnée fournit encore, comme solution réelle, un de ses points d'inflexion lorsque la direction donnée se confond avec celle de la tangente en ce point ; mais si le coefficient angulaire donné s'éloigne infiniment peu, dans un sens convenable, de celui de la tangente au point d'inflexion considéré, la solution réelle qui correspondait à ce point, et qui du reste était double, disparaît aussitôt et est remplacée par deux solutions imaginaires infiniment voisines.

Les deux points de contact correspondants appartiennent naturellement à l'enveloppe imaginaire des conjuguées, puisque le coefficient différentiel $\frac{dy}{dx}$ y est réel ; ils sont d'ailleurs infiniment peu distants du point d'inflexion de la courbe réelle ; les tangentes à l'enveloppe y ont des directions infiniment voisines de celle de la tangente au point d'inflexion de la courbe réelle ; enfin le parallélisme des tangentes à l'enveloppe en ces deux points indique qu'ils comprennent un point d'inflexion de cette enveloppe.

On voit donc que l'enveloppe imaginaire passe par les points d'inflexion de la courbe réelle, que les deux enveloppes sont tangentes en ces points et que l'enveloppe imaginaire s'y infléchit comme la courbe réelle.

157. Du reste, l'enveloppe imaginaire ne peut toucher l'enveloppe réelle qu'aux points d'inflexion de celle-ci. Car si le point de contact n'était pas un point d'inflexion, la courbe réelle aurait, dans les deux sens opposés, deux tangentes infiniment peu inclinées sur la tangente au point commun ; d'un autre côté l'enveloppe imaginaire en aurait au moins une inclinée dans un certain sens sur la même tangente : de sorte que m étant le coefficient angulaire de la tangente au point commun, et $m + dm$ le coefficient angulaire de la tangente à l'enveloppe imaginaire en un point infiniment voisin du point commun, le problème de mener une tangente au lieu parallèlement à la direction $m + dm$ aurait une solution réelle et une solution imaginaire infiniment voisine de la première. Cette solution imaginaire ne pouvant aller seule, il en existerait forcément une troisième, imaginaire conjuguée de la seconde et par conséquent infiniment voisine des deux premières, de sorte que l'enveloppe imaginaire aurait deux tangentes infiniment voisines, parallèles à la direction $m + dm$ et que le point commun aux deux enveloppes serait au moins un point d'inflexion par rapport à l'enveloppe imaginaire. Mais alors le point commun correspondrait à une solution double du problème de mener au lieu une tangente parallèle à la direction m, c'est-à-dire que $\frac{d^2y}{dx^2}$ serait nul en ce point, qui dès lors serait un point d'inflexion de la courbe réelle.

Réciproquement les points d'inflexion de l'enveloppe imaginaire appartiennent à l'enveloppe réelle dont ils sont aussi des points d'inflexion, car la tangente en un point d'inflexion de l'enveloppe imaginaire étant la réunion de deux tangentes imaginaires conjuguées est entièrement réelle, c'est une corde réelle de cette enveloppe imaginaire, mais une corde réelle tangente ne peut être tangente qu'en un point réel, puisque deux points imaginaires conjugués ne peuvent se réunir qu'en devenant réels.

On verra, au chapitre des Asymptotes, que l'enveloppe imaginaire des conjuguées touche encore la courbe réelle en ses points situés à l'infini. Du reste les points d'une courbe situés à l'infini peuvent toujours être considérés comme des points d'inflexion de cette courbe puisque $\frac{d^2y}{dx^2}$ y est nécessairement nul.

158. Si

$$y = mx + \varphi(m)$$

est l'équation générale des tangentes à la courbe réelle, cette équation, pour chaque valeur de m qui rendra $\varphi(m)$ imaginaire, représentera une seule droite tangente à l'enveloppe imaginaire ; l'ensemble des deux enveloppes forme donc l'enveloppe des droites réelles ou imaginaires représentées par une équation telle que

$$y = mx + \varphi(m).$$

Cette communauté de définition constitue entre elles une réciprocité évidente.

En effet si un lieu a une enveloppe imaginaire, c'est que $\varphi(m)$ peut devenir imaginaire pour des valeurs réelles de m. D'ailleurs le problème de mener à une courbe réelle, représentée par une équation à coefficients réels, une tangente parallèle à une droite donnée, ce problème qui peut se réduire à la résolution des équations

$$f(x, y) = 0, \qquad m = -\frac{f'_x}{f'_y},$$

fournit pour x et y, lorsque ces coordonnées sont imaginaires, des valeurs conjuguées deux à deux, et par conséquent, pour les tangentes aux points correspondants, des équations

$$Y - y = m (X - x),$$

ayant leurs coëfficients conjugués.

Les valeurs imaginaires de φ (m) correspondant à des valeurs réelles de m, seront donc conjuguées deux à deux et par conséquent φ (m) pourra se mettre sous la forme

$$\varphi (m) = \varphi_1 (m) \pm \sqrt{\varphi_2 (m)},$$

φ_1 et φ_2 pouvant d'ailleurs avoir chacun plusieurs valeurs.

Cela posé, lorsque $\varphi_2 (m)$ sera positif,

$$y = mx + \varphi_1 (m) \pm \sqrt{\varphi_2 (m)}$$

représentera une tangente à l'enveloppe réelle et lorsque $\varphi_2 (m)$ sera négatif, la même équation représentera une tangente à l'enveloppe imaginaire.

Mais si $\varphi_2 (m)$ est négatif, l'équation

$$y = mx + \varphi_1 (m) \pm \sqrt{\varphi_2 (m)}$$

représentera effectivement la droite

$$y = mx + \varphi_1 (m) \pm \sqrt{- \varphi_2 (m)}.$$

Ainsi, les deux enveloppes étant prises dans leurs équations en coordonnées réelles, l'équation générale des tangentes à la première serait

$$y = mx + \varphi_1 (m) \pm \sqrt{\varphi_2 (m)},$$

et l'équation générale des tangentes à la seconde serait

$$y = mx + \varphi_1 (m) \pm \sqrt{- \varphi_2 (m)};$$

mais alors le retour de la seconde courbe à la première se fera comme le passage de la première à la seconde.

Les deux enveloppes d'un même lieu sont donc réciproques l'une de l'autre.

Enveloppe imaginaire des conjuguées d'une surface.

159. Nous avons dit plus haut que deux lieux qui ont un point commun $[x, y, z]$ et dont les équations fournissent d'ailleurs en ce point les mêmes valeurs pour les dérivées partielles de z par rapport à x et à y, ont en commun autour de ce même point un volume infinitésimal.

Ce volume s'aplatit en un disque plan lorsque les coefficients angulaires du plan tangent commun, ou les valeurs des dérivées partielles $\frac{dz}{dx} = p$ et $\frac{dz}{dy} = q$ deviennent réels. En effet les rayons vecteurs menés du point central $[x,y,z]$, à la surface qui limite le volume commun, sont dans tous les cas, parallèles aux droites menées de l'origine aux points du lieu représenté par l'équation

$$Z = pX + qY;$$

quand p et q sont imaginaires, ce lieu se compose d'une infinité de plans se coupant suivant une droite menée de l'origine, en sorte que les éléments de ce lieu qui émergent de l'origine peuvent avoir toutes les directions imaginables : mais quand p et q deviennent réels, tous les plans représentés par l'équation

$$Z = pX + qY,$$

plans dont au reste les caractéristiques sont alors liées entre elles par la condition

$$1 = \frac{p}{C} + \frac{q}{C'},$$

se confondent géométriquement avec le plan réel

$$Z = pX + qY.$$

Ainsi en un point réel ou imaginaire où les dérivées partielles de z par rapport à x et à y sont réelles, les éléments du lieu s'aplatissent en un disque plan.

Cette propriété est évidemment caractéristique d'un point de l'enveloppe, soit réelle, soit imaginaire, des conjuguées du lieu.

L'enveloppe totale des conjuguées d'un lieu sera donc définie par les conditions

$$f(x, y, z) = 0, \quad \frac{\frac{df}{dx}}{\frac{df}{dz}} = \text{réel} \quad \text{et} \quad \frac{\frac{df}{dy}}{\frac{df}{dz}} = \text{réel}.$$

160. Mais il y a pour les lieux superficiels une différence essentielle entre les deux enveloppes réelle et imaginaire, c'est que chaque conjuguée touche en général l'enveloppe réelle, qui n'est autre que la surface réelle représentée par l'équation considérée, suivant toute la courbe de contact de cette surface réelle avec le cylindre qui lui serait circonscrit parallèlement aux cordes réelles de la conjuguée en question; tandis que au contraire chaque conjuguée ne touche l'enveloppe imaginaire qu'en un nombre limité de points.

En effet si

$$x = \alpha + \frac{\beta}{C} \sqrt{-1}, \quad y = \alpha' + \frac{\beta}{C'} \sqrt{-1} \quad \text{et} \quad z = \alpha'' + \beta \sqrt{-1}$$

désignent les coordonnées d'un point de l'enveloppe appartenant à la conjuguée [C, C'], on aura pour déterminer α, β, α', α'', d'abord les deux équations dans lesquelles se décomposera l'équation de la surface et ensuite les deux conditions de réalité de p et de q; α, β, α' et α'' seront donc en général déterminés.

Considérons par exemple l'équation

$$\frac{x^2}{a^2} + \frac{y^2}{b^2} - \frac{z^2}{c^2} = 1$$

de l'hyperboloïde à une nappe, les dérivées partielles de z par rapport à x et à y seront

$$\frac{c^2}{a^2}\frac{z}{x} \quad \text{et} \quad \frac{c^2}{b^2}\frac{z}{y};$$

pour qu'elles soient réelles il faudra que $\frac{z}{x}$ et $\frac{z}{y}$ soient réels. Soient

$$x = \alpha + \beta \sqrt{-1}, \quad y = \alpha' + \beta' \sqrt{-1}, \quad z = \alpha'' + \beta'' \sqrt{-1},$$

on aura donc

$$\frac{\alpha}{\alpha''} = \frac{\beta}{\beta''} \quad \text{et} \quad \frac{\alpha'}{\alpha''} = \frac{\beta'}{\beta''};$$

d'un autre côté l'équation de la surface donnera

$$\frac{\alpha^2 - \beta^2}{a^2} + \frac{\alpha'^2 - \beta'^2}{b^2} - \frac{\alpha''^2 - \beta''^2}{c^2} = 1$$

et

$$\frac{\alpha\beta}{a^2} + \frac{\alpha'\beta'}{b^2} - \frac{\alpha''\beta''}{c^2} = 0.$$

En divisant cette dernière par α'', remplaçant $\frac{\alpha}{\alpha''}$ par $\frac{\beta}{\beta''}$ et $\frac{\alpha'}{\alpha''}$ par $\frac{\beta'}{\beta''}$, puis multipliant par β'', il viendrait

$$\frac{\beta^2}{a^2} + \frac{\beta'^2}{b^2} - \frac{\beta''^2}{c^2} = 0,$$

l'équation

$$\frac{\alpha^2 - \beta^2}{a^2} + \frac{\alpha'^2 - \beta'^2}{b^2} - \frac{\alpha''^2 - \beta''^2}{c^2} = 1$$

se réduirait donc à

$$\frac{\alpha^2}{a^2} + \frac{\alpha'^2}{b^2} - \frac{\alpha''^2}{c^2} = 1 \ ;$$

d'un autre côté, en divisant

$$\frac{\alpha\beta}{a^2} + \frac{\alpha'\beta'}{b^2} - \frac{\alpha''\beta''}{c^2} = 0$$

par β'', remplaçant $\dfrac{\beta}{\beta''}$ et $\dfrac{\beta'}{\beta''}$ par $\dfrac{\alpha}{\alpha''}$ et $\dfrac{\alpha'}{\alpha''}$, puis chassant le dénominateur α'';
il viendrait

$$\frac{\alpha^2}{a^2} + \frac{\alpha'^2}{b^2} - \frac{\alpha''^2}{c^2} = 0 \ ;$$

l'incompatibilité entre cette condition et

$$\frac{\alpha^2}{a^2} + \frac{\alpha'^2}{b^2} - \frac{\alpha''^2}{c^2} = 1$$

prouve que β, β' et β'' doivent être nuls, ou bien α, α et α''. Dans la première hypothèse, on retrouverait la surface réelle ; dans la seconde, x, y et z se réduisent à

$$x = \beta\sqrt{-1}, \quad y = \beta'\sqrt{-1} \quad \text{et} \quad z = \beta''\sqrt{-1},$$

et les coordonnées du point correspondant satisfont à l'équation

$$\frac{x^2}{a^2} + \frac{y^2}{b^2} - \frac{z^2}{c^2} = -1.$$

Si l'on fait $\beta'' = C\beta$ et $\beta'' = C'\beta'$, il vient

$$\left[\frac{1}{a^2 C^2} + \frac{1}{b^2 C'^2} - \frac{1}{c^2} \right] \beta''^2 = -1$$

et β'' se trouve déterminé, la conjuguée C,C' de la surface n'a donc que deux points communs avec l'enveloppe imaginaire.

161. Le plan tangent à une surface en un point de l'enveloppe imaginaire des conjuguées, a naturellement ses coefficients angulaires réels, et, réciproquement, si l'équation générale des plans tangents à une surface est

$$z = mx + ny + \varphi(m, n),$$

et qu'on donne dans cette équation à m et à n des valeurs qui rendent $\varphi(m,n)$ imaginaire ; le plan correspondant sera tangent à l'enveloppe imaginaire des conjuguées de la surface proposée.

On tirerait de là, comme pour les lieux plans, cette conséquence que les deux enveloppes sont réciproques l'une de l'autre.

162. La section complète d'une surface par un plan réel se compose de la section faite par ce plan dans la surface réelle et des sections faites dans les conjuguées de la surface réelle dont les cordes réelles sont parallèles au plan sécant. Ces dernières sections sont d'ailleurs les conjuguées de la section réelle. Ces conjuguées ont généralement dans leur plan une enveloppe imaginaire, mais cette enveloppe imaginaire n'a en général qu'un nombre limité de points communs avec la section, par le plan réel considéré, de l'enveloppe imaginaire des conjuguées de la surface réelle proposée. En effet si l'équation du plan sécant est

$$M x + N y + P z = H,$$

ce plan ne peut contenir que des points dont les caractéristiques C et C' satisfassent à la condition

$$\frac{M}{C} + \frac{N}{C'} + P = 0;$$

or si les points de l'enveloppe contenus dans un plan parallèle à

$$M x + N y + P z = 0$$

formaient une courbe continue, comme ces points ne pourraient pas se présenter de nouveau dans une autre série de plans parallèles, l'enveloppe imaginaire se composerait d'une infinité de surfaces.

Supposons qu'on ait pris le plan des xz parallèle aux plans sécants, $\frac{dz}{dx}$, en un point de la section par un plan $y = h$, se confondra avec le coefficient angulaire de la tangente à cette section, $\frac{dz}{dx}$ sera donc réel en un point quelconque de l'enveloppe imaginaire des conjuguées de la section, mais $\frac{dz}{dy}$ ne se trouvera réel qu'en quelques points de cette enveloppe.

CHAPITRE X

ASYMPTOTES ET PLANS ASYMPTOTIQUES

Asymptotes aux courbes planes.

163. La théorie des asymptotes aux conjuguées des courbes planes se résume dans l'énoncé suivant :

La recherche des asymptotes d'une courbe quelconque fournit en même temps les asymptotes de toutes ses conjuguées ; les conjuguées du lieu représenté par l'équation d'une asymptote au lieu considéré sont les asymptotes des conjuguées de mêmes caractéristiques de ce lieu.

Considérons d'abord une asymptote réelle, effectivement asymptote à une branche infinie de la courbe réelle. L'équation

$$y = Cx + d$$

de cette asymptote étant capable de solutions imaginaires ayant pour caractéristique C, les valeurs infinies de x et de y qui satisferont à la fois à l'équation de la courbe et à celle de l'asymptote ne seront pas plus réelles qu'imaginaires de la forme

$$x = \alpha + \beta \sqrt{-1}, \quad y = \alpha' + \beta C \sqrt{-1}.$$

Mais pour que $x = \alpha + \beta\sqrt{-1}$ et $y = \alpha' + \beta C\sqrt{-1}$ forment une solution de l'équation

$$y = Cx + d,$$

il faut que

$$\alpha' = C\alpha + d;$$

en ajoutant βC de part et d'autre, il vient

$$\alpha' + \beta C = C(\alpha + \beta) + d,$$

d'où l'on voit que le point correspondant à la solution imaginaire considérée appartient à la même droite

$$y = Cx + d.$$

Ainsi, une asymptote réelle d'une courbe réelle est aussi asymptote à la conjuguée dont la caractéristique est égale au coefficient angulaire de cette asymptote.

Considérons par exemple l'hyperbole

$$a^2 y^2 - b^2 x^2 = -a^2 b^2,$$

dont l'une des asymptotes est

$$y = \frac{b}{a} x,$$

cette asymptote conviendra à la conjuguée dont la caractéristique est $\frac{b}{a}$. En effet posons

$$x = \alpha + \beta \sqrt{-1},$$
$$y = \alpha' + \beta' \sqrt{-1},$$

et

$$\beta' = \beta \frac{b}{a},$$

l'équation de l'hyperbole donnera

$$a^2 \alpha'^2 - a^2 \beta'^2 - b^2 \alpha^2 + b^2 \beta^2 = -a^2 b^2$$

et

$$a^2 \alpha' \beta' - b^2 \alpha \beta = 0;$$

en vertu de la condition $\beta' = \beta \frac{b}{a}$ ou $a^2 \beta'^2 = b^2 \beta^2$, la première relation se réduira à

$$a^2 \alpha'^2 - b^2 \alpha^2 = -a^2 b^2,$$

et la seconde à

$$a\alpha' - b\alpha = 0 \quad \text{ou} \quad a^2 \alpha'^2 - b^2 \alpha^2 = 0;$$

les deux conditions tirées de l'équation de l'hyperbole étant donc incompatibles, α et α' devront être infinis. Quant à β et à β', ils ne sont assujettis qu'à la condition $\frac{\beta'}{\beta} = \frac{b}{a}$: en les faisant infinis et tels que $\alpha' + \beta'$ et $\alpha + \beta$ restent finis, on obtiendra tous les points de la droite

$$y = \alpha' + \beta' = \frac{b}{a}(\alpha + \beta) = \frac{b}{a} x;$$

c'est-à-dire que la conjuguée de l'hyperbole, dont la caractéristique est $\frac{b}{a}$, se confond géométriquement avec l'asymptote $y = \frac{b}{a} x$ de la courbe, ce que l'on savait déjà, les conjuguées de l'hyperbole étant toutes les ellipses qui ont avec elle un système de diamètres conjugués commun.

Mais si on laisse β' et β finis, $\alpha' + \beta'$ et $\alpha + \beta$ restent infinis et l'on obtient les points à l'infini de la conjuguée, points qui appartiennent à la droite $y = \dfrac{b}{a}x$. Cette droite est donc bien une asymptote commune à la courbe réelle et à celle de ses conjuguées qui a pour caractéristique $\dfrac{b}{a}$.

164. Supposons en second lieu que l'asymptote restant réelle,

$$y = Cx + d,$$

la courbe réelle n'ait pas de branche infinie correspondante, ou même n'existe pas : l'une des formes de la fonction y définie par l'équation de la courbe devant toujours être

$$y = Cx + d + V,$$

V désignant une fonction de x qui s'annule quand x devient infini, si l'on fait varier x par valeurs réelles dans les deux équations

$$y = Cx + d \quad \text{et} \quad y = Cx + d + V,$$

on obtiendra d'une part la droite réelle $y = Cx + d$ et de l'autre une branche de conjuguée à abscisses réelles de la courbe proposée, et les deux lignes seront asymptotes l'une à l'autre.

Mais si l'on faisait subir aux axes une transformation quelconque et qu'on recommençât les calculs, on trouverait, pour équation de l'asymptote, la transformée de $y = Cx + d$ et le raisonnement précédent ferait voir que la nouvelle conjuguée à abscisses réelles de la courbe proposée, c'est-à-dire la conjuguée dont la caractéristique aurait eu anciennement pour valeur le coefficient angulaire du nouvel axe des y, serait également asymptote à la même droite.

La même asymptote réelle à une courbe qui n'a pas de branche infinie correspondante convient donc à toutes les conjuguées de cette courbe.

Ce résultat pourrait paraître singulier parce qu'en effet une équation du premier degré à coefficients réels, $y = Cx + d$, n'admet de solutions imaginaires que du système C. Mais cette contradiction apparente est facile à lever. Quelle que soit la direction que l'on donne à l'axe des y, la partie imaginaire de y tend vers zéro, lorsque x croît indéfiniment par valeurs réelles, les parties imaginaires des coordonnées des points situés à l'infini sur une conjuguée quelconque, tendent donc vers zéro, ou en d'autres termes les caractéristiques de ces points sont en réalité $\dfrac{0}{0}$.

165. Examinons maintenant le cas où l'asymptote trouvée serait imaginaire, mais aurait son coefficient angulaire réel et serait par conséquent représentée par une équation de la forme

$$y = Cx + p + q\sqrt{-1} :$$

si $x = \alpha + \beta\sqrt{-1}$ et $y = \alpha' + \beta'\sqrt{-1}$ forment une solution de cette équation, on devra avoir

$$\alpha' = C\alpha + p$$

et

$$\beta' = C\beta + q,$$

d'où

$$\alpha' + \beta' = C(\alpha + \beta) + p + q;$$

la caractéristique $\dfrac{\beta'}{\beta}$ d'un point appartenant à l'asymptote pourra donc varier dans ce cas; mais quant au point lui-même, il appartiendra toujours à la droite unique

$$y_1 = Cx_1 + p + q;$$

d'ailleurs, l'une des formes de la fonction y sera

$$y = Cx + p + q\sqrt{-1} + V,$$

V désignant toujours une fonction de x qui s'annule pour $x = \infty$; cette dernière équation, ou sa transformée, si l'on a changé la direction de l'axe des y, donnera donc toujours, lorsqu'on fera croître x par valeurs réelles, une branche de conjuguée asymptote à la même droite

$$y = Cx + p + q.$$

Dans le cas donc où l'on aura trouvé une asymptote imaginaire à coefficient angulaire réel, $y = Cx + p + q\sqrt{-1}$, la même droite $y = Cx + p + q$ sera asymptote à toutes les conjuguées du lieu.

166. Supposons enfin que le calcul ait donné pour asymptote d'un lieu réel ou imaginaire une droite complétement imaginaire

$$y = (m + n\sqrt{-1})\, x + p + q\sqrt{-1},$$

il est aisé de voir que la droite de caractéristique C que fournira cette équation, sera effectivement asymptote à la conjuguée C du lieu.

En effet, il est clair d'abord que si l'on faisait croître x par valeurs réelles dans l'équation

$$y = (m + n\sqrt{-1})\, x + p + q\sqrt{-1}$$

et dans l'équation

$$y = (m + n\sqrt{-1})\, x + p + q\sqrt{-1} + V$$

de la branche correspondante du lieu, on obtiendrait d'une part la droite

$$y = (m + n) x + p + q,$$

et de l'autre une branche de la conjuguée $C = \infty$ du lieu, asymptotes l'une à l'autre. D'un autre côté, si l'on faisait subir aux axes une transformation préalable quelconque et qu'on recommençât les calculs, on trouverait pour équation nouvelle de l'asymptote la transformée de

$$y = \left(m + n\sqrt{-1}\right) x + p + q\sqrt{-1};$$

or, en faisant croître x par valeurs réelles dans les nouvelles équations des deux lieux, on retrouverait les conjuguées du faisceau et de la courbe proposée qui auraient pour caractéristique le coefficient angulaire ancien du nouvel axe des y, et ces deux lignes seraient toujours asymptotes l'une à l'autre, en vertu de la démonstration qui précède.

Dans le cas donc où l'on trouvera pour une courbe une asymptote complétement imaginaire, l'équation de cette asymptote représentera un faisceau d'asymptotes à toutes les conjuguées de la courbe proposée.

Considérons par exemple l'ellipse

$$a^2 y^2 + b^2 x^2 = a^2 b^2,$$

dont les asymptotes sont

$$y = \pm \frac{b}{a} \sqrt{-1}\, x :$$

les conjuguées de l'ellipse sont toutes les hyperboles qui ont avec elle un système de diamètres conjugués commun ; or, si l'on rapporte l'ellipse et le lieu

$$y = \pm \frac{b}{a} \sqrt{-1}\, x$$

à un système quelconque de diamètres conjugués de l'ellipse, les deux équations deviendront simultanément

$$a'^2 y^2 + b'^2 x^2 = a'^2 b'^2$$

et

$$y = \pm \frac{b'}{a'} \sqrt{-1}\, x ;$$

si l'on fait varier x par valeurs réelles, la première fournira l'hyperbole

$$a'^2 y^2 - b'^2 x^2 = -a'^2 b'^2,$$

et la seconde ses deux asymptotes

$$y = \pm \frac{b'}{a'} x.$$

167. Lorsque le coefficient angulaire d'une asymptote imaginaire est réel, cette asymptote est tangente en un point situé à l'infini au lieu des points fournis par l'équation proposée où $\frac{dy}{dx}$ est réel, c'est-à-dire à l'enveloppe imaginaire des conjuguées.

Les asymptotes réelles auxquelles il ne correspond aucune branche de la courbe réelle sont, de même, évidemment asymptotes à l'enveloppe imaginaire des conjuguées ; mais une asymptote réelle effectivement asymptote à la courbe réelle, est encore asymptote à l'enveloppe imaginaire des conjuguées.

Il suffira, pour le démontrer, de remarquer d'une part qu'une équation $y = mx + p$ est capable de solutions imaginaires où le rapport des parties imaginaires de y et de x soit m et, de l'autre, que l'infini est naturellement indéterminé. On en conclura que l'équation du lieu ayant fourni une asymptote $y = mx + p$, il y a nécessairement dans le lieu, à l'infini, un point imaginaire tel que $\frac{dy}{dx}$ y soit égal à m et que $y - mx$ soit égal à p.

Ainsi l'enveloppe imaginaire des conjuguées a en général les mêmes asymptotes que la courbe réelle ; elle a en plus les asymptotes à coefficients angulaires réels dont les ordonnées à l'origine sont imaginaires ; mais les asymptotes à coefficients angulaires imaginaires n'appartiennent ni à l'enveloppe réelle ni à l'enveloppe imaginaire des conjuguées.

Ainsi dans l'exemple traité plus haut de l'hyperbole .

$$a^2y^2 - b^2x^2 = - a^2b^2,$$

les asymptotes réelles,

$$y = \pm \frac{b}{a} x,$$

appartiennent aussi à l'enveloppe imaginaire des conjuguées, représentée par les solutions de la forme

$$x = \beta\sqrt{-1}, \quad y = \beta'\sqrt{-1}$$

de l'équation du lieu.

168. Nous avons, incidemment, dans le chapitre relatif à l'enveloppe des conjuguées d'un lieu plan, expliqué ce que devient la courbe réelle lorsque les coefficients de l'équation prennent des accroissements imaginaires et nous avons choisi pour exemple celui que présente une hyperbole. Nous pouvons compléter ce que nous avons dit alors.

Considérons une hyperbole

$$a^2y^2 - b^2x^2 = - a^2b^2,$$

et imaginons que les coefficients a et b prennent des accroissements infiniment petits $a'\sqrt{-1}$ et $b'\sqrt{-1}$, l'équation du système des asymptotes deviendra

$$y = \pm \frac{b + b'\sqrt{-1}}{a + a'\sqrt{-1}}\, x,$$

$$= \pm \left(\frac{b}{a} + \delta + \delta'\sqrt{-1}\right) x.$$

Chacune de ces équations représentera une infinité de droites qui seront les asymptotes des branches de toutes les conjuguées dans lesquelles se sera transformée l'hyperbole précédemment réelle.

Les asymptotes des branches indéfinies de la conjuguée C seront parallèles à la direction

$$y = \left[\pm \left(\frac{b}{a} + \delta + \delta'\right) + \frac{2\delta'^2}{\pm \left(\frac{b}{a} + \delta - \delta'\right) - C} \right] x\, ;$$

elles seront infiniment peu inclinées sur les asymptotes de l'ancienne courbe réelle tant que δ et δ' resteront infiniment petits, mais elles s'éloigneront de ces directions à mesure que δ et δ' croîtront davantage.

Des plans asymptotes aux surfaces courbes et de leur enveloppe.

169. Nous désignons sous le nom de plans asymptotes à une surface courbe les plans tangents à cette surface en des points situés à l'infini.

L'équation du plan tangent à une surface

$$f(x, y, z) = 0,$$

en un point $[x, y, z]$, est

$$(X - x)f'_x + (Y - y)f'_y + (Z - z)f'_z = 0.$$

Les coefficients angulaires sont f'_x, f'_y et f'_z; si x, y et z sont infinis, ces coefficients angulaires se réduisent aux dérivées partielles par rapport à x, à y et à z de la partie homogène du plus haut degré de $f(x, y, z)$: soit

$$\varphi(x, y, z) + \psi(x, y, z) + \chi(x, y, z) + \ldots$$

le premier membre de l'équation proposée, décomposé en parties homogènes, le plan tangent en un point situé à distance infinie sera donc parallèle au plan

$$X\varphi'_x + Y\varphi'_y + Z\varphi'_z = 0.$$

Soient

$$\frac{x}{\alpha} = \frac{y}{\beta} = \frac{z}{\gamma}$$

les équations de la droite dans la direction de laquelle le point $[x, y, z]$ s'est éloigné à l'infini, φ'_x, φ'_y et φ'_z étant trois fonctions homogènes de degré $m - 1$, on pourra y remplacer, dans l'équation précédente, x, y et z par α, β et γ, ce qui donnera pour l'équation du plan parallèle au plan tangent au point $[x, y, z]$, situé à l'infini,

$$X\varphi'_\alpha + Y\varphi'_\beta + Z\varphi'_\gamma = 0.$$

Ce dernier plan est le plan tangent, suivant la génératrice

$$\frac{x}{\alpha} = \frac{y}{\beta} = \frac{z}{\gamma},$$

au cône

$$\varphi\,(x, y, z) = 0.$$

Ainsi les plans asymptotes à une surface

$$\varphi\,(x, y, z) + \psi\,(x, y, z) + \ldots = 0$$

sont parallèles aux plans tangents au cône lieu des rayons infinis,

$$\varphi\,(x, y, z) = 0.$$

L'équation

$$(X - x)\,f'_x + (Y - y)\,f'_y + (Z - z)\,f'_z = 0$$

peut s'écrire

$$Xf'_x + Yf'_y + Zf'_z = xf'_x + yf'_y + zf_z,$$

c'est-à-dire

$$Xf'_x + Yf'_y + Zf'_z = m\varphi\,(x,y,z) + (m-1)\,\psi\,(x,y,z) + (m-2)\,\chi\,(x,y,z) + \ldots$$

ou, en retranchant du second membre la quantité

$$m\varphi\,(x, y, z) + m\psi\,(x, y, z) + m\chi\,(x, y, z) + \ldots$$

qui est nulle d'elle-même, puisque le point $[x, y, z]$ appartient à la surface,

$$Xf'_x + Yf'_y + Zf'_z = -\psi\,(x, y, z) - 2\chi\,(x, y, z) - \ldots$$

Si le point $[x, y, z]$ est renvoyé à l'infini, les termes, qui au second membre, suivent le premier, disparaissent devant ce premier terme.

D'un autre côté, on a déjà. vu que f'_x, f'_y et f'_z, dans le premier membre, peuvent être réduits à φ'_x, φ'_y et φ'_z, de sorte que l'équation du plan asymptote, tangent au point $[x, y, z]$, peut être réduite à

$$\varphi'_x X + \varphi'_y Y + \varphi'_z Z + \psi(x, y, z) = 0,$$

ou, comme tous les termes sont maintenant de degré $m - 1$ en x, y et z

$$\varphi'_\alpha X + \varphi'_\beta Y + \varphi'_\gamma Z + \psi(\alpha, \beta, \gamma) = 0,$$

α, β et γ désignant les coefficients directeurs d'un rayon infini.

169. Rien ne sera changé aux conclusions du numéro précédent si α, β et γ deviennent imaginaires; le plan

$$\varphi'_\alpha X + \varphi'_\beta Y + \varphi'_\gamma Z + \psi(\alpha, \beta, \gamma) = 0$$

sera alors asymptote à la conjuguée de la surface

$$f(x, y, z) = 0,$$

qui contiendra le point imaginaire situé à l'infini dans la direction

$$\frac{x}{\alpha} = \frac{y}{\beta} = \frac{z}{\gamma}.$$

Soient

$$\frac{\alpha}{\gamma} = m + n\sqrt{-1}$$

et

$$\frac{\beta}{\gamma} = m' + n'\sqrt{-1},$$

de sorte que les équations de la direction considérée soient

$$x = \left(m + n\sqrt{-1}\right) z$$

et

$$y = \left(m' + n'\sqrt{-1}\right) z;$$

soient d'ailleurs

$$x = a + \frac{b''}{C}\sqrt{-1}, \quad y = a' + \frac{b''}{C'}\sqrt{-1} \quad \text{et} \quad z = a'' + b''\sqrt{-1}$$

les coordonnées d'un point satisfaisant aux équations

$$x = \left(m + n\sqrt{-1}\right) z \quad \text{et} \quad y = \left(m' + n'\sqrt{-1}\right) z,$$

on aura, d'une part,

$$a = ma'' - nb'' \quad \text{et} \quad \frac{b''}{C} = mb'' + na'',$$

et, de l'autre,

$$a' = m'a'' - n'b'' \quad \text{et} \quad \frac{b''}{C'} = m'b'' + n'a'' ;$$

en éliminant a'' entre

$$\frac{b''}{C} = mb'' + na'' \quad \text{et} \quad \frac{b''}{C'} = m'b'' + n'a'',$$

il vient

$$\frac{n'}{C} - \frac{n}{C'} = mn' - nm'.$$

Les points de la surface $f(x, y, z) = 0$, situés à l'infini dans la direction

$$x = \left(m + n\sqrt{-1}\right) z, \qquad y = \left(m' + n'\sqrt{-1}\right) z,$$

appartiendront donc aux conjuguées de $f(x, y, z) = 0$ dont les caractéristiques satisferont à la condition

$$\frac{n'}{C} - \frac{n}{C'} = mn' - nm' :$$

les plans, de mêmes caractéristiques, représentés par l'équation

$$\varphi'_a X + \varphi'_\beta Y + \varphi'_\gamma Z + \psi(\alpha, \beta, \gamma) = 0$$

seront asymptotes à ces conjuguées.

Par exemple

$$\frac{\alpha}{a^2} X + \frac{\beta}{b^2} Y + \frac{\gamma}{c^2} Z = 0,$$

où α, β et γ seront supposés satisfaire à la condition

$$\frac{\alpha^2}{a^2} + \frac{\beta^2}{b^2} + \frac{\gamma^2}{c^2} = 0,$$

sera l'équation générale des plans asymptotes aux conjuguées de l'ellipsoïde

$$\frac{x^2}{a^2} + \frac{y^2}{b^2} + \frac{z^2}{c^2} - 1 = 0.$$

Considérons en particulier la direction

$$\alpha = 0, \quad \frac{\beta}{\gamma} = \pm \frac{b}{c}\sqrt{-1} :$$

m, n et m' seront nuls et n' sera égal à $\pm \dfrac{b}{c}$, l'équation

$$\frac{1}{b}\sqrt{-1}\,Y + \frac{1}{c}Z = 0$$

représentera donc les plans asymptotes aux conjuguées de l'ellipsoïde dont les caractéristiques satisferont à la condition

$$\frac{\pm\dfrac{b}{c}}{C} = 0 \quad \text{ou} \quad C = \infty,$$

c'est-à-dire aux conjuguées ayant leurs abscisses réelles.

170. Toute asymptote à une section plane d'une surface est asymptote à la surface, en ce sens qu'elle lui est tangente à l'infini. Une surface a donc une infinité d'infinités d'asymptotes.

Mais il sera intéressant d'en considérer une classe particulière que nous allons faire connaître.

L'intersection de deux plans tangents à une surface en deux points infiniment voisins $[x, y, z]$ et $[x + dx, y + dy, z + dz]$ passe au point $[x, y, z]$ et y est tangente à la surface, puisqu'elle est contenue dans le plan tangent en ce point.

L'intersection de deux plans asymptotes infiniment peu inclinés l'un sur l'autre, correspondant à deux rayons infinis

$$\frac{x}{\alpha} = \frac{y}{\beta} = \frac{z}{\gamma}$$

et

$$\frac{x}{\alpha + d\alpha} = \frac{y}{\beta + d\beta} = \frac{z}{\gamma + d\gamma},$$

sera de même une asymptote de la surface, mais d'une classe particulière.

Ces asymptotes formeront une surface réglée et développable, enveloppe des plans asymptotes, qu'il est intéressant de considérer.

L'équation de cette surface s'obtiendra évidemment en éliminant α, β et $\dfrac{d\beta}{d\alpha}$ entre les équations

$$\varphi(\alpha, \beta, 1) = 0,$$

$$\varphi'_x(\alpha, \beta, 1) + \varphi'_y(\alpha, \beta, 1)\frac{d\beta}{d\alpha} = 0,$$

$$\varphi'_x(\alpha, \beta, 1)\,X + \varphi'_y(\alpha, \beta, 1)\,Y + \varphi'_z(\alpha, \beta, 1)\,Z + \psi(\alpha, \beta, 1) = 0$$

et

$$\varphi''_{x^2}(\alpha, \beta, 1)\,X + \varphi''_{xy}(\alpha, \beta, 1)\,Y + \varphi''_{xz}(\alpha, \beta, 1)\,Z + \psi'_x(\alpha, \beta, 1)$$

$$+ \frac{d\beta}{d\alpha}\big[\varphi''_{xy}(\alpha, \beta, 1)\,X + \varphi''_{y^2}(\alpha, \beta, 1)\,Y + \varphi''_{zy}(\alpha, \beta, 1)\,Z + \psi'_y(\alpha, \beta, 1)\big] = 0.$$

Les conjuguées de la surface obtenue seront également des surfaces réglées et développables. Car le système des équations de deux plans asymptotes en deux points infiniment voisins d'une même conjuguée de la surface proposée, représentant entre autres une asymptote de cette surface, remplira de lui-même la condition pour que ces équations admettent une infinité de solutions de mêmes caractéristiques, de sorte que les équations entre lesquelles on aura éliminé α, β et $\dfrac{d\beta}{d\alpha}$ seront capables d'une infinité de solutions de mêmes caractéristiques représentant des points en ligne droite.

Ces conjuguées de l'enveloppe des plans asymptotes à la surface réelle seront donc les enveloppes des plans asymptotes aux conjuguées de la surface réelle.

Considérons par exemple l'ellipsoïde

$$\frac{x^2}{a^2} + \frac{y^2}{b^2} + \frac{z^2}{c^2} = 1 \, ;$$

pour trouver l'enveloppe des plans asymptotes, on aura à éliminer α, β et $\dfrac{d\beta}{d\alpha}$ entre les équations

$$\frac{\alpha^2}{a^2} + \frac{\beta^2}{b^2} + \frac{1}{c^2} = 0,$$

$$\frac{\alpha}{a^2} + \frac{\beta}{b^2}\frac{d\beta}{d\alpha} = 0,$$

$$\frac{\alpha}{a^2}X + \frac{\beta}{b^2}Y + \frac{1}{c^2}Z = 0,$$

$$\frac{1}{a^2}X + \frac{1}{b^2}Y\frac{d\beta}{d\alpha} = 0,$$

qui donneront

$$\frac{X^2}{a^2} + \frac{Y^2}{b^2} + \frac{Z^2}{c^2} = 0,$$

c'est-à-dire le cône asymptote de l'ellipsoïde. Les conjuguées de ce cône seront les cônes asymptotes des conjuguées de l'ellipsoïde.

L'enveloppe des plans asymptotes à une surface se réduira à un cône toutes les fois que l'équation de la surface manquera des termes de degré $m - 1$. Le sommet de ce cône sera l'origine des coordonnées correspondant à cette forme de l'équation.

CHAPITRE XI

171. Nous nous proposons dans ce chapitre de construire les conjuguées du lieu représenté par l'équation

$$\left(x - a - a'\sqrt{-1}\right)^2 + \left(y - b - b'\sqrt{-1}\right)^2 = \left(r + r'\sqrt{-1}\right)^2$$

en coordonnées rectangulaires, lieu dont la connaissance est indispensable à la théorie de la courbure des courbes imaginaires.

Nous ferons d'abord tourner les axes autour de l'origine d'un angle tel, que la partie imaginaire de l'ordonnée du centre disparaisse.

La transformation n'affectera pas le rayon, qui restera toujours représenté par $r + r'\sqrt{-1}$; quant aux coordonnées du centre, la transformation les changera de la même manière que si elle ne se faisait que pour ce point. De sorte que si ω désigne l'angle dont on aura fait tourner les axes, l'équation nouvelle du lieu sera

$$\left[x - \left(a + a'\sqrt{-1}\right)\cos\omega - \left(b + b'\sqrt{-1}\right)\sin\omega\right]^2$$
$$+ \left[y + \left(a + a'\sqrt{-1}\right)\sin\omega - \left(b + b'\sqrt{-1}\right)\cos\omega\right]^2 = \left(r + r'\sqrt{-1}\right)^2.$$

On fera donc disparaître la partie imaginaire de l'ordonnée du centre. en faisant

$$\tan\omega = \frac{b'}{a'}.$$

L'équation du lieu ainsi simplifiée sera

$$\left(x - a - a'\sqrt{-1}\right)^2 + (y - b)^2 = \left(r + r'\sqrt{-1}\right)^2 ;$$

en transportant ensuite les axes parallèlement à eux-mêmes au point réel [*a*, *b*], on ramènera cette équation à la forme

$$\left(x - a\sqrt{-1}\right)^2 + y^2 = \left(r + r'\sqrt{-1}\right)^2.$$

C'est cette équation que nous allons discuter.

172. Nous déterminerons d'abord l'enveloppe imaginaire des courbes qu'elle représente.

Les coordonnées d'un point de l'énveloppe étant

$$x = \alpha + \beta\sqrt{-1}, \quad y = \alpha' + \beta'\sqrt{-1},$$

la condition que devront remplir les variables α, β, α', β' sera

$$\frac{dy}{dx} = -\frac{x - a\sqrt{-1}}{y} = -\frac{\alpha + (\beta - a)\sqrt{-1}}{\alpha' + \beta'\sqrt{-1}} = \text{réel},$$

c'est-à-dire

$$\frac{\alpha}{\alpha'} = \frac{\beta - a}{\beta'},$$

équation qu'il faudra adjoindre à celles qui exprimeraient que le point $[x, y]$ appartient au lieu proposé, et qui sont

$$\alpha^2 - (\beta - a)^2 + \alpha'^2 - \beta'^2 = r^2 - r'^2,$$

$$\alpha(\beta - a) + \alpha'\beta' = rr'.$$

En éliminant successivement β et β' d'abord, ensuite α et α' entre ces équations, on trouve

$$\alpha^2 + \alpha'^2 = r^2,$$

et

$$(\beta - a)^2 + \beta'^2 = r'^2.$$

Il résulte de ces équations que l'enveloppe cherchée est la circonférence décrite du point $[x = a, y = 0]$ comme centre, avec un rayon égal à $r + r'$.

En effet, d'après l'équation

$$\alpha^2 + \alpha'^2 = r^2,$$

les coordonnées d'un point N quelconque (*fig.* 5) de la circonférence décrite autour de l'origine, avec un rayon r, sont des valeurs conjointes de α et de α'; et de même, d'après l'équation

$$(\beta - a)^2 + \beta'^2 = r'^2,$$

les coordonnées d'un point N' quelconque de la circonférence décrite autour du point O' $(x = a, y = 0)$, avec un rayon r', sont aussi des valeurs conjointes de β et de β'; mais d'un autre côté, en raison de l'équation

$$\frac{\alpha}{\alpha'} = \frac{\beta - a}{\beta'},$$

les quatre valeurs conjointes de α, α', β, β' doivent être les coordonnées de points N et N' situés aux extrémités de rayons parallèles ON, O'N' des deux circonférences.

$\alpha + \beta$ et $\alpha' + \beta'$ sont donc les coordonnées du point M situé sur la circonférence décrite du point O' comme centre, avec un rayon égal à $r + r'$, à l'extrémité du rayon de cette circonférence qui se trouve couché sur O'N'.

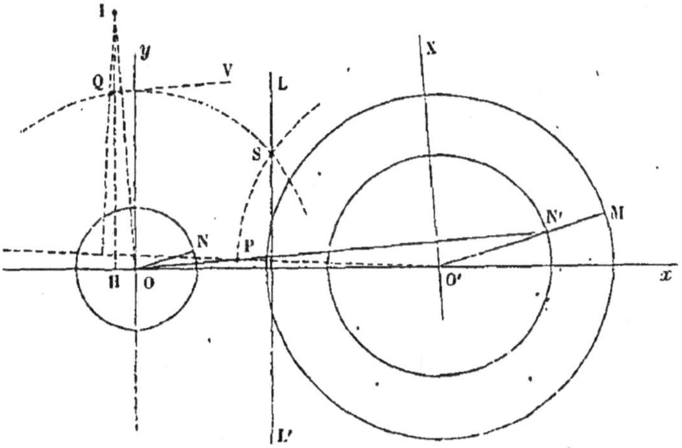

Fig. 5.

Ainsi l'enveloppe imaginaire des conjuguées du lieu

$$\left(x - a\sqrt{-1}\right)^2 + y^2 = \left(r + r'\sqrt{-1}\right)^2$$

est le cercle

$$(x - a)^2 + y^2 = (r + r')^2.$$

Si l'on avait conservé à l'équation du cercle imaginaire sa forme primitive

$$\left(x - a - a'\sqrt{-1}\right)^2 + \left(y - b - b'\sqrt{-1}\right)^2 = \left(r + r'\sqrt{-1}\right)^2,$$

on aurait trouvé pour équation en coordonnées réelles de l'enveloppe imaginaire

$$(x - a - a')^2 + (y - b - b')^2 = (r + r')^2.$$

Ce résultat est remarquable.

173. Pour obtenir le point de contact M d'une conjuguée désignée C avec l'enveloppe, il suffira de construire le point N' qui lui correspond, car en prolongeant ensuite O'N' on aura le point M ; or les coordonnées β' et β du point N' devant fournir un rapport égal à C, on obtiendra ce point en menant la droite ON' dont l'angle avec l'axe des x ait pour tangente C.

Lorsque l'origine sera dans l'intérieur du cercle O'N', le rapport des coordonnées du point N' pourra passer par tous les états de grandeur et, dans ce cas, toutes les conjuguées toucheront l'enveloppe chacune en deux points. Dans le cas contraire, les valeurs extrêmes du rapport des coordonnées du point N' seront les coefficients angulaires des tangentes menées de l'origine au cercle O'N'; les conjuguées dont la caractéristique resterait comprise entre ces limites toucheront donc seules l'enveloppe imaginaire.

L'équation

$$\left(x - a\sqrt{-1}\right)^2 + y^2 = \left(r + r'\sqrt{-1}\right)^2$$

fournira dans ce dernier cas deux points réels par où passeront toutes les conjuguées. En effet les valeurs réelles de x et de y que pourrait comporter cette équation seraient

$$x = -\frac{rr'}{a} \quad \text{et} \quad y = \pm\frac{\sqrt{(a^2 + r^2)(a^2 - r'^2)}}{a},$$

mais la réalité des ordonnées dépend de la condition $a^2 > r'^2$.

Si a^2 était égal à r'^2, c'est-à-dire si le cercle O'N' passait par l'origine, les deux points réels se confondraient en un seul et avec l'une des extrémités du diamètre horizontal du cercle ON.

Nous avons supposé, en faisant la figure, que r et r' fussent de même signe; autrement les rayons ON et O'N' devraient être de sens contraires, et, par suite, le rayon O'M de l'enveloppe, toujours représenté par $r + r'$, serait la différence des rayons ON et O'N'. En effet, les équations

$$\frac{\alpha}{\alpha'} = \frac{\beta - a}{\beta'}$$

et

$$\alpha(\beta - a) + \alpha'\beta' = rr',$$

qui se rapportent à un point quelconque de l'enveloppe, montrent, la première, que $\frac{\alpha}{\beta - a}$ et $\frac{\alpha'}{\beta'}$, ou, par suite, $\alpha(\beta - a)$ et $\alpha'\beta'$, sont toujours de même signe, tandis que la seconde exige ensuite que ces produits ou rapports aient le signe de rr'. De sorte que si rr' est négatif, $\frac{\alpha}{\beta - a}$ et $\frac{\alpha'}{\beta'}$ étant négatifs, les rayons ON, O'N' sont de sens contraires.

On peut construire par points, avec la règle et le compas, les conjuguées du cercle imaginaire

$$\left(x - a\sqrt{-1}\right)^2 + y^2 = \left(r + r'\sqrt{-1}\right)^2.$$

En effet,

$$x = \alpha + \beta\sqrt{-1} \quad \text{et} \quad y = \alpha' + \beta'\sqrt{-1}$$

désignant maintenant les coordonnées d'un point de la conjuguée C, on doit avoir

$$\alpha^2 + \alpha'^2 - r^2 = (\beta - a)^2 + \beta'^2 - r'^2,$$
$$\alpha(\beta - a) + \alpha'\beta' = rr'$$

et

$$\frac{\beta'}{\beta} = C.$$

La première de ces équations exprime que les tangentes menées du point [α, α'] au cercle

$$y^2 + x^2 = r^2$$

sont égales aux tangentes menées du point [β, β'] au cercle

$$y^2 + (x - a)^2 = r'^2.$$

LL′ étant donc l'axe radical de ces deux cercles O et O′, si l'on marque un point S quelconque de cet axe et qu'on décrive les deux circonférences OS et O′S, [α, α'] seront les coordonnées d'un point de la première et [β, β'] celles d'un point de la seconde. Comme $\frac{\beta'}{\beta} = C$, le point [β, β'] se trouvera au point de rencontre de la circonférence O′S et de la droite fixe ON′ que l'on aura menée pour obtenir le point de contact M de la conjuguée C avec l'enveloppe. Ce point [β, β'] sera en P par exemple. D'un autre côté, α et α' doivent satisfaire à la condition

$$\alpha(\beta - a) + C\alpha'\beta = rr'$$

ou

$$\beta(\alpha + C\alpha') - a\alpha - rr' = 0.$$

Or cette équation, en y considérant α et α' comme les coordonnées courantes, représente une droite qui, quel que soit β, passe toujours au point fixe

$$\alpha = -\frac{rr'}{a}, \qquad \alpha' = \frac{rr'}{aC}$$

et dont le coefficient angulaire

$$-\frac{\beta - a}{C\beta} \qquad \text{ou} \qquad -\frac{\beta - a}{\beta'}$$

est l'inverse changée de signe du coefficient angulaire de O′P. Ces deux conditions là déterminent, et il en résulte que le point [α, α'] de la circonférence OS, qui correspond au point [β, β'] de la circonférence O′S, doit être sur la perpendiculaire menée à O′P du point fixe

$$\left[-\frac{rr'}{a}, \; \frac{rr'}{aC} \right].$$

Ce dernier point est en I, à la rencontre de la ligne HI,

$$x = -\frac{rr'}{a},$$

qui passe par les deux points réels, et de la perpendiculaire OI à ON'. Par conséquent si IQ est perpendiculaire à O'P, Q est l'un des points cherchés.

Les points P et Q étant ainsi déterminés, le point correspondant V du lieu s'obtiendra en menant de Q une droite QV égale et parallèle à OP.

Les asymptotes de toutes les conjuguées sont représentées par les équations

$$y = \pm \sqrt{-1}\,(x - a\sqrt{-1});$$

celles de la conjuguée C sont donc, en coordonnées réelles,

$$y = \frac{C-1}{C+1}\,x + a$$

et

$$y = \frac{1+C}{1-C}\,x - a.$$

Les deux asymptotes d'une même conjuguée sont en conséquence toujours perpendiculaires l'une sur l'autre ; elles partent respectivement des points $(0, +a)$, $(0, -a)$ et enfin sont inclinées de 45° sur la droite $y = Cx$. Quant à leur point de rencontre, il décrit la circonférence du cercle $y^2 + x^2 = a^2$ et de plus appartient à la perpendiculaire O'X menée à la droite ON', $y = Cx$, car les équations de ces asymptotes donnent

$$(C+1)\,y = (C-1)\,x + a\,(C+1).$$

et

$$(1-C)\,y = (1+C)\,x - a\,(1-C),$$

d'où l'on tire par soustraction

$$y = -\frac{1}{C}\,(x - a).$$

Au reste la ligne O'X,

$$y = -\frac{1}{C}\,(x - a),$$

est un axe de symétrie de la conjuguée C. La règle qui a été donnée pour la construction des points de cette conjuguée, le montre suffisamment.

CHAPITRE XII

DE LA COURBURE DES COURBES IMAGINAIRES

174. Les formules qui donnent les coordonnées du centre et le rayon de courbure d'une courbe réelle en un de ses points $[x, y]$ sont

$$X = x - \frac{\left[1 + \left(\frac{dy}{dx}\right)^2\right]\frac{dy}{dx}}{\frac{d^2y}{dx^2}}, \quad Y = y + \frac{1 + \left(\frac{dy}{dx}\right)^2}{\frac{d^2y}{dx^2}} \quad \text{et} \quad R = \frac{\left[1 + \left(\frac{dy}{dx}\right)^2\right]^{\frac{3}{2}}}{\frac{d^2y}{dx^2}};$$

nous nous bornons ici à les rappeler.

Si on les applique à un point quelconque d'une conjuguée, d'un lieu plan quelconque, elles donneront en général, pour les coordonnées du centre, des valeurs imaginaires $X = a + b\sqrt{-1}, Y = a' + b'\sqrt{-1}$ et, pour le rayon, une valeur aussi imaginaire $R = r + r'\sqrt{-1}$. Nous nous proposons dans ce chapitre de tirer de ces données les coordonnées réelles du centre de courbure et le véritable rayon de courbure de la conjuguée au point considéré. Mais auparavant nous déterminerons la courbure de l'enveloppe imaginaire des conjuguées d'un lieu plan en un quelconque de ses points.

De la courbure de l'enveloppe imaginaire des conjuguées d'un lieu plan.

175. Lorsque deux équations admettent une solution commune et qu'au point correspondant les valeurs de $\frac{dy}{dx}$ sont, de part et d'autre, réelles et égales, les enveloppes des deux lieux passent en ce point et s'y touchent : il était donc présumable que si les valeurs de $\frac{d^2y}{dx^2}$ se trouvaient encore les mêmes, de part et d'autre, au point considéré, les deux enveloppes y auraient un contact du second ordre et par conséquent même centre et même rayon de courbure.

La démonstration positive du fait présentait toutefois des difficultés inattendues. Les deux enveloppes, une fois tracées, remplissent bien en effet la condition graphique énoncée, mais sans cependant que les conditions supposées entraînent l'existence simultanée, sur les deux enveloppes, de trois points ayant identiquement les mêmes coordonnées. Les grandeurs des coordonnées du troisième point, réalisées, sont bien les mêmes de part et d'autre, mais les valeurs algébriques imaginaires de ces coordonnées ne sont point pareilles. La répartition en parties réelles et imaginaires des coordonnées réalisées du troisième point peut différer d'une enveloppe à l'autre, les sommes seules des parties réelles et imaginaires des deux coordonnées restent identiques.

Lorsque ce théorème sera établi, on pourra prendre pour centre et pour rayon de courbure de l'enveloppe imaginaire des conjuguées d'un lieu quelconque, en un point de cette enveloppe, le centre et le rayon de courbure de l'enveloppe imaginaire des conjuguées du cercle osculateur, en ce point, au lieu considéré.

Soit donc $[x, y]$ le point commun aux enveloppes imaginaires des conjuguées de deux lieux, et supposons que $\dfrac{dy}{dx}$ et $\dfrac{d^2y}{dx^2}$ aient de part et d'autre les mêmes valeurs en ce point, $\dfrac{dy}{dx}$ y étant d'ailleurs réel.

Si p désigne la valeur réelle de $\dfrac{dy}{dx}$,

$$dy = d\alpha' + d\beta' \sqrt{-1}$$

$$dx = d\alpha + d\beta \sqrt{-1}$$

devront satisfaire à la condition

$$\frac{d\alpha' + d\beta' \sqrt{-1}}{d\alpha + d\beta \sqrt{-1}} = p,$$

qui donne

$$\frac{d\alpha'}{d\alpha} = p \quad \text{et} \quad \frac{d\beta'}{d\beta} = \frac{\dfrac{d\beta}{d\alpha}}{\dfrac{d\beta}{d\alpha}} = p\,;$$

d'un autre côté, si $t + u \sqrt{-1}$ est la valeur de $\dfrac{d^2y}{dx^2}$ au point $[x, y]$, la valeur de $\dfrac{dy}{dx}$ en un point du lieu, voisin de $[x, y]$, sera représentée par

$$\frac{dY}{dX} = p + (t + u \sqrt{-1}) \frac{X_0 - x}{1} + \ldots,$$

et pour que le point

$$[x + d\alpha + d\beta \sqrt{-1},\ y + d\alpha' + d\beta' \sqrt{-1}]$$

appartienne aussi à l'enveloppe, il faudra que l'accroissement

$$(t + u\sqrt{-1})\,(d\alpha + d\beta\sqrt{-1}),$$

qu'aura subi la dérivée de Y par rapport à X, en passant du premier point au second, soit réel. Cette condition donne

$$u\,d\alpha + t\,d\beta = 0$$

ou

$$\frac{d\beta}{d\alpha} = -\frac{u}{t}.$$

Ainsi au point commun aux deux enveloppes considérées, puisque p, t et u sont supposés les mêmes de part et d'autre, $\dfrac{d\beta}{d\alpha}$, $\dfrac{d\alpha'}{d\alpha}$ et $\dfrac{d\beta'}{d\alpha}$ auront les mêmes valeurs de part et d'autre.

Passons aux dérivées secondes $\dfrac{d^2\beta}{d\alpha^2}$, $\dfrac{d^2\alpha'}{d\alpha^2}$ et $\dfrac{d^2\beta'}{d\alpha^2}$: de quelque point $[x, y]$ qu'il s'agisse, on a toujours identiquement

$$\frac{dY}{dX} = \frac{dY}{d\alpha}\cdot\frac{d\alpha}{dX} = \left(\frac{d\alpha'}{d\alpha} + \frac{d\beta'}{d\alpha}\sqrt{-1}\right)\frac{1}{1 + \dfrac{d\beta}{d\alpha}\sqrt{-1}},$$

et, par suite,

$$\frac{d^2Y}{dX^2} = \frac{d\left(\dfrac{d\alpha'}{d\alpha} + \dfrac{d\beta'}{d\alpha}\sqrt{-1}\right)}{d\alpha}\cdot\frac{1}{\left(1 + \dfrac{d\beta}{d\alpha}\sqrt{-1}\right)^2} - \left(\frac{d\alpha'}{d\alpha} + \frac{d\beta'}{d\alpha}\sqrt{-1}\right)\frac{\dfrac{d^2\beta}{d\alpha^2}\sqrt{-1}}{\left(1 + \dfrac{d\beta}{d\alpha}\sqrt{-1}\right)^3}$$

$$= \frac{\left(\dfrac{d^2\alpha'}{d\alpha^2} + \dfrac{d^2\beta'}{d\alpha^2}\sqrt{-1}\right)\left(1 + \dfrac{d\beta}{d\alpha}\sqrt{-1}\right) - \left(\dfrac{d\alpha'}{d\alpha} + \dfrac{d\beta'}{d\alpha}\sqrt{-1}\right)\dfrac{d^2\beta}{d\alpha^2}\sqrt{-1}}{\left(1 + \dfrac{d\beta}{d\alpha}\sqrt{-1}\right)^3}.$$

Les dérivées secondes de Y par rapport à X au point $[x, y]$ étant donc supposées égales de part et d'autre et leur valeur commune étant $t + u\sqrt{-1}$, on aura pour l'un et l'autre lieu

$$t + u\sqrt{-1} = \frac{\left(\dfrac{d^2\alpha'}{d\alpha^2} + \dfrac{d^2\beta'}{d\alpha^2}\sqrt{-1}\right)\left(1 + \dfrac{d\beta}{d\alpha}\sqrt{-1}\right) - \left(\dfrac{d\alpha'}{d\alpha} + \dfrac{d\beta'}{d\alpha}\sqrt{-1}\right)\dfrac{d^2\beta}{d\alpha^2}\sqrt{-1}}{\left(1 + \dfrac{d\beta}{d\alpha}\sqrt{-1}\right)^3}.$$

En remplaçant dans cette équation $\dfrac{d\beta}{d\alpha}$ par $-\dfrac{u}{t}$, $\dfrac{d\alpha'}{d\alpha}$ par p, et $\dfrac{d\beta'}{d\alpha}$ par $-\dfrac{pu}{t}$, valeurs trouvées plus haut, et décomposant, on trouve

$$t^3\frac{d^2\alpha'}{d\alpha^2} + t^2 u\left(\frac{d^2\beta'}{d\alpha^2} - p\frac{d^2\beta}{d\alpha^2}\right) = t^4 - u^4$$

et

$$tu \frac{d^2\alpha'}{d\alpha^2} - t^2 \left(\frac{d^2\beta'}{d\alpha^2} - p \frac{d^2\beta}{d\alpha^2} \right) = 2u(t^2 + u^2),$$

d'où l'on conclut

$$\frac{d^2\alpha'}{d\alpha^2} = \frac{t^2 + u^2}{t}$$

et

$$\frac{d^2\beta'}{d\alpha^2} - p \frac{d^2\beta}{d\alpha^2} = - \frac{u}{t} \frac{d^2\alpha'}{d\alpha^2} = - \frac{u}{t^2}(t^2 + u^2) [*].$$

Ces deux dernières équations ne se rapportent pas plus à l'enveloppe imaginaire des conjuguées qu'à tout autre lieu partant du point

$$[x + d\alpha + d\beta \sqrt{-1}, \quad y + d\alpha' + d\beta' \sqrt{-1}]$$

de l'enveloppe. Aussi contiennent-elles trois inconnues $\frac{d^2\alpha'}{d\alpha^2}$, $\frac{d^2\beta}{d\alpha^2}$ et $\frac{d^2\beta'}{d\alpha^2}$ et, par suite, laissent-elles l'une d'elles indéterminée.

Mais ce que la question offre de particulier, c'est que les données ne suffisent pas pour achever la détermination de $\frac{d^2\beta}{d\alpha^2}$ et de $\frac{d^2\beta'}{d\alpha^2}$ qui restent liées entre elles par la seule condition

$$\frac{d^2\beta'}{d\alpha^2} - p \frac{d^2\beta}{d\alpha^2} = - \frac{u}{t^2}(t^2 + u^2).$$

Il est évident en effet que, pour exprimer que le troisième point est aussi resté sur l'enveloppe, il faudrait exprimer que le nouvel accroissement subi par $\frac{dY}{dX}$ est encore resté réel; or l'expression de cette con-

---

[*] L'équation

$$\frac{d^2\beta'}{d\alpha^2} - p \frac{d^2\beta}{d\alpha^2} = - \frac{u}{t} \frac{d^2\alpha'}{d\alpha^2}$$

se retrouverait en dérivant par rapport à α l'équation

$$\frac{d\alpha'}{d\alpha} = \frac{\frac{d\beta'}{d\alpha}}{\frac{d\beta}{d\alpha}},$$

qui exprime que $\frac{dy}{dx}$ est resté réel en passant du point $[x, y]$ au point

$$[x + d\alpha + d\beta \sqrt{-1}, \quad y + d\alpha' + d\beta' \sqrt{-1}].$$

dition renfermerait les parties réelle et imaginaire de $\dfrac{d^3Y}{dX^3}$ au point $[x, y]$; parties que l'on ne connaît pas.

Les valeurs de $\dfrac{d^3Y}{dX^3}$ n'étant donc pas supposées les mêmes pour les deux lieux, au point $[x, y]$, $\dfrac{d^2\alpha'}{d\alpha^2}$ aura bien de part et d'autre la même valeur, puisque les conditions précédentes l'ont séparé ; mais $\dfrac{d^2\beta}{d\alpha^2}$ et $\dfrac{d^2\beta'}{d\alpha^2}$ pourront être différents et seront seulement liés l'un à l'autre par la même condition

$$\frac{d^2\beta'}{d\alpha^2} - p\frac{d^2\beta}{d\alpha^2} = -\frac{u}{t^2}(t^2 + u^2).$$

Les deux enveloppes auront cependant au point $[x, y]$ la même courbure et le même centre de courbure, puisqu'elles passent toutes deux au point $[x, y]$, qu'elles y ont la même tangente sous le coefficient angulaire p; qu'elles contiennent par conséquent toutes deux le point

$$[x + d\alpha + d\beta\sqrt{-1}, \ y + d\alpha' + d\beta'\sqrt{-1}],$$

défini par les conditions

$$\frac{d\alpha'}{d\alpha} = p, \quad \frac{d\beta}{d\alpha} = -\frac{u}{t}, \quad \frac{d\beta'}{d\alpha} = -p\frac{u}{t},$$

et qu'enfin elles ont encore en ce point

$$[x + d\alpha + d\beta\sqrt{-1}, \ y + d\alpha' + d\beta'\sqrt{-1}]$$

même tangente, sous le coefficient angulaire

$$p + td\alpha - ud\beta.$$

Pour concilier ces résultats, en apparence contradictoires, il faut donc que la courbure de l'une et de l'autre enveloppe ne dépende pas séparément de $\dfrac{d^2\beta}{d\alpha^2}$ et de $\dfrac{d^2\beta'}{d\alpha^2}$ au point commun, mais seulement de la somme

$$\frac{d^2\beta'}{d\alpha^2} - p\frac{d^2\beta}{d\alpha^2}.$$

La vérification de ce point est en effet aisée à produire.

Car si x_1 et y_1 désignent les coordonnées réalisées d'un point quelconque d'un lieu imaginaire, la courbure de ce lieu au point $[x_1, y_1]$ dépend de $\dfrac{dy_1}{dx_1}$ et de $\dfrac{d^2y_1}{dx_1^2}$; or

$$\frac{dy_1}{dx_1} = \frac{d\alpha' + d\beta'}{d\alpha + d\beta} = \frac{\dfrac{d\alpha'}{d\alpha} + \dfrac{d\beta'}{d\alpha}}{1 + \dfrac{d\beta}{d\alpha}}$$

et

$$\frac{d^2y_1}{dx_1^2} = \frac{d\,\dfrac{\dfrac{d\alpha'}{d\alpha} + \dfrac{d\beta'}{d\alpha}}{1 + \dfrac{d\beta}{d\alpha}}}{d\alpha}\,\frac{d\alpha}{dx_1} = \frac{d\,\dfrac{\dfrac{d\alpha}{d\alpha} + \dfrac{d\beta'}{d\alpha}}{1 + \dfrac{d\beta}{d\alpha}}}{d\alpha} \cdot \frac{1}{1 + \dfrac{d\beta}{d\alpha}}$$

$$= \frac{\left(\dfrac{d^2\alpha'}{d\alpha^2} + \dfrac{d^2\beta'}{d\alpha^2}\right)\left(1 + \dfrac{d\beta}{d\alpha}\right) - \left(\dfrac{d\alpha'}{d\alpha} + \dfrac{d\beta'}{d\alpha}\right)\dfrac{d^2\beta}{d\alpha^2}}{\left(1 + \dfrac{d\beta}{d\alpha}\right)^3}.$$

Mais au point commun aux deux enveloppes qui nous occupent, $\dfrac{d\beta}{d\alpha}$, $\dfrac{d\alpha'}{d\alpha}$ et $\dfrac{d\beta'}{d\alpha}$ ont identiquement les mêmes valeurs ; $\dfrac{dy_1}{dx_1}$ a donc de part et d'autre la même valeur ; d'un autre côté, si , dans l'expression de $\dfrac{d^2y_1}{dx_1^2}$, on remplace $\dfrac{d\beta}{d\alpha}$, $\dfrac{d\alpha'}{d\alpha}$ et $\dfrac{d\beta'}{d\alpha}$ par leurs valeurs trouvées plus haut,

$$\frac{d\beta}{d\alpha} = -\frac{u}{t}, \quad \frac{d\alpha'}{d\alpha} = p, \quad \frac{d\beta'}{d\alpha} = -\frac{pu}{t},$$

il vient

$$\frac{d^2y_1}{dx_1^2} = \frac{\left(\dfrac{d^2\alpha'}{d\alpha^2} + \dfrac{d^2\beta'}{d\alpha^2}\right)\left(1 - \dfrac{u}{t}\right) - \left(p - \dfrac{pu}{t}\right)\dfrac{d^2\beta}{d\alpha^2}}{\left(1 - \dfrac{u}{t}\right)^3}$$

cette expression ne dépend en effet que de la somme

$$\frac{d^2\beta'}{d\alpha^2} - p\,\frac{d^2\beta}{d\alpha^2}.$$

Ainsi quand on applique à un point $[x, y]$ de l'enveloppe imaginaire des conjuguées d'un lieu $f(x, y) = 0$, les formules qui fourniraient le centre et le rayon de courbure de la courbe en un de ses points réels, l'enveloppe imaginaire des conjuguées du lieu représenté par l'équation du cercle osculateur, alors imaginaire, que donnent les formules, passe au point $[x, \dot{y}]$, et les deux enveloppes y ont même centre et même rayon de courbure.

Mais si l'équation du cercle osculateur est

$$\left(x - a - a'\sqrt{-1}\right)^2 + \left(y - b - b'\sqrt{-1}\right)^2 = \left(r + r'\sqrt{-1}\right)^2,$$

l'enveloppe imaginaire des conjuguées coïncide avec le cercle réel

$$x - a - a')^2 + (y - b - b')^2 = (r + r')^2,$$

c'est-à-dire que le centre de courbure de cette enveloppe est le point $|a + a', b + b']$ et sa courbure $\dfrac{1}{r + r'}$.

Par conséquent donc, si en un point quelconque $[x, y]$ de l'enveloppe imaginaire des conjuguées d'un lieu $f(x, y) = 0$, on a calculé les valeurs $a + a'\sqrt{-1}$, $b + b'\sqrt{-1}$ et $\left(r + r'\sqrt{-1}\right)^2$ de

$$x - \frac{\left[1 + \left(\dfrac{dy}{dx}\right)^2\right]\dfrac{dy}{dx}}{\dfrac{d^2y}{dx^2}},$$

$$\dot{y} + \frac{1 + \left(\dfrac{dy}{dx}\right)^2}{\dfrac{d^2y}{dx^2}}$$

et

$$\frac{\left[1 + \left(\dfrac{dy}{dx}\right)^2\right]^3}{\left(\dfrac{d^2y}{dx^2}\right)^2}.$$

le cercle osculateur de cette enveloppe au point considéré sera

$$(x - a - a')^2 + (y - b - b')^2 = (r + r')^2.$$

Ce théorème aidera beaucoup à la construction toujours si importante de l'enveloppe imaginaire des conjuguées du lieu dont on s'occupera.

Des contacts des divers ordres des lieux plans en général.

176. Avant d'aller plus loin, nous établirons un théorème général sur les contacts des divers ordres des lieux imaginaires. — Deux courbes réelles,

$$f(x, y) = 0 \quad \text{et} \quad f_1(x, y) = 0,$$

qui passent en un même point réel $[x, y]$, ont en ce point un contact de l'ordre n, lorsque $\dfrac{dy}{dx}$, $\dfrac{d^2y}{dx^2}$,..., $\dfrac{d^ny}{dx^n}$, tirées des deux équations séparément, y ont les mêmes valeurs.

On serait disposé à appliquer, sans nouvelle démonstration, le même principe aux courbes imaginaires : cependant, outre que l'énoncé doit en être complété alors par une restriction spéciale destinée à faire connaître expressément les lieux conjoints auxquels le théorème est applicable, la vérification en est en quelque sorte rendue nécessaire par la composition des coordonnées en parties réelles et imaginaires, et par l'obscurité qui s'attache en conséquence à la notion même des coefficients différentiels $\dfrac{dy}{dx}$, $\dfrac{d^2y}{dx^2}$, etc.

Nous croyons donc devoir établir directement le théorème suivant.
Si deux équations

$$f(x, y) = 0, \quad f_1(x, y) = 0$$

ont une solution commune, réelle ou imaginaire, $[x, y]$, et qu'au point correspondant, $\dfrac{dy}{dx}$, $\dfrac{d^2y}{dx^2}$,..., $\dfrac{d^ny}{dx^n}$, tirées séparément des deux équations, présentent les mêmes valeurs, les lieux partant du point $[x, y]$, qui seraient définis par les équations

$$f(x, y) = 0, \quad f_1(x, y) = 0$$

et par une relation complémentaire commune, $\varphi(\alpha, \beta) = 0$, établie entre les parties réelle et imaginaire de x, auront au point $[x, y]$ un contact de l'ordre n; c'est-à-dire que x_1 et y_1 désignant les coordonnées réelles de l'un ou de l'autre des deux lieux, $\dfrac{dy_1}{dx_1}$, $\dfrac{d^2y_1}{dx_1^2}$,..., $\dfrac{d^ny_1}{dx_1^n}$, auront les mêmes valeurs de part et d'autre, au point commun à ces deux lieux.

Il suffira pour cela d'établir que

$$\frac{dx_1}{d\alpha}, \quad \frac{d^2x_1}{d\alpha^2}, \dots, \quad \frac{d^nx_1}{d\alpha^n}$$

et

$$\frac{dy_1}{d\alpha}, \quad \frac{d^2y_1}{d\alpha^2}, \dots, \quad \frac{d^ny_1}{d\alpha^n}$$

auront les mêmes valeurs de part et d'autre ; car $\dfrac{dy_1}{dx_1}$, $\dfrac{d^2y_1}{dx_1^2}$,..., $\dfrac{d^ny_1}{dx_1^n}$, dépendant de

$$\frac{dx_1}{d\alpha}, \frac{d^2x_1}{d\alpha^2}, \ldots, \frac{d^nx_1}{d\alpha^n}$$

et de

$$\frac{dy_1}{d\alpha}, \frac{d^2y_1}{d\alpha^2}, \ldots, \frac{d^ny_1}{d\alpha^n}$$

auront par suite aussi les mêmes valeurs, de part et d'autre.

Or la loi de progression de x_1 étant, de part et d'autre, réglée par les mêmes équations

$$x_1 = \alpha + \beta,$$

$$\varphi(\alpha, \beta) = 0,$$

les dérivées de tous les ordres de x_1, par rapport à α, seront d'elles-mêmes égales de part et d'autre ; de sorte que la démonstration doit porter seulement sur les dérivées de y_1 par rapport à α.

Mais les dérivées de y_1 par rapport à α se déduisant de celles de y, par rapport à la même variable, en y remplaçant $\sqrt{-1}$ par 1, tout se réduira, en définitive, à établir l'identité des valeurs de

$$\frac{dy}{d\alpha}, \frac{d^2y}{d\alpha^2}, \ldots, \frac{d^ny}{d\alpha^n},$$

tirées séparément des deux équations proposées.

Or

$$\frac{dy}{d\alpha} = \frac{dy}{dx}\left(1 + \frac{d\beta}{d\alpha}\sqrt{-1}\right),$$

$$\frac{d^2y}{d\alpha^2} = \frac{d^2y}{dx^2}\left(1 + \frac{d\beta}{d\alpha}\sqrt{-1}\right)^2 + \frac{dy}{dx}\frac{d^2\beta}{d\alpha^2}\sqrt{-1},$$

Ces équations montrent suffisamment que les dérivées de y par rapport à α ne dépendant que de celles de y par rapport à x, qui sont supposées égales de part et d'autre, et de celles de β par rapport à α, qui sont identiques, seront aussi égales.

On pourrait évidemment substituer à la relation $\varphi(\alpha, \beta) = 0$ une équation quelconque entre α, β, α' et β' : mais la démonstration du théorème montre même qu'à une relation commune $\varphi(\alpha, \beta) = 0$, on pourrait substituer deux relations différentes $\psi(\alpha, \beta) = 0$, $\chi(\alpha, \beta) = 0$ qui donnassent au point $[x, y]$ les mêmes valeurs pour

$$\frac{d\beta}{d\alpha}, \frac{d^2\beta}{d\alpha^2}, \ldots, \frac{d^n\beta}{d\alpha^n}.$$

Des contacts des divers ordres des conjuguées, de même caracté-
ristique, de deux courbes quelconques.

177. Le théorème précédent s'applique de lui-même aux conjuguées
de deux courbes

$$f(x, y) = 0 \quad \text{et} \quad f_1(x, y) = 0$$

qui passent en un point réel ou imaginaire commun aux deux lieux.
C'est-à-dire que si deux équations

$$f(x, y) = 0 \quad \text{et} \quad f_1(x, y) = 0$$

ont une solution commune $[x, y]$ et qu'au point correspondant les n
premières dérivées de y par rapport à x aient mêmes valeurs de part
et d'autre, les conjuguées des deux courbes, dont la caractéristique
serait celle du point $[x, y]$, auront en ce point un contact de l'ordre n.

Car la condition que la caractéristique reste constante, fournira une
équation $\beta' = \beta C$ parfaitement équivalente à une condition $\varphi(\alpha, \beta) = 0$.

178. Il résulte de ce qui précède que si l'on détermine, au moyen
des formules usuelles, les coefficients A, B, R de l'équation

$$(x - A)^2 + (y - B)^2 = R^2,$$

de manière que cette équation admette une solution réelle ou imaginaire $[x, y]$, d'une équation $f(x, y) = 0$, et fournisse de plus, au point
correspondant, pour $\dfrac{dy}{dx}$ et $\dfrac{d^2y}{dx^2}$, les mêmes valeurs que donnerait l'é-
quation $f(x, y) = 0$ elle-même, les conjuguées des deux lieux auront au
point $[x, y]$ même centre et même rayon de courbure.

La recherche du centre et du rayon de courbure d'une conjuguée
d'une courbe quelconque en un point de cette conjuguée reviendrait
donc à la recherche du centre et du rayon de courbure de la conjuguée
du cercle imaginaire osculateur en ce point à la courbe proposée; et la
question des courbures des courbes imaginaires serait ramenée à celle
des courbures des conjuguées du lieu

$$(x - A)^2 + (y - B)^2 = R^2.$$

C'est en effet la méthode que nous avions en vue d'abord et qui nous a
servi effectivement à déterminer les courbures des conjuguées aux points
où elles touchent l'enveloppe réelle ou l'enveloppe imaginaire, mais
elle ne présente plus d'avantages lorsqu'il s'agit de la recherche de la
courbure d'une conjuguée quelconque en un quelconque de ses points,
ou du moins le calcul du rayon de courbure dans ce cas général n'est

ni plus simple ni plus compliqué, soit qu'on attaque directement la question ou qu'on la transforme en substituant au lieu proposé son cercle osculateur, parce que ce calcul prend pour données les dérivées première et seconde de l'ordonnée par rapport à l'abscisse, au point considéré et que ces dérivées, étant supposées données numériquement, peu importe de quelle équation elles ont été déduites, pourvu qu'elles aient les mêmes valeurs.

La formule qui donne le rayon de courbure d'une conjuguée quelconque, en un quelconque de ses points, s'applique naturellement en particulier aux points où la conjuguée touche l'une ou l'autre enveloppe. Nous pourrions donc passer immédiatement à la recherche de cette formule.

Mais nous croyons devoir laisser subsister les solutions des deux questions particulières, à côté de celle de la question générale, à cause d'abord de la différence des méthodes et en second lieu de la simplicité des premiers résultats.

De la courbure d'une conjuguée en un point où elle touche l'enveloppe réelle.

179. Les courbures de la courbe réelle et d'une de ses conjuguées, aux points où elles se touchent, sont toujours égales et opposées. En effet, quelle qu'en soit la cause, le fait est vrai, comme on le vérifiera aisément, pour le cercle et ses conjuguées. Or il en résulte qu'il est général : car si l'on a déterminé le cercle osculateur à une courbe réelle en un de ses points, la conjuguée de ce cercle qui passera au même point y aura avec la conjuguée de la courbe en question un contact du second ordre, et la conjuguée du cercle ayant en ce point une courbure égale et opposée à celle du cercle, la conjuguée de la courbe aura aussi au même point une courbure égale et opposée à celle de cette courbe.

De la courbure d'une conjuguée en un point où elle touche l'enveloppe imaginaire.

180. Si l'on a déterminé le cercle imaginaire osculateur à une courbe $f(x, y) = 0$ en un point $[x, y]$ pris sur l'enveloppe imaginaire des conjuguées de cette courbe, les deux enveloppes seront osculatrices l'une à l'autre, en ce point, et les conjuguées qui y passeront le seront aussi.

La recherche de la courbure d'une conjuguée en un point où elle touche l'enveloppe imaginaire revient donc à celle de la courbure en ce point de la conjuguée du cercle osculateur qui y passe.

Ainsi tout se réduit à obtenir le rayon et le centre de courbure d'une des conjuguées du lieu

$$\left(x-a-a'\sqrt{-1}\right)^2+\left(y-b-b'\sqrt{-1}\right)^2=\left(r+r'\sqrt{-1}\right)^2$$

au point où elle touche l'enveloppe imaginaire de ce lieu.

Soient en conséquence x et y les coordonnées d'un point de l'enveloppe des conjuguées du cercle imaginaire

$$\left(x-a-a'\sqrt{-1}\right)^2+\left(y-b-b'\sqrt{-1}\right)^2=\left(r+r'\sqrt{-1}\right)^2,$$

si l'on pose

$$x=\alpha+\beta\sqrt{-1}\quad\text{et}\quad y=\alpha'+\beta'\sqrt{-1},$$

il en résultera

[1] $$(\alpha-a)^2-(\beta-a')^2+(\alpha'-b)^2-(\beta'-b')^2=r^2-r'^2$$

et

[2] $$(\alpha-a)(\beta-a')+(\alpha'-b)(\beta'-b')=rr',$$

et, pour exprimer que le point $[x,y]$ appartient à l'enveloppe, c'est-à-dire que $\dfrac{dy}{dx}$ est réel en ce point,

[3] $$\frac{x-a}{x'-b}=\frac{\beta-a'}{\beta'-b'}.$$

Mais ces trois équations n'entreront pas dans le calcul aux mêmes titres : les deux premières expriment simplement que le point

$$x=\alpha+\beta\sqrt{-1},$$
$$y=\alpha'+\beta'\sqrt{-1},$$

appartient au lieu considéré; on pourra donc les différentier une et deux fois pour passer du point $\lfloor x,y\rfloor$ aux points voisins de la conjuguée qui passe en ce point; tandis que l'équation (3) exprimant en outre que le point $[x,y]$ appartient à l'enveloppe, ne convient qu'au point de départ.

Ainsi en désignant par x_1, y_1 les coordonnées réalisées d'un point quelconque de la conjuguée qui touche l'enveloppe imaginaire au point $[x,y]$, on pourra poser

$$x_1=\alpha+\beta,$$
$$y_1=\alpha'+\beta',$$

et les dérivées de y_1 par rapport à x_1 résulteront indirectement des équations dérivées des équations (1) et (2) et d'une condition particulière qui exprimera que le point $[x_1,y_1]$ se déplace sur la même conjuguée.

On aura en effet pour déterminer $\dfrac{dy_1}{dx_1}$ et $\dfrac{d^2y_1}{dx_1^2}$ les formules

$$\frac{dy_1}{dx_1} = \frac{d\alpha' + d\beta'}{d\alpha + d\beta} = \frac{\dfrac{d\alpha'}{d\alpha} + \dfrac{d\beta'}{d\alpha}}{1 + \dfrac{d\beta}{d\alpha}},$$

et

$$\frac{d^2y_1}{dx_1^2} = \frac{d \cdot \dfrac{\dfrac{d\alpha'}{d\alpha} + \dfrac{d\beta'}{d\alpha}}{1 + \dfrac{d\beta}{d\alpha}}}{d\alpha} \cdot \frac{d\alpha}{dx_1} = \frac{d \cdot \dfrac{\dfrac{d\alpha'}{d\alpha} + \dfrac{d\beta'}{d\alpha}}{1 + \dfrac{d\beta}{d\alpha}}}{d\alpha} \cdot \frac{1}{1 + \dfrac{d\beta}{d\alpha}}$$

$$= \frac{\left(\dfrac{d^2\alpha'}{d\alpha^2} + \dfrac{d^2\beta'}{d\alpha^2}\right)\left(1 + \dfrac{d\beta}{d\alpha}\right) - \left(\dfrac{d\alpha'}{d\alpha} + \dfrac{d\beta'}{d\alpha}\right)\dfrac{d^2\beta}{d\alpha^2}}{\left(1 + \dfrac{d\beta}{d\alpha}\right)^3}.$$

Ainsi il ne reste qu'à tirer, en fonction de α, β, α' et β', les valeurs de $\dfrac{d\alpha'}{d\alpha}$, $\dfrac{d\beta}{d\alpha}$, $\dfrac{d\beta'}{d\alpha}$, $\dfrac{d^2\alpha'}{d\alpha^2}$, $\dfrac{d^2\beta}{d\alpha^2}$, et $\dfrac{d^2\beta'}{d\alpha^2}$, au moyen d'abord des équations différentielles des équations (1) et (2) et de la condition complémentaire $\dfrac{\beta'}{\beta}$ égale constante.

Mais on peut simplifier le calcul en se servant d'une remarque bonne à consigner, du reste, parce qu'elle pourra être souvent utile.

181. Lorsqu'on s'éloigne, sur une conjuguée quelconque, du point où elle touche l'une des deux enveloppes, les parties imaginaires des coordonnées varient seules, lorsque ce point appartient à l'enveloppe réelle, tandis que, dans le cas contraire, ce sont les parties réelles qui varient; c'est-à-dire que, dans le premier cas, $\dfrac{d\alpha}{d\beta}$ et $\dfrac{d\alpha'}{d\beta}$ ont pour limites 0, tandis que $\dfrac{d\beta'}{d\beta}$ a pour valeur la caractéristique de la conjuguée, où le coefficient angulaire de la tangente à l'enveloppe réelle au point considéré; et que, dans le second cas, $\dfrac{d\beta}{d\alpha}$ et $\dfrac{d\beta'}{d\alpha}$ ont pour limites 0, tandis que $\dfrac{d\alpha'}{d\alpha}$ a pour valeur le coefficient angulaire de la tangente à l'enveloppe imaginaire au point considéré.

En effet, dans le premier cas, où le point considéré appartient à l'enveloppe réelle, si l'on regarde la caractéristique C comme une fonction de α et de β, on pourra poser

$$dC = \frac{dC}{d\alpha}\, d\alpha + \frac{dC}{d\beta}\, d\beta.$$

Or la dérivée partielle $\dfrac{dC}{d\beta}$, prise en un point de l'enveloppe réelle, est toujours identiquement nulle ; car si β varie seul, pour que $\dfrac{dy}{dx}$, qui peut alors se mettre sous la forme $\dfrac{d\alpha' + d\beta'\sqrt{-1}}{d\beta\sqrt{-1}}$, ait la valeur C, il faut que $d\alpha' = 0$, et que $d\beta' = Cd\beta$; de sorte que

$$C + dC = \frac{\beta' + d\beta'}{\beta + d\beta} = C,$$

et que par suite la dérivée partielle $\dfrac{dC}{d\beta}$ est identiquement nulle ; d'un autre côté, la dérivée partielle $\dfrac{dC}{d\alpha}$ ne se trouve nulle qu'en des points singuliers du lieu, sa valeur est habituellement donnée par celle de $\dfrac{d^2y}{dx^2}$ prise au point considéré de la courbe réelle.

Dans le cas donc où nous raisonnons,

$$dC = \frac{d^2y}{dx^2}\, d\alpha :$$

pour que dC soit nul, c'est-à-dire pour que le point $[x, y]$ soit resté sur la même conjuguée, il faut donc que $d\alpha$ soit nul, et alors $d\alpha'$, comme on l'a déjà dit, est nul aussi.

Dans le second cas, où le point considéré appartient à l'enveloppe imaginaire, il suffit d'observer que si

$$dx = d\alpha + d\beta\sqrt{-1}$$

et que p désigne la valeur réelle de $\dfrac{dy}{dx}$ au point considéré, la valeur de dy sera

$$dy = pd\alpha + pd\beta\sqrt{-1},$$

de sorte que $\dfrac{d\beta'}{d\beta}$ ayant d'une part la valeur p, et devant de l'autre être égal à C, la conciliation n'est possible qu'en faisant $d\beta$ et $d\beta'$ nuls, c'est-à-dire

$$\frac{d\beta'}{d\beta} = \frac{\dfrac{d\beta'}{d\alpha}}{\dfrac{d\beta}{d\alpha}} = \frac{0}{0},$$

à moins que p ne soit égal à C, ce qui n'arrive qu'en des points particuliers de l'enveloppe imaginaire.

182. Dans le cas qui nous occupe, du cercle imaginaire, p est toujours différent de C; car la valeur de p, au point M de l'enveloppe, est le coefficient angulaire réel de la tangente à cette enveloppe, en ce point, tandis que la caractéristique du point M est le coefficient angulaire de ON'. Ainsi dans le calcul que nous nous proposons de faire, $\dfrac{d\beta}{d\alpha}$ et $\dfrac{d\beta'}{d\alpha}$ devront être faits nuls.

Cela posé, nous pourrons, pour simplifier les calculs, réduire notre recherche à ce qui concerne la conjuguée C $= 0$; cette hypothèse ne constitue pas un cas particulier, puisque les axes sont quelconques.

Dans ce cas, β' restant constamment nul, $\dfrac{d^2\beta'}{d\alpha^2}$ sera nul aussi et les valeurs de $\dfrac{dy_1}{dx_1}$ et de $\dfrac{d^2y_1}{dx_1^2}$ se réduiront à

$$\frac{dy_1}{dx_1} = \frac{d\alpha'}{d\alpha},$$

$$\frac{d^2y_1}{dx_1^2} = \frac{d^2\alpha'}{d\alpha^2} - \frac{d\alpha'}{d\alpha}\frac{d^2\beta}{d\alpha^2}.$$

Les équations (1) et (2) différentiées une fois, par rapport à α, en tenant compte des conditions

$$\beta' = 0, \quad \frac{d\beta}{d\alpha} = 0, \quad \frac{d\beta'}{d\alpha} = 0,$$

donnent

$$\alpha - a + (\alpha' - b)\frac{d\alpha'}{d\alpha} = 0$$

et

$$(\beta - a') - b'\frac{d\alpha'}{d\alpha} = 0;$$

mais ces deux relations se réduisent à une seule

$$\frac{d\alpha'}{d\alpha} = -\frac{\alpha - a}{\alpha' - b},$$

en vertu de la condition (3)

$$\frac{\alpha - a}{\alpha' - b} = \frac{\beta - a'}{\beta' - b'},$$

qui se réduit ici à

$$-\frac{\alpha - a}{\alpha' - b} = \frac{\beta - a'}{b'}.$$

Les mêmes équations (1) et (2) différentiées deux fois, par rapport à α, en tenant compte des conditions

$$\beta' = 0, \quad \frac{d\beta}{d\alpha} = 0, \quad \frac{d\beta'}{d\alpha} = 0, \quad \frac{d^2\beta'}{d\alpha^2} = 0,$$

donnent

$$1 + \left(\frac{d\alpha'}{d\alpha}\right)^2 + (\alpha' - b)\frac{d^2\alpha'}{d\alpha^2} - (\beta - a')\frac{d^2\beta}{d\alpha^2} = 0$$

et

$$-b'\frac{d^2\alpha'}{d\alpha^2} + (\alpha - a)\frac{d^2\beta}{d\alpha^2} = 0;$$

on en tire

$$\frac{d^2\alpha'}{d\alpha^2} = -\frac{(\alpha - a)\left[1 + \left(\frac{d\alpha'}{d\alpha}\right)^2\right]}{(\alpha' - b)(\alpha - a) - b'(\beta - a')}$$

et

$$\frac{d^2\beta}{d^2\alpha} = \frac{-b'\left[1 + \left(\frac{d\alpha'}{d\alpha}\right)^2\right]}{(\alpha' - b)(\alpha - a) - b'(\beta - a')},$$

ou bien

$$\frac{d^2\alpha'}{d\alpha^2} = \frac{-(\alpha - a)[(\alpha - a)^2 + (\alpha' - b)^2]}{(\alpha' - b)^2[(\alpha' - b)(\alpha - a) - b'(\beta - a')]}$$

et

$$\frac{d^2\beta}{d\alpha^2} = \frac{-b'[(\alpha - a)^2 + (\alpha' - b)^2]}{(\alpha' - b)^2[(\alpha' - b)(\alpha - a) - b'(\beta - a')]};$$

ou, en remplaçant $\beta - a'$ par sa valeur tirée de l'équation (3), réduite à

$$\frac{\alpha - a}{\alpha' - b} = -\frac{\beta - a'}{b'},$$

$$\frac{d^2\alpha'}{d\alpha^2} = \frac{-[(\alpha-a)^2+(\alpha'-b)^2]}{(\alpha'-b)[(\alpha'-b)^2+b'^2]}$$

et

$$\frac{d^2\beta}{d\alpha^2} = \frac{-b'[(\alpha-a)^2+(\alpha'-b)^2]}{(\alpha'-b)(\alpha-a)[(\alpha'-b)^2+b'^2]}.$$

Il en résulte d'abord

$$\frac{d^2\beta}{d\alpha^2}\frac{d\alpha'}{d\alpha} = \frac{b'[(\alpha-a)^2+(\alpha'-b)^2]}{(\alpha'-b)^2[(\alpha'-b)^2+b'^2)]},$$

et, par suite,

$$\frac{dy_1}{dx_1} = -\frac{\alpha-a}{\alpha'-b}$$

et

$$\frac{d^2y_1}{dx_1^2} = -\frac{(\alpha-a)^2+(\alpha'-b)^2}{(\alpha'-b)^2[(\alpha'-b)^2+b'^2]}[(\alpha'-b)+b'].$$

Cela posé, il ne reste plus qu'à obtenir $\alpha-a$ et $\alpha'-b$; on les tirerait des équations (1), (2) et (3), après y avoir fait $\beta'=0$ et avoir éliminé entre elles $\beta-a'$.

Mais on a vu plus haut que ces équations donnent

$$(\alpha-a)^2+(\alpha'-b)^2=r^2$$

et

$$(\beta-a')^2+(\beta'-b')^2=r'^2.$$

Il suffira donc de faire dans celles-ci $\beta'=0$ et d'y remplacer $\beta-a'$ par $-b'\dfrac{\alpha-a}{\alpha'-b}$.

On en tire alors

$$\alpha'-b=\pm\frac{rb'}{r'}$$

et

$$(\alpha-a)=\pm\frac{r}{r'}\sqrt{r'^2-b'^2}.$$

En substituant dans les expressions de $\dfrac{dy_1}{dx_1}$ et de $\dfrac{d^2y_1}{dx_1^2}$, il vient

$$\frac{dy_1}{dx_1} = \pm\frac{\sqrt{r'^2-b'^2}}{b'}$$

et

$$\frac{d^2 y_1}{dx_1^2} = - \frac{r^2}{\frac{r^2 b'^2}{r'^2}\left(\frac{r^2 b'^2}{r'^2} + b'^2\right)}\left(b' \pm \frac{rb'}{r'}\right) = - \frac{r'^3(r' \pm r)}{b'^3(r^2 + r'^2)}.$$

Par conséquent le rayon de courbure cherché serait

$$R = \pm \frac{\left(1 + \frac{r'^2 - b'^2}{b'^2}\right)^{\frac{3}{2}}}{\frac{r'^3(r' \pm r)}{b'^3(r^2 + r'^2)}} = \pm \left(\frac{r^2 + r'^2}{r' \pm r}\right),$$

cette formule, qui se réduit à

$$R = \pm r$$

quand $r' = 0$, redonne bien le résultat obtenu précédemment lorsqu'au lieu d'un point de l'enveloppe imaginaire, il s'agit d'un point de l'enveloppe réelle.

183. Mais il est impossible d'admettre concurremment pour R^2 les deux valeurs qu'on vient de trouver. En effet, chaque conjuguée qui touche l'enveloppe la touche bien en deux points, mais ce ne pourrait être, en tous cas, à cette circonstance que fût due l'ambiguïté qui affecte R^2, puisque la conjuguée ayant pour axe de symétrie un diamètre de l'enveloppe elle-même, les deux points de contact doivent être symétriques l'un de l'autre et la conjuguée doit y avoir même courbure.

L'ambiguïté du double signe qui se trouve dans la valeur de R^2 tient à une autre cause. Si l'on reprend les équations (1), (2), (3) :

$$[1] \qquad (\alpha - a)^2 - (\beta - a')^2 + (\alpha' - b)^2 - (\beta' - b')^2 = r^2 - r'^2,$$

$$[2] \qquad (\alpha - a)(\beta - a') + (\alpha' - b)(\beta' - b') = rr'$$

et

$$[3] \qquad \frac{\alpha - a}{\alpha' - b} = \frac{\beta - a'}{\beta' - b'},$$

on voit que les deux dernières seules établissent de certaines dépendances entre les signes des quantités $\alpha - a$, $\alpha' - b$, $\beta - a'$ et $\beta' - b'$. Or l'équation (3) montre que les produits

$$(\alpha - a)(\beta - a') \quad \text{et} \quad (\alpha' - b)(\beta' - b')$$

sont toujours de même signe, et l'équation (2) ensuite exige qu'ils aient le signe de rr'.

Dans le cas donc où r et r' auront le même signe, $\alpha' - b$ et $\beta' - b'$ devront aussi être de même signe, et par conséquent si l'on a supposé que β' fût nul, ce qui aura réduit $\beta' - b'$ à $- b'$, bien qu'on ait trouvé pour $\alpha' - b$ la valeur

$$\alpha' - b = \pm \frac{rb'}{r'},$$

on ne devra prendre que la valeur

$$\alpha' - b = - \frac{rb'}{r'},$$

et si r et r' sont de signes contraires, $\alpha' - b$ et $\beta' - b'$ devant être aussi de signes contraires, on devra prendre encore

$$\alpha' - b = - \frac{rb'}{r'}.$$

Ainsi $\alpha' - b$ ne doit jamais recevoir que la seule valeur

$$\alpha' - b = - \frac{rb'}{r'},$$

d'où il résulte que R^2 en réalité se réduit à

$$R^2 = \left(\frac{r^2 + r'^2}{r - r'} \right)^2.$$

184. Quant au centre de courbure, il se trouve naturellement sur la normale à l'enveloppe, mais rien, dans ce qui précède, ne prouve qu'il doive être plutôt d'un côté que de l'autre du point de contact.

Pour trancher la question, il faut calculer l'une au moins des coordonnées de ce centre. Nous allons en déterminer l'y.

L'ordonnée réalisée du centre de courbure est,

$$y_1 + \frac{1 + \left(\frac{dy_1}{dx_1} \right)^2}{\frac{d^2 y_1}{dx_1^2}}.$$

Or les formules précédentes donnent

$$\frac{1 + \left(\frac{dy_1}{dx_1} \right)^2}{\frac{d^2 y_1}{dx_1^2}} = - \frac{b' (r^2 + r'}{r' (r' - r}$$

quant à y_1, qui se réduit à α', puisque β' est nul, sa valeur est fournie par l'équation

$$\alpha' - b = -\frac{rb'}{r'},$$

qui donne

$$y_1 = \alpha' = \frac{br' - rb'}{r'}.$$

Cela posé, il s'agit de savoir si le centre de courbure de la conjuguée du cercle imaginaire, au point où elle touche son enveloppe, est, par rapport à ce point, du même côté que le centre de courbure de l'enveloppe ou du côté opposé : cela se réduit à savoir si les différences des ordonnées du point de l'enveloppe et des deux centres, sont de même signe ou de signes contraires, c'est-à-dire si

$$y_1 + \frac{1 + \left(\dfrac{dy_1}{dx_1}\right)^2}{\dfrac{d^2y_1}{dx_1^2}} - y_1$$

et

$$b + b' - y_1$$

sont de même signe ou de signes contraires. Or ces différences se réduisent à

$$-\frac{b'\,(r^2 + r'^2)}{r'\,(r' - r)} \quad \text{et} \quad \frac{b'\,(r' + r)}{r'}$$

dont le quotient est

$$\frac{r^2 + r'^2}{r^2 - r'^2};$$

de sorte que selon que $r^2 - r'^2$ sera positif ou négatif, le centre de courbure de la conjuguée sera, par rapport au point où elle touche l'enveloppe, du même côté que le centre de courbure de cette enveloppe ou du côté opposé.

185. Tous les calculs qui précèdent se rapportaient à la conjuguée $C = 0$ du cercle imaginaire

$$\left(x - a - a'\sqrt{-1}\right)^2 + \left(y - b - b'\sqrt{-1}\right)^2 = \left(r + r'\sqrt{-1}\right)^2,$$

mais les résultats auxquels on est parvenu ne contenant aucune des constantes a, a', b, b', qui seules pourraient changer lorsqu'on changerait les axes, ces résultats conviennent à une conjuguée quelconque.

La forme circulaire de l'enveloppe pouvait permettre de présumer cette permanence dans les résultats, et c'est du reste ce qui a engagé à les chercher.

De la courbure d'une conjuguée en un quelconque de ses points.

186. On pourrait bien déterminer le centre et le rayon de courbure d'une conjuguée C d'un lieu

$$f(x, y) = 0,$$

en un de ses points, au moyen des éléments a, b, a', b', r, r' du cercle osculateur au lieu, en ce point.

L'équation en coordonnées réelles de la conjuguée C du cercle osculateur

$$\left(x - a - a'\sqrt{-1}\right)^2 + \left(y - b - b'\sqrt{-1}\right)^2 = \left(r + r'\sqrt{-1}\right)^2$$

serait fournie par le système

$$x = \alpha + \beta, \qquad y = \alpha' + \beta C,$$

$$(\alpha - a)^2 - (\beta - a')^2 + (\alpha' - b)^2 - (\beta C - b')^2 = r^2 - r'^2,$$

$$(\alpha - a)(\beta - a')^2 + (\alpha' - b)(\beta C - b') = rr',$$

qui permettrait d'obtenir $\dfrac{dy}{dx}$ et $\dfrac{d^2y}{dx^2}$ au moyen de $\dfrac{d\beta}{d\alpha}$, $\dfrac{d\alpha'}{d\alpha}$, $\dfrac{d^2\beta}{d\alpha^2}$ et $\dfrac{d^2\alpha'}{d\alpha^2}$, qu'on pourrait exprimer d'autre part en fonction de α, α' et β.

Mais une pareille solution, capable seulement de fournir les valeurs numériques des résultats dans chaque cas, ne saurait conduire à la constatation d'aucune loi.

Pour arriver à résoudre la question générale de la courbure d'une conjuguée en un quelconque de ses points, nous avons dû la généraliser et considérer toutes les courbes que l'on pourrait déterminer à partir d'un même point du lieu

$$x = \alpha_0 + \beta_0\sqrt{-1}, \qquad y = \alpha'_0 + \beta'_0\sqrt{-1}$$

au moyen des équations complémentaires renfermées dans

$$\frac{\beta' - \beta'_0}{\beta - \beta_0} = \text{constante arbitraire.}$$

La solution obtenue pour une valeur quelconque de la constante se trouvait comprendre le cas où elle aurait la valeur $\dfrac{\beta'_0}{\beta_0}$, c'est-à-dire le cas où le point mobile $[x, y]$ aurait décrit la conjuguée issue du point de départ.

187. La théorie des courbures des courbes que l'on peut tracer d'un point $[x, y]$ d'un lieu $f(x, y) = 0$ sur la portion du plan recouverte par les conjuguées de ce lieu serait analogue à celle des courbures des sections planes qu'on peut obtenir dans une surface à partir d'un point de cette surface. Car la courbure d'une courbe définie par une condition complémentaire

$$\varphi\,(\alpha, \beta, \alpha', \beta') = 0,$$

jointe à l'équation

$$f\,(x, y) = 0$$

du lieu total, ne dépend en un de ses points $[x, y]$ que de $\dfrac{d\beta'}{d\beta}$, si la condition φ donne au point $[x, y]$

$$\frac{d^2\beta'}{d\beta^2} = 0,$$

et ne dépend, dans le cas contraire, que de $\dfrac{d\beta'}{d\beta}$ et de $\dfrac{d^2\beta'}{d\beta^2}$.

Dans le premier cas, la courbure de la courbe ne dépend que de la direction de sa première tangente, comme la courbure d'une section normale ; dans le second elle dépendrait de la direction de sa première tangente et d'une quantité analogue à l'inclinaison du plan d'une section oblique sur le plan de la section normale qui a même trace sur le plan tangent, mais nous n'examinerons que le premier cas, qui seul se rapporte à l'objet que nous nous proposons.

188. Nous désignerons par C la valeur de $\dfrac{d\beta'}{d\beta}$ le long du chemin considéré. Ce rapport ne sera autre chose que la caractéristique constante de celle des droites du faisceau variable

$$Y = \frac{dy}{dx}\,X,$$

qui sera parallèle à l'élément de la courbe, issu du point mobile $[x, y]$.

Nous supposerons, pour simplifier les calculs, qu'on ait pris l'axe des x parallèle au grand axe du faisceau des éléments du lieu au point $[x, y]$, de façon que l'équation du faisceau des droites parallèles à ces éléments soit réduite à la forme

$$y = n\sqrt{-1}\,x,$$

n étant moindre que 1.

12

La direction du premier élément de la courbe décrite est celle de la droite représentée dans le système C par l'équation

$$y = n \sqrt{-1}\, x,$$

c'est-à-dire de la droite

$$y = \left(n + \frac{2n^2}{-n-C} \right) x = \frac{n\,(C-n)}{C+n}\, x\;;$$

la différentielle de x étant

$$dx = d\alpha + d\beta \sqrt{-1},$$

celle de y est

$$dy = d\alpha' + d\beta' \sqrt{-1} = n\sqrt{-1}\,(d\alpha + d\beta \sqrt{-1}) = -\,nd\beta + nd\alpha \sqrt{-1},$$

de sorte que la condition que

$$\frac{d\beta'}{d\beta} = C$$

revient à

$$\frac{nd\alpha}{d\beta} = C,$$

ou

$$d\beta = \frac{n}{C}\, d\alpha,$$

et que, par suite, dx prend la forme

$$dx = d\alpha \left(1 + \frac{n}{C} \sqrt{-1} \right).$$

La différentielle de $\frac{dy}{dx}$ s'exprime donc par

$$d\,\frac{dy}{dx} = (p + q\sqrt{-1})\, dx = (p + q\sqrt{-1}) \left(1 + \frac{n}{C} \sqrt{-1} \right) d\alpha$$

$$= \frac{pC - nq}{C}\, d\alpha + \frac{qC + np}{C}\, d\alpha \sqrt{-1}.$$

Le faisceau des droites parallèles aux éléments du lieu au point $[x + dx,\ y + dy]$ est donc

$$y = \left(\frac{pC - nq}{C}\, d\alpha + n\sqrt{-1} + \frac{qC + np}{C}\, d\alpha \sqrt{-1} \right) x,$$

et par suite le second élément de la courbe décrite est parallèle à la droite

$$y = \left[\frac{pC - nq + qC + np}{C} d\alpha + n + \frac{2\left(n + \frac{qC + np}{C} d\alpha\right)^2}{\frac{pC - nq - qC - np}{C} d\alpha - n - C} \right] x,$$

qui est la conjuguée C du faisceau. L'angle de contingence $d\varphi$ est donc

$$d\varphi = \frac{\frac{pC - nq + qC + np}{C} d\alpha + 2 \frac{-2n \frac{qC + np}{C}(n + C) - n^2 \frac{pC - nq - qC - np}{C}}{(n + C)^2} d\alpha}{1 + \left[\frac{n(C - n)}{C + n}\right]^2},$$

ou

$$d\varphi = \frac{(pC - nq)(C^2 + 2Cn - n^2) + (qC + np)(C^2 - 2Cn - n^2)}{C[(n + C)^2 + n^2(n - C)^2]} d\alpha,$$

ou

$$d\varphi = \frac{p(C^3 + 3C^2n - 3Cn^2 - n^3) + q(C^3 - 3C^2n - 3Cn^2 + n^3)}{C[(n + C)^2 + n^2(n - C)^2]} d\alpha,$$

ou encore

$$d\varphi = \frac{(p + q)(C^3 - 3Cn^2) + (p - q)(3C^2n - n^3)}{C[(n + C)^2 + n^2(n - C)^2]} d\alpha.$$

D'un autre côté, l'élément de chemin réellement parcouru du point $[x, y]$ au point $[x + dx, y + dy]$ est

$$ds = \sqrt{(d\alpha + d\beta)^2 + (d\alpha' + d\beta')^2}$$

$$= d\alpha \sqrt{\left(1 + \frac{n}{C}\right)^2 + n^2\left(1 - \frac{n}{C}\right)^2}$$

$$= \frac{d\alpha}{C} \sqrt{(n + C)^2 + n^2(n - C)^2},$$

de sorte que la courbure cherchée est

$$\frac{d\varphi}{ds} = \frac{(p + q)(C^3 - 3Cn^2) + (p - q)(3C^2n - n^3)}{[(n + C)^2 + n^2(n - C)^2]^{\frac{3}{2}}} = \frac{1}{R}.$$

189. On peut, dans cette formule, aux constantes p et q substituer les parties r et r' du rayon de courbure $r + r'\sqrt{-1}$ au point $[x, y]$.

La formule générale de $r + r' \sqrt{-1}$ est

$$r + r' \sqrt{-1} = \frac{\left[1 + \left(\frac{dy}{dx} \right)^2 \right]^{\frac{3}{2}}}{\frac{d^2y}{dx^2}},$$

ici elle devient

$$r + r' \sqrt{-1} = \frac{(1 - n^2)^{\frac{3}{2}}}{p + q \sqrt{-1}},$$

et comme n^2 est moindre que 1, on en tire

$$p = \frac{r (1 - n^2)^{\frac{3}{2}}}{r^2 + r'^2} \quad \text{et} \quad q = \frac{-r' (1 - n^2)^{\frac{3}{2}}}{r^2 + r'^2}.$$

Il en résulte pour le rayon de courbure R la nouvelle valeur

$$R = \left[\frac{(n + C)^2 + n^2 (n - C)^2}{1 - n^2} \right]^{\frac{3}{2}} \frac{r^2 + r'^2}{(r - r')(C^3 - 3Cn^2) + (r + r')(3C^2n - n^3)}.$$

190. On peut aussi introduire dans la formule, au lieu de la variable C, la tangente a de l'angle que la tangente à la courbe tracée, au point $[x, y]$, fait avec le grand axe du faisceau des éléments du lieu en ce point, grand axe qui est actuellement parallèle à l'axe des x. Cette substitution présente plusieurs avantages évidents.

La valeur de a est fournie par la formule

$$a = \frac{d\alpha' + d\beta'}{d\alpha + d\beta} = \frac{-\dfrac{n^2}{C} + n}{1 + \dfrac{n}{C}} = \frac{-n^2 + Cn}{C + n},$$

d'où l'on déduit

$$C = \frac{n (n + a)}{n - a},$$

$$n + C = \frac{2n^2}{n - a} \quad \text{et} \quad n - C = -a \frac{n + C}{n} = -\frac{2an}{n - a}.$$

La substitution donne

$$R = \left(\frac{1 + a^2}{1 - n^2} \right)^{\frac{3}{2}} \frac{2n^3 (r^2 + r'^2)}{a^3r + 3na^2r' - 3n^2ar - n^3r'}.$$

191. On peut vérifier sur cette formule celle que nous avons donnée plus haut, du rayon de courbure d'une conjuguée au point où elle touche l'une des enveloppes. Cette formule était

$$R = \frac{r^2 + r'^2}{r - r'}.$$

Or en un point de l'une des deux enveloppes n est nul, puisque $\dfrac{dy}{dx}$ est réel; d'un autre côté, si la tangente à l'enveloppe a été prise pour axe des x, $\dfrac{dy}{dx}$ est nul, par conséquent

$$\frac{d\alpha' + d\beta' \sqrt{-1}}{d\alpha + d\beta \sqrt{-1}} = 0,$$

ce qui exige que $d\alpha'$ et $d\beta'$ soient nuls, d'où il résulte que C est nul aussi et par suite a, qui du reste doit être préalablement remplacé par n, comme on le verrait aisément dans les formules posées plus haut.

La substitution donne immédiatement

$$R = \frac{r^2 + r'^2}{r - r'}.$$

192. Les valeurs remarquables du rayon de courbure

$$R = \left(\frac{1 + a^2}{1 - n^2}\right)^{\frac{3}{2}} \cdot \frac{2n^3 (r^2 + r'^2)}{a^3 r + 3a^2 n r' - 3an^2 r - n^3 r'}$$

sont, pour $a = 0$,

$$R = \frac{2 (r^2 + r'^2)}{r' (1 - n^2)^{\frac{3}{2}}},$$

et, pour $a = \infty$,

$$R = \frac{2n^3 (r^2 + r'^2)}{r (1 - n^2)^{\frac{3}{2}}}.$$

La loi de variation des autres valeurs de R dépend essentiellement de la marche de la fonction

$$a^3 r + 3a^2 n r' - 3an^2 r - n^3 r'$$

considérée comme dépendante de a, puisque n, r et r' sont constants en un même point $[x, y]$; il sera donc intéressant d'étudier l'équation

$$a^3 r + 3a^2 n r' - 3an^2 r - n^3 r' = 0.$$

On peut d'abord la réduire à

$$u^3 + 3ku^2 - 3u - k = 0,$$

en posant $\dfrac{r'}{r} = k$ et prenant pour variable $\dfrac{a}{n}$ au lieu de a.

Si l'on fait ensuite disparaître le second terme en posant

$$u = t - k,$$

elle devient

$$t^3 - 3\,(k^2 + 1)\,t + 2k\,(k^2 + 1) = 0.$$

La fonction $\dfrac{q^2}{4} + \dfrac{p^3}{27}$ des coefficients de cette équation est

$$k^2\,(k^2 + 1)^2 - (k^2 + 1)^3 = -\,(k^2 + 1)^2.$$

Ainsi les trois racines sont toujours réelles.

Pour obtenir ces trois racines sous leur forme trigonométrique, il faut poser

$$t = 2\sqrt{k^2 + 1}\,.\,s;$$

l'équation devient alors

$$s^3 - \frac{3}{4}\,s + \frac{1}{4}\,\frac{k}{\sqrt{k^2 + 1}} = 0\,;$$

de sorte que l'angle à diviser en trois parties égales est celui dont la tangente est k.

L'élimination des intermédiaires donne pour a les trois valeurs

$$a = n\left(2\,\frac{\sqrt{r^2 + r'^2}}{r}\,\sin\frac{\operatorname{arc\ tang}\dfrac{r'}{r}}{3} - \frac{r'}{r}\right),$$

$$a = n\left(2\,\frac{\sqrt{r^2 + r'^2}}{r}\,\sin\frac{2\pi + \operatorname{arc\ tang}\dfrac{r'}{r}}{3} - \frac{r'}{r}\right),$$

et

$$a = n\left(2\,\frac{\sqrt{r^2 + r'^2}}{r}\,\sin\frac{4\pi + \operatorname{arc\ tang}\dfrac{r'}{r}}{3} - \frac{r'}{r}\right).$$

193. Pour déduire de la formule

$$R = \left(\frac{1 + a^2}{1 - n^2}\right)^{\frac{3}{2}}\frac{2n^3\,(r^2 + r'^2)}{a^3 r + 3a^2 nr' - 3an^2 r - n^3 r'}$$

celle du rayon de courbure d'une conjuguée quelconque C en un quelconque de ses points $[x, y]$, les axes étant d'ailleurs quelconques, il n'y
aura qu'à substituer à x et à a leurs valeurs qu'il sera facile d'obtenir
de la manière suivante.

En premier lieu, $n \sqrt{-1}$ est la racine moindre que 1, en valeur absolue, de l'équation qui donne la tangente de la partie imaginaire
$\psi \sqrt{-1}$ de l'angle avec l'axe des x du faisceau des tangentes à la courbe
au point $[x, y]$.

Ainsi, si au point $[x, y]$

$$\frac{dy}{dx} = m_1 + n_1 \sqrt{-1},$$

on tirera n de l'équation connue

$$n_1 n^2 - (m_1^2 + n_1^2 + 1) n + n_1 = 0,$$

qui donne

$$n = \frac{m_1^2 + n_1^2 + 1 \pm \sqrt{(m_1^2 + n_1^2 + 1)^2 - 4n_1^2}}{2n_1};$$

on prendra donc pour n la valeur

$$n = \frac{m_1^2 + n_1^2 + 1 - \sqrt{(m_1^2 + n_1^2 + 1)^2 - 4n_1^2}}{2n_1},$$

puisque c'est la plus petite.

Quant à a, c'est la tangente de l'angle que la tangente à la conjuguée fait avec le grand axe du faisceau des tangentes à la courbe au
point $[x, y]$.

Or la tangente à la conjuguée a pour coefficient angulaire

$$\operatorname{tang} \gamma = m_1 + n_1 + \frac{2n_1^2}{m_1 - n_1 - C};$$

d'un autre côté, la tangente de l'angle φ que le grand axe du faisceau
des tangentes à la courbe, au point $[x, y]$, fait avec l'axe des x serait
donnée par l'équation

$$m_1 \operatorname{tang}^2 \varphi - (m_1^2 + n_1^2 - 1) \operatorname{tang} \varphi - m_1 = 0;$$

mais on ne devrait prendre que celle des racines de cette équation qui
conjointement avec n ou $\dfrac{\operatorname{tang} \psi \sqrt{-1}}{\sqrt{-1}}$ satisferait à l'une des conditions
renfermées dans

$$\frac{\operatorname{tang} \varphi + \operatorname{tang} \psi \sqrt{-1}}{1 - \operatorname{tang} \varphi \operatorname{tang} \psi \sqrt{-1}} = m_1 + n_1 \sqrt{-1},$$

par exemple à la condition

$$\text{tang } \varphi = m_1 - n_1 \sqrt{-1} \text{ tang } \varphi \text{ tang } (\psi \sqrt{-1}) = m_1 + nn_1 \text{ tang } \varphi.$$

Il vaudra donc mieux poser tout de suite

$$\text{tang } \varphi = \frac{m_1}{1 - nn_1}.$$

Les angles γ et φ étant ainsi connus, la valeur de a s'en déduira par la formule

$$a = \text{tang } (\gamma - \varphi).$$

Développées.

194. La théorie des développées des courbes imaginaires résulterait sans difficultés de ce qui précède, mais elle est trop étrangère au but final de cet ouvrage pour que je m'y arrête.

Je me bornerai à signaler une relation remarquable entre les développées des deux enveloppes. On possède si peu de théorèmes généraux sur la théorie des courbes que je ne crois pas devoir passer celui-ci sous silence : *La développée de l'enveloppe imaginaire des conjuguées d'une courbe est l'enveloppe imaginaire des conjuguées de la développée de cette courbe*, et réciproquement, puisque les deux enveloppes sont réciproques. En effet, le coefficient angulaire de la tangente à l'enveloppe imaginaire en un quelconque de ses points étant réel, celui de la normale l'est aussi; d'ailleurs x et y désignant les coordonnées d'un point de l'enveloppe, chacune des équations

$$Y - y = \frac{dy}{dx} (X - x)$$

et

$$Y - y = - \frac{1}{\left(\dfrac{dy}{dx}\right)} (X - x)$$

représente une seule droite, la première réellement tangente à l'enveloppe imaginaire et la seconde effectivement normale, de sorte que la développée de l'enveloppe imaginaire est l'enveloppe de la droite unique représentée par l'équation

$$Y - y = - \frac{1}{\left(\dfrac{dy}{dx}\right)} (X - x);$$

mais, d'un autre côté, la développée de la courbe réelle étant l'enveloppe de la droite représentée par l'équation

$$\mathrm{Y} - y = - \frac{1}{\left(\dfrac{dy}{dx}\right)} (\mathrm{X} - x),$$

lorsque x et y sont réels, il en résulte que, quel que soit le point du lieu dont x et y soient les coordonnées, le faisceau

$$\mathrm{Y} - y = - \frac{1}{\left(\dfrac{dy}{dx}\right)} (\mathrm{X} - x)$$

est toujours tangent au lieu représenté par l'équation de la développée ; et enfin si le point $[x, y]$ appartient à l'enveloppe imaginaire, $\frac{dy}{dx}$ étant réel, la droite

$$\mathrm{Y} - y = - \frac{1}{\left(\dfrac{dy}{dx}\right)} (\mathrm{X} - x)$$

est effectivement tangente à l'enveloppe imaginaire des conjuguées de la courbe qu'elle enveloppe, lorsqu'elle est réelle, c'est-à-dire de la développée de la courbe réelle proposée.

On vérifie aisément cette proposition sur l'hyperbole et l'enveloppe imaginaire de ses conjuguées.

En effet l'équation de la développée de l'hyperbole

$$\frac{x^2}{a^2} - \frac{y^2}{b^2} = 1$$

est

$$\left(\frac{x}{\dfrac{c^2}{a}}\right)^{\frac{2}{3}} - \left(\frac{y}{\dfrac{c^2}{b}}\right)^{\frac{2}{3}} = 1$$

et par conséquent celle de l'hyperbole

$$\frac{y^2}{b^2} - \frac{x^2}{a^2} = 1$$

est

$$\left(\frac{x}{\dfrac{c^2}{a}}\right)^{\frac{2}{3}} - \left(\frac{y}{\dfrac{c^2}{b}}\right)^{\frac{2}{3}} = -1.$$

Les deux hyperboles sont chacune l'enveloppe imaginaire des conjuguées de l'autre et il doit en être de même de leurs développées.

Or le coefficient angulaire

$$\frac{\left(\dfrac{\dfrac{y}{c^2}}{b}\right)^{\frac{1}{3}}}{\left(\dfrac{\dfrac{x}{c^2}}{a}\right)^{\frac{1}{3}}}$$

de la tangente à la développée de la première hyperbole est réelle aux points fournis par les valeurs de x et de y qui ont la forme

$$x = \beta \sqrt{-1}, \quad y = \beta' \sqrt{-1}$$

mais ces points appartiennent à la développée de la seconde hyperbole.

CHAPITRE XIII

DE LA COURBURE DES SURFACES IMAGINAIRES

De la courbure de l'enveloppe imaginaire.

195. Les dérivées partielles du premier ordre de z par rapport à x et à y, $\dfrac{dz}{dx}$ et $\dfrac{dz}{dy}$ étant réelles en un point quelconque de l'enveloppe imaginaire des conjuguées d'une surface, nous les désignerons, suivant l'usage, par p et q. Quant aux dérivées secondes,

$$\frac{d^2z}{dx^2}, \quad \frac{d^2z}{dx\,dy} \quad \text{et} \quad \frac{d^2z}{dy^2},$$

comme elles seront généralement imaginaires, nous les représenterons respectivement par

$$r + r'\sqrt{-1}, \quad s + s'\sqrt{-1} \quad \text{et} \quad t + t'\sqrt{-1}.$$

La substitution simultanée de

$$x' + a + b\sqrt{-1}, \quad y' + a' + b'\sqrt{-1} \quad \text{et} \quad z' + a'' + b''\sqrt{-1}$$

à x, y et z dans une équation

$$f(x, y, z) = 0$$

n'altère en rien les dérivées de z par rapport à x et à y, aux points représentés par les solutions correspondantes des deux équations; l'enveloppe imaginaire des conjuguées d'un lieu

$$f(x, y, z) = 0$$

rapporté à certains plans coordonnés, coïncide donc avec l'enveloppe imaginaire des conjuguées du lieu

$$f\left(x + a + b\sqrt{-1}, \quad y + a' + b'\sqrt{-1}, \quad z + a'' + b''\sqrt{-1}\right) = 0$$

rapporté aux plans parallèles aux anciens plans coordonnés représentés dans l'ancien système par les équations

$$x = a + b, \quad y = a' + b', \quad z = a'' + b''.$$

Ainsi nous pourrons supposer que le point considéré de l'enveloppe soit devenu l'origine des coordonnées.

Nous pourrons en outre supposer qu'on ait pris pour plan des xy le plan tangent réel à l'enveloppe, en ce point, et pour axe des z la normale réelle à cette même enveloppe au même point.

p et q seront alors nuls.

Le z d'un point du lieu, infiniment voisin de l'origine, se tirerait de l'équation de ce lieu où l'on aurait fait

$$x = d\alpha + d\beta \sqrt{-1} \quad \text{et} \quad y = d\alpha' + d\beta' \sqrt{-1}.$$

Si l'on veut que ce point appartienne à l'enveloppe imaginaire des conjuguées, il faudra que

$$dp = \frac{dp}{dx}(d\alpha + d\beta \sqrt{-1}) + \frac{dp}{dy}(d\alpha' + d\beta' \sqrt{-1})$$
$$= (r + r' \sqrt{-1})(d\alpha + d\beta \sqrt{-1}) + (s + s' \sqrt{-1})(d\alpha' + d\beta' \sqrt{-1})$$

et

$$dq = \frac{dq}{dx}(d\alpha + d\beta \sqrt{-1}) + \frac{dq}{dy}(d\alpha' + d\beta' \sqrt{-1})$$
$$= (s + s' \sqrt{-1})(d\alpha + d\beta \sqrt{-1}) + (t + t' \sqrt{-1})(d\alpha' + d\beta' \sqrt{-1})$$

soient réels, c'est-à-dire que

$$r d\beta + r' d\alpha + s d\beta' + s' d\alpha' = 0$$

et

$$s d\beta + s' d\alpha + t d\beta' + t' d\alpha' = 0.$$

Si l'on suppose que $d\alpha$, $d\beta$, $d\alpha'$ et $d\beta'$ satisfassent à ces deux conditions, le point

$$x = d\alpha + d\beta \sqrt{-1}, \quad y = d\alpha' + d\beta' \sqrt{-1}, \quad z = d\alpha'' + d\beta'' \sqrt{-1}$$

appartiendra à l'enveloppe imaginaire des conjuguées.

Ce point se trouvera sur celui des plans représentés par l'équation

$$y = \frac{d\alpha' + d\beta' \sqrt{-1}}{d\alpha + d\beta \sqrt{-1}} x$$

dont les caractéristiques satisferaient à la condition

$$\frac{C}{C'} = \frac{d\beta'}{d\beta}.$$

Pour que ce plan fût réel, il faudrait que $\frac{d\alpha'}{d\alpha}$ et $\frac{d\beta'}{d\beta}$ fussent égaux.

Si l'on introduit cette condition et que m soit la valeur commune des deux rapports, les équations

$$d\alpha' = md\alpha \quad \text{et} \quad d\beta' = md\beta$$

jointes aux précédentes, donneront

$$(r + ms)\,d\beta + (r' + ms')\,d\alpha = 0$$

et

$$(s + mt)\,d\beta + (s' + mt')\,d\alpha = 0.$$

Ainsi le coefficient angulaire d'un plan réel, passant par l'axe des z et contenant un point de l'enveloppe imaginaire infiniment voisin de l'origine, serait racine de l'équation

$$\frac{r + ms}{s + mt} = \frac{r' + ms'}{s' + mt'}$$

ou

$$(st' - ts')\,m^2 + (rt' - rt')\,m + (rs' - sr') = 0.$$

Il n'y aura donc généralement que deux pareils plans, et encore pourront-ils manquer, lorsque l'équation précédente aura ses racines imaginaires.

Supposons que $d\alpha$, $d\beta$, $d\alpha'$ et $d\beta'$ soient simplement assujettis aux deux conditions

$$rd\beta + r'd\alpha + sd\beta' + s'd\alpha' = 0$$

et

$$sd\beta + s'd\alpha + td\beta' + t'd\alpha' = 0,$$

de sorte que $\frac{d\beta}{d\alpha}$ restera arbitraire : ces équations donnent

$$d\beta' = \frac{(rt' - ss')\,d\beta + (r't' - s'^2)\,d\alpha}{ts' - st'}$$

et

$$d\alpha' = \frac{(s^2 - rt)\,d\beta + (ss' - tr')\,d\alpha}{ts' - st'},$$

d'où

$$\frac{d\alpha' + d\beta' \sqrt{-1}}{d\alpha + d\beta \sqrt{-1}} = \frac{(s^2 - rt)\, d\beta + (ss' - tr')\, d\alpha + \left\{ (rt' - sr')\, d\beta + (r't' - s'^2)\, d\alpha \right\} \sqrt{-1}}{(ts' - st')\,(d\alpha + d\beta \sqrt{-1})}$$

$$= \frac{ss' - tr' + (s^2 - rt)\dfrac{d\beta}{d\alpha} + \left\{ r't' - s'^2 + (rt' - ss')\dfrac{d\beta}{d\alpha} \right\} \sqrt{-1}}{(ts' - st')\left(1 + \dfrac{d\beta}{d\alpha} \sqrt{-1}\right)}.$$

Soit $m + n\sqrt{-1}$ la valeur de ce rapport correspondant à une valeur k de $\dfrac{d\beta}{d\alpha}$, l'onglet de plans

$$y = \left(m + n\sqrt{-1}\right) x$$

contiendra un point de l'enveloppe imaginaire infiniment voisin de l'origine et ce point se trouvera d'ailleurs dans celui de ces plans dont les deux caractéristiques C et C' satisferont à la condition

$$\frac{C}{C'} = \frac{d\beta'}{d\beta} = \frac{rt' - ss' + (rt' - s'^2)\dfrac{d\alpha}{d\beta}}{ts' - st'}.$$

Cherchons le rayon de courbure de la section faite dans l'enveloppe imaginaire par le plan déterminé comme il vient d'être dit, parmi les plans composant l'onglet

$$y = m + n\sqrt{-1}\, x.$$

Soit OC le cercle de courbure de cette section, rapporté à l'axe des z et à la trace Ox' du plan sécant sur le plan des xy; soient d'ailleurs M un point de l'enveloppe infiniment voisin du point O, OP et OQ ses coordonnées z et x', l'équation du cercle osculateur sera

$$(z - R)^2 + x'^2 = R^2$$

d'où

$$(z - R)\frac{dz}{dx'} + x' = 0$$

et

$$(z - R)\frac{d^2z}{dx'^2} + 1 = 0.$$

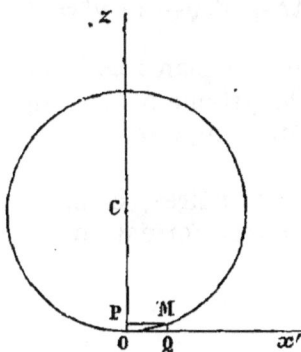

Fig. 6.

Cette dernière équation donne pour $z = 0$ et $x' = 0$

$$\left(\frac{d^2z}{dx'^2}\right)_0 = \frac{1}{R};$$

l'équation du cercle est donc

$$z = 0 + 0x' + \frac{1}{2}\frac{1}{R}x'^2 + \ldots.$$

d'où

$$\frac{1}{R} = \frac{2z}{x'^2} = \frac{2\mathrm{OP}}{\overline{\mathrm{OQ}}^2};$$

il ne reste qu'à calculer OP ou $d\alpha'' + d\beta''$, d'une part, et $\overline{\mathrm{OQ}}^2$ ou $(d\alpha + d\beta)^2 + (d\alpha' + d\beta')^2 + 2(d\alpha + d\beta)(d\alpha' + d\beta')\cos\theta$, θ désignant l'angle $y\mathrm{O}x$, s'il n'est pas droit.

Or $d\alpha''$ et $d\beta''$ résulteraient de l'équation

$$2(d\alpha''+d\beta''\sqrt{-1}) = (r+r'\sqrt{-1})(d\alpha+d\beta\sqrt{-1})^2 + 2(s+s'\sqrt{-1})(d\alpha+d\beta\sqrt{-1})(d\alpha'+d\beta'\sqrt{-1})$$
$$+ (t + t'\sqrt{-1})(d\alpha' + d\beta'\sqrt{-1})^2;$$

d'un autre côté, $d\beta'$ et $d\alpha'$ se tireraient des équations

$$rd\beta + r'd\alpha + sd\beta' + s'd\alpha' = 0$$

et

$$sd\beta + s'd\alpha + td\beta' + t'd\alpha' = 0;$$

quant à $\dfrac{d\beta}{d\alpha}$, qui reste arbitraire, il déterminerait, comme on l'a vu plus haut, la direction du plan sécant normal.

Mais il convient, pour achever le calcul, d'en simplifier les éléments par un choix convenable du système des axes des x et des y, dans le plan tangent à l'origine.

L'équation

$$\left(r + r'\sqrt{-1}\right)x^2 + 2\left(s + s'\sqrt{-1}\right)xy + \left(t + t'\sqrt{-1}\right)y^2 = h$$

est celle de la section de la surface proposée par le plan $z = h$. Cette section restera toujours la même quel que soit le système d'axes auquel elle soit rapportée, mais son équation pourra être simplifiée.

196. Si l'on suppose les axes primitifs rectangulaires, comme on veut conserver la même origine, les formules de transformation seront

$$x = x'\cos\alpha + y'\cos\alpha'$$

et

$$y = x'\sin\alpha + y'\sin\alpha';$$

si d'ailleurs on a divisé tous les termes de l'équation par $(s + s'\sqrt{-1})$, cette équation aura pris la forme

$$\left(a + a'\sqrt{-1}\right)y^2 + 2xy + \left(c + c'\sqrt{-1}\right)x^2 = h',$$

la substitution la changera en

$$
\begin{array}{|c|c|c|c}
\begin{aligned}
&(a+a'\sqrt{-1})\sin^2 a' \\
&+2\sin a'\cos a' \\
&+(c+c'\sqrt{1-})\cos^2 a'
\end{aligned}
&
\begin{aligned}
&y^2+2(a+a'\sqrt{-1})\sin a \sin a' \\
&\quad+2(c+c'\sqrt{-1})\cos a \cos a' \\
&\quad+2\sin a\cos a' \\
&\quad+2\sin a'\cos a
\end{aligned}
&
\begin{aligned}
&xy+(a+a'\sqrt{-1})\sin^2 a \\
&\quad+2\sin a\cos a \\
&\quad+(c+c'\sqrt{-1})\cos^2 a
\end{aligned}
& x^2 = h.
\end{array}
$$

Pour faire disparaître le terme en xy il faudrait poser

$$a \, \text{tang} \, a \, \text{tang} \, a' + c + \text{tang} \, a + \text{tang} \, a' = 0$$

et

$$a' \, \text{tang} \, a \, \text{tang} \, a' + c' = 0$$

d'où

$$\text{tang} \, a \, \text{tang} \, a' = -\frac{c'}{a'}$$

et

$$\text{tang} \, a + \text{tang} \, a' = \frac{ac' - ca'}{a'};$$

ces équations donnent pour $\text{tang} \, a$ et $\text{tang} \, a'$ les valeurs

$$\left.\begin{array}{l} \text{tang} \, a \\ \text{tang} \, a' \end{array}\right\} = \frac{ac' - ca' \pm \sqrt{(ac' - ca')^2 + 4a'c'}}{2a'}.$$

La transformation pourra se faire lorsque ces valeurs seront réelles et inégales, et dans ce cas l'équation pourra être réduite à la forme

$$\left(a + a'\sqrt{-1}\right)y^2 + \left(c + c'\sqrt{-1}\right)x^2 = h'$$

Si les valeurs qu'on vient de trouver pour $\text{tang} \, a$ et $\text{tang} \, a'$ étaient égales ou imaginaires, on ne pourrait plus faire disparaître le terme en xy; mais comme alors a' et c' seraient de signes contraires, on pourrait faire disparaître les parties imaginaires des coefficients de x^2 et de y^2. Il suffirait en effet pour cela de poser

$$\left.\begin{array}{l} \text{tang} \, a \\ \text{tang} \, a' \end{array}\right\} = \pm \sqrt{-\frac{c'}{a'}},$$

l'équation du lieu deviendrait alors

$$ay^2 + 2\left(b + b'\sqrt{-1}\right)xy + cx^2 = h.$$

Dans le cas particulier où les valeurs de $\text{tang} \, a$ et de $\text{tang} \, a'$

$$\left.\begin{array}{l} \text{tang} \, a \\ \text{tang} \, a' \end{array}\right\} = \frac{ac' - ca' + \sqrt{(ac' - ca')^2 + 4a'c'}}{2a'}$$

seraient égales, la transformation précédente ferait disparaître l'un des carrés et l'équation se réduirait à

$$2\left(b + b' \sqrt{-1}\right) xy + cx^2 = h'.$$

En effet les coefficients de y^2 et de x^2, réduits par cette transformation à

$$a \sin^2 \alpha' + 2 \sin \alpha' \cos \alpha' + c \cos^2 \alpha'$$

et

$$a \sin^2 \alpha + 2 \sin \alpha \cos \alpha + \cos^2 \alpha,$$

prendraient, en y remplaçant tang α' par $+ \sqrt{-\dfrac{c'}{a'}}$ et tang α par

$- \sqrt{-\dfrac{c'}{a'}}$, les valeurs

$$- a \frac{c'}{a'} + 2 \sqrt{-\frac{c'}{a'}} + c$$

.et

$$- a \frac{c'}{a'} - 2 \sqrt{-\frac{c'}{a'}} + c,$$

c'est-à-dire soit

$$\frac{ca' - ac' + 2\sqrt{-a'c'}}{a'} \quad \text{et} \quad \frac{ca' - ac' - 2\sqrt{-a'c'}}{a'},$$

si a' était positif; soit

$$\frac{ca' - ac' - 2\sqrt{-a'c'}}{a'} \quad \text{et} \quad \frac{ca' - ac' + 2\sqrt{-a'c'}}{a'},$$

si a' était négatif.

L'une de ces quantités sera toujours nulle dès que l'on supposera

$$(ac' - ca')^2 + 4a'c' = 0.$$

Ainsi on pourra toujours faire disparaître soit s et s', soit r' et t', soit r et r'.

197. Supposons d'abord qu'on ait pu réduire à zéro la dérivée seconde de z par rapport à x et à y, c'est-à-dire $s + s'\sqrt{-1}$, les conditions pour que le point de la surface correspondant à

$$x = d\alpha + d\beta \sqrt{-1} \quad \text{et} \quad y = d\alpha' + d\beta' \sqrt{-1}$$

appartienne à l'enveloppe imaginaire, deviendront

$$r d\beta + r' d\alpha = 0$$

13

et

$$t d\beta' + t' d\alpha' = 0 ;$$

elles donneront

$$\frac{d\alpha}{d\beta} = -\frac{r}{r'} \quad \text{et} \quad \frac{d\alpha'}{d\beta'} = -\frac{t}{t'} ;$$

quant à $\dfrac{d\beta'}{d\beta}$, qui restera arbitraire, nous le représenterons par K.

L'équation de l'onglet de plans mené par l'axe des z, qui contiendra le point correspondant à $x = d\alpha + d\beta \sqrt{-1}$, et $y = d\alpha' + d\beta' \sqrt{-1}$ sera

$$y = (m + n \sqrt{-1}) x = \frac{d\alpha' + d\beta' \sqrt{-1}}{d\alpha + d\beta \sqrt{-1}} x$$

$$= K \frac{r'}{t'} \frac{t - t' \sqrt{-1}}{r - r' \sqrt{-1}} x$$

et K sera le rapport des caractéristiques C et C' de celui de ces plans qui contiendra le point en question.

Cela posé on aura

$$2 d\alpha'' = r (d\alpha^2 - d\beta^2) - 2r' d\alpha d\beta + t (d\alpha'^2 - d\beta'^2) - 2t' d\alpha' d\beta'$$

$$= r d\beta^2 \frac{r^2 + r'^2}{r'^2} + t d\beta'^2 \frac{t^2 + t'^2}{t'^2}$$

et

$$2 d\beta'' = 2r d\alpha d\beta + r' (d\alpha^2 - d\beta^2) + 2t d\alpha' d\beta' + t' (d\alpha'^2 - d\beta'^2)$$

$$= - r' d\beta^2 \frac{r^2 + r'^2}{r'^2} - t' d\beta'^2 \frac{t^2 + t'^2}{t'^2},$$

d'où

$$2 (d\alpha'' + d\beta'') = d\beta^2 \frac{r^2 + r'^2}{r'^2} (r - r') + d\beta'^2 \frac{t^2 + t'^2}{t'^2} (t - t');$$

d'un autre côté, OQ^2 ou

$$(d\alpha + d\beta)^2 + (d\alpha' + d\beta')^2 + 2 (d\alpha + d\beta)(d\alpha' + d\beta') \cos \theta$$

sera représenté par

$$d\beta^2 \frac{(r - r')^2}{r'^2} + d\beta'^2 \frac{(t - t')^2}{t'^2} + 2 \cos \theta \, d\beta d\beta' \frac{(r' - r)(t' - t)}{r' t'} ;$$

le rayon de courbure cherché sera donc

$$R = \frac{\dfrac{(r - r')^2}{r'^2} + K^2 \dfrac{(t - t')^2}{t'^2} + 2 \cos \theta K \dfrac{(r' - r)(t - t')}{r' t'}}{\dfrac{r^2 + r'^2}{r'^2} (r - r') + K^2 \dfrac{t^2 + t'^2}{t'^2} (t - t')}$$

198. Dans le cas qu'on vient d'examiner, les nouveaux plans des xz et des yz seront précisément les plans normaux réels capables de contenir un élément de l'enveloppe imaginaire. En effet s et s' ayant été réduits à zéro, l'équation propre à déterminer ces plans sera devenue

$$(r't - rt')m = 0,$$

qui donne $m = 0$ et $m = \infty$. Considérons l'un d'eux

$$y = 0$$

par exemple.

α' et β' étant nuls, l'équation

$$td\beta' + t'd\alpha' = 0$$

sera satisfaite d'elle-même. Mais $d\alpha$ et $d\beta$ devront toujours satisfaire à la condition

$$rd\beta + r'd\alpha = 0;$$

$2(d\alpha'' + d\beta'')$ se réduira dans ce cas à

$$d\beta^2 \frac{r^2 + r'^2}{r'^2}(r - r')$$

et OQ^2 à

$$(d\alpha + d\beta)^2 = d\beta^2 \frac{(r - r')^2}{r'^2},$$

par conséquent le rayon de courbure sera

$$\frac{r - r'}{r^2 + r'^2}.$$

On trouverait de même pour le rayon de courbure de la section faite par le plan $x = 0$

$$\frac{t - t'}{t^2 + t'^2}.$$

Ces formules ne sont qu'une conséquence de celle qu'on a trouvée au n° 175 pour le rayon de courbure de l'enveloppe imaginaire des conjuguées d'un lieu plan. En effet le plan $y = 0$ par exemple étant réel, et le plan tangent à l'enveloppe imaginaire au point

$$y = 0, \quad x = d\beta\left(-\frac{r}{r'} + \sqrt{-1}\right),$$

ayant d'ailleurs ses coefficients angulaires réels, l'intersection de ces deux plans a aussi son coefficient angulaire réel, de sorte que le point

$$x = d\beta\left(-\frac{r}{r'} + \sqrt{-1}\right), \quad z = \frac{1}{2}\left(r + r'\sqrt{-1}\right)x^2$$

appartient ainsi que l'origine à l'enveloppe imaginaire des conjuguées de la section faite dans la surface considérée par le plan $y = 0$; mais l'expression analytique du rayon de courbure de cette section à l'origine serait

$$R = \frac{1}{r + r' \sqrt{-1}} = \frac{r - r' \sqrt{-1}}{r^2 + r'^2},$$

on devait donc trouver, pour le rayon de courbure de l'enveloppe des conjuguées de la section, à l'origine, ou pour le rayon de courbure de la section de l'enveloppe imaginaire, la valeur

$$\frac{r - r'}{r^2 + r'^2}.$$

Les mêmes plans réels dont il vient d'être question présentent une particularité remarquable : leurs traces sur le plan des xy sont deux diamètres conjugués de l'indicatrice de l'enveloppe, en sorte que les courbures, fournies par les expressions très-simples qu'on vient d'obtenir, des sections de l'enveloppe qu'ils contiennent, déterminent entièrement la courbure de cette enveloppe.

Il suffit pour cela de prouver que les nouveaux axes des x et des y sont deux tangentes conjuguées de l'enveloppe, ou que le plan tangent à l'enveloppe en un point de cette enveloppe situé à une distance infiniment petite de l'origine, dans le plan des xz par exemple, coupe le plan des xy suivant l'axe des y.

Or l'équation de ce plan tangent est

$$Z - \frac{1}{2}(r + r' \sqrt{-1})(d\alpha + d\beta \sqrt{-1})^2 = (r + r' \sqrt{-1})(d\alpha + d\beta \sqrt{-1})(X - d\alpha - d\beta \sqrt{-1}),$$

$d\alpha$ et $d\beta$ étant d'ailleurs liés entre eux par la condition trouvée plus haut

$$(r d\beta + r' d\alpha) = 0.$$

Mais ce plan, par suite même de cette condition, a ses coefficients angulaires réels et par conséquent son équation ne représente qu'un seul plan parallèle à

$$Z = (r d\alpha - r' d\beta) X$$

c'est-à-dire parallèle à l'axe des y.

Si l'on n'avait pu faire disparaître que r' et t' ou r et r', des calculs analogues aux précédents feraient aisément connaître la courbure d'une section normale quelconque de l'enveloppe, mais comme il n'existerait plus de plans normaux réels pouvant contenir un élément de cette enveloppe, le dernier théorème qu'on vient d'établir n'aurait plus d'analogues; ou du moins, pour en retrouver les analogues, il faudrait recourir à une transformation imaginaire de coordonnées qu'on peut juger superflue, puisque la question peut être résolue d'autre manière et dont, en tout cas, la théorie ne serait pas ici à sa place.

De la courbure d'une conjuguée en un des points où elle touche l'enveloppe réelle.

199. Les conjuguées d'une surface réelle la touchent suivant les courbes de contact des cylindres circonscrits à cette surface parallèlement aux directions de leurs cordes réelles ; de sorte que chaque conjuguée contient une courbe tracée sur la surface réelle.

Le plan osculateur à cette courbe en l'un de ses points coupe la surface réelle et la conjuguée suivant deux courbes ayant même courbure au point considéré et, par suite, d'après le théorème de Meusnier, tout plan mené par la tangente à la courbe de contact des deux surfaces, et notamment le plan normal commun aux deux surfaces, mené par cette tangente, les coupe suivant deux courbes ayant même courbure au point considéré.

D'un autre côté, tout plan réel mené par la corde réelle de la conjuguée qui passe au point considéré coupe les deux surfaces suivant deux courbes conjuguées l'une de l'autre et qui, d'après ce qu'on a vu au n° 179, ont leurs courbures égales et opposées. Les sections faites dans les deux surfaces par leur plan normal commun, mené par la corde réelle considérée, entre autres, ont leurs courbures égales et opposées.

Ainsi la surface réelle et sa conjuguée, en un quelconque des points de leur courbe de contact, fournissent, dans deux plans normaux différents, des sections de même courbure, de même sens dans l'un des deux et de sens contraires dans l'autre.

Mais il y a plus : les plans tangents communs aux deux surfaces en tous les points de leur courbe de contact étant parallèles aux cordes réelles de la conjuguée, l'intersection de deux de ces plans tangents, infiniment voisins, est la corde réelle de la conjuguée qui passe au point de contact de celui des deux qu'on considère comme fixe, c'est-à-dire que la corde réelle de la conjuguée qui passe par un des points de la courbe de contact et la tangente à cette courbe de contact au même point sont deux tangentes conjuguées soit de la surface réelle, soit de sa conjuguée, ou encore, sont deux diamètres conjugués communs aux indicatrices des deux surfaces au point considéré.

Les courbures des sections normales menées par ces diamètres conjugués communs étant d'ailleurs égales et de même sens dans l'une, égales et de sens contraires dans l'autre, il en résulte que les deux indicatrices sont deux coniques conjuguées, la direction des cordes réelles de l'indicatrice de la conjuguée coïncidant d'ailleurs avec celle des cordes réelles de cette conjuguée.

Toutes les conjuguées dont les cordes réelles sont parallèles au plan tangent à une surface en un de ses points touchent cette surface en ce point : on conclut donc immédiatement du théorème précédent que les indicatrices des conjuguées d'une même surface qui la touchent en un même point sont les conjuguées de l'indicatrice de la surface réelle en ce même point, les cordes réelles de chaque indicatrice conjuguée étant d'ailleurs parallèles aux cordes réelles de la surface conjuguée correspondante.

De la courbure d'une conjuguée au point où elle touche l'enveloppe imaginaire.

200. Si l'on prend pour axe des z la parallèle aux cordes réelles de la conjuguée, qui passe par le point où elle touche l'enveloppe imaginaire et pour plan des xy le plan réel tangent en ce même point à l'enveloppe, l'équation de la surface sera

$$z - a\left(1 - \sqrt{-1}\right) = \tfrac{1}{2}\left(r + r'\sqrt{-1}\right)x^2 + \left(s + s'\sqrt{-1}\right)xy + \left(t + t'\sqrt{-1}\right)y^2 + \ldots$$

D'ailleurs pour lui faire représenter la conjuguée, il ne faudra y donner à x et à y que des valeurs réelles.

Si l'on changeait les directions des axes des x et des y dans le plan des xy, r, r', s, s', t et t' varieraient en même temps ; pour avoir leurs nouvelles valeurs il n'y aurait qu'à effectuer la transformation relativement au lieu

$$\left(r + r'\sqrt{-1}\right)x^2 + 2\left(s + s'\sqrt{-1}\right)xy + \left(t + t'\sqrt{-1}\right)y^2 = 0.$$

Cette transformation étant très-aisée à faire, il nous suffira, pour traiter des courbures à l'origine des sections faites dans la conjuguée par tous les plans menés par l'axe des z, de rechercher celle de la section par le plan des xz, qui est quelconque.

Le plan des xz coupe la conjuguée suivant la courbe fournie par les solutions réelles par rapport à x de l'équation

$$z = a\left(1 - \sqrt{-1}\right) + \tfrac{1}{2}\left(r + r'\sqrt{-1}\right)x^2 + \ldots,$$

qu'il faut réduire à

$$z = a\left(1 - \sqrt{-1}\right) + \tfrac{1}{2}\left(r + r'\sqrt{-1}\right)x^2$$

dans les environs de l'origine.

Or la tangente à l'origine à cette courbe étant l'axe des x, c'est-à-dire ayant son coefficient angulaire réel, ce point appartient à l'enveloppe imaginaire des conjuguées du lieu

$$z = a \left(1 - \sqrt{-1}\right) + \frac{1}{2} \left(r + r' \sqrt{-1}\right) x^2 + \ldots,$$

de sorte que si $R + R'\sqrt{-1}$ est la valeur de l'expression analytique du rayon de courbure de l'enveloppe imaginaire, $\dfrac{R^2 + R'^2}{R - R'}$ est le rayon de courbure de la conjuguée.

On peut du reste le calculer directement : soit θ l'angle de l'axe des z avec l'axe des x, si l'on prend pour nouvel axe des z la perpendiculaire à l'axe des x, les formules de transformation seront

$$x = x' - \cotang \theta \, z'$$

et

$$z = \frac{1}{\sin \theta} z'.$$

L'équation de la section du lieu par le plan des xz, qui sera d'ailleurs restée la même qu'avant, sera donc, dans les environs de l'origine

$$\frac{1}{\sin \theta} z' = a \left(1 - \sqrt{-1}\right) + \frac{1}{2} \left(r + r' \sqrt{-1}\right) (x' - \cotang \theta \, z')^2 ;$$

cette équation donne

$$\frac{1}{\sin \theta} \frac{dz'}{dx'} = \left(r + r' \sqrt{-1}\right) (x' - \cotang \theta \, z') \left(1 - \cotang \theta \frac{dz'}{dx'}\right)$$

et

$$\frac{1}{\sin \theta} \frac{d^2z'}{dx'^2} = \left(r + r' \sqrt{-1}\right) \left(1 - \cotang \theta \frac{dz'}{dx'}\right)^2 - \cotang \theta \left(r + r' \sqrt{-1}\right) (x' - \cotang \theta \, z') \frac{d^2z'}{dx'^2}.$$

Cette dernière équation, en y faisant $x' = 0$, $z' = a\left(1 - \sqrt{-1}\right) \sin \theta$ et $\dfrac{dz'}{dx'} = 0$, devient

$$\frac{1}{\sin \theta} \frac{d^2z'}{dx'^2} = \left(r + r' \sqrt{-1}\right) + \left(r + r' \sqrt{-1}\right) \cotang^2 \theta \cdot a \left(1 - \sqrt{-1}\right) \frac{d^2z'}{dx'^2},$$

d'où

$$\frac{d^2z'}{dx'^2} = \frac{\left(r + r' \sqrt{-1}\right) \sin^2 \theta}{\sin \theta - a \left(1 - \sqrt{-1}\right) \left(r + r' \sqrt{-1}\right) \cos^2 \theta} ;$$

l'expression analytique du rayon de courbure est donc

$$\frac{\sin \theta - \left(r + r'\sqrt{-1}\right) a \cos^2 \theta \left(1 - \sqrt{-1}\right)}{r + r'\sqrt{-1}}$$

ou

$$\frac{\sin \theta}{r + r'\sqrt{-1}} - a \cos^2 \theta \left(1 - \sqrt{-1}\right)$$

ou encore

$$\frac{\sin \theta \left(r - r'\sqrt{-1}\right)}{r^2 + r'^2} - a \cos^2 \theta \left(1 - \sqrt{-1}\right)$$

le rayon de courbure réel de l'enveloppe est par suite

$$\left(\frac{r \sin \theta}{r^2 + r'^2} - a \cos^2 \theta\right) - \left(\frac{r' \sin \theta}{r' + r'^2} - a \cos^2 \theta\right);$$

et celui de la section de la conjuguée est en conséquence

$$\frac{\left(\dfrac{r \sin \theta}{r^2 + r'^2} - a \cos^2 \theta\right)^2 + \left(\dfrac{r' \sin \theta}{r' + r'^2} - a \cos \theta\right)^2}{\dfrac{(r + r') \sin \theta}{r^2 + r'^2}}$$

De la courbure d'une conjuguée en un quelconque de ses points.

201. Si l'on coupe la conjuguée par des plans parallèles à ses cordes réelles, passant par le point considéré, on obtiendra le rayon de courbure de chacune des sections à l'aide de la formule du n° 190 ; on en conclura ensuite, par le théorème de Meusnier, le rayon de courbure de la section normale faite dans la conjuguée par le plan passant par la même tangente à cette surface. On aura ainsi tous les éléments de la courbure de la conjuguée au point considéré.

CHAPITRE XIV

Points maximums ou minimums.

202. Les points maximums ou minimums d'une courbe, c'est-à-dire les points où l'ordonnée est maximum ou minimum, sont compris parmi ceux où $\frac{dy}{dx}$ est nul, puisque la tangente y est parallèle à l'axe des x. On les trouvera donc en résolvant le système des deux équations

$$f'(x, y) = 0 \quad \text{et} \quad f'_x (x, y) = 0.$$

Si la première de ces deux équations est de degré m, la seconde sera généralement de degré $m - 1$, de sorte que le nombre de leurs solutions communes sera $m (m - 1)$. C'est le nombre maximum des tangentes qu'on puisse mener à une courbe de degré m parallèlement à une droite donnée.

Mais les deux équations

$$f (x, y) = 0 \quad \text{et} \quad f'_x = 0$$

peuvent fournir plusieurs sortes de points distincts des points maximums ou minimums proprement dits.

En premier lieu ces deux équations peuvent admettre quelques solutions finies par rapport à y et infinies par rapport à x. C'est le cas où la courbe a des asymptotes parallèles à l'axe des x, ou plutôt des asymptotes dont le coefficient angulaire soit nul, car ces asymptotes peuvent aussi bien appartenir à l'enveloppe imaginaire des conjuguées qu'à la courbe réelle. Les points situés à l'infini sur les branches de la courbe réelle qui ont leurs asymptotes parallèles à l'axe des x se distinguent des points maximums ou minimums proprement dits, en ce que si l'on considère en même temps les deux branches de la courbe qui, généralement, touchent l'asymptote à l'infini dans les deux sens et de côtés opposés, l'ordonnée reste croissante ou décroissante de part et d'autre de la valeur correspondante de x, ou plutôt de son inverse.

En second lieu, les équations $f (x, y) = 0$ et $f'_x (x, y) = 0$ peuvent admettre des solutions qui conviennent aussi à l'équation $f'_y (x, y) = 0$. La dérivée de y par rapport à x, aux points correspondants, est indéterminée et ces points appartiennent à une catégorie particulière.

Enfin il peut encore se faire qu'en quelques points correspondant aux solutions des équations $f(x, y) = 0$ et $f'_x = 0$, la première dérivée de y par rapport à x ne change pas de signe, ce qui arrivera généralement lorsque $\frac{d^2y}{dx^2}$ s'annulera en même temps que $\frac{dy}{dx}$, parce qu'alors 0 sera une valeur maximum ou minimum de $\frac{dy}{dx}$. Dans ce cas le point obtenu sera un point d'inflexion.

203. Quant aux solutions finies des équations $f(x, y) = 0$, $f'_x = 0$ qui ne rentrent pas dans les cas d'exception qui viennent d'être mentionnés, ils peuvent être réels ou imaginaires. S'ils sont réels, ce sont des points maximums ou minimums de la courbe réelle, et s'ils sont imaginaires, ce sont des points maximums ou minimums de l'enveloppe imaginaire des conjuguées. En effet, ils appartiennent à l'enveloppe imaginaire des conjuguées, puisque le coefficient angulaire y est réel, et ce sont des points maximums ou minimums de cette courbe, puisque la tangente y est parallèle à l'axe des x.

Les points maximums ou minimums réels sont les points minimums ou maximums de la conjuguée $C = 0$ et ce sont, en général, les seuls points maximums ou minimums de cette conjuguée, car si $\frac{dy}{dx}$, en un point d'une conjuguée C, a pour valeur $m + n\sqrt{-1}$, le coefficient angulaire de la tangente à la conjuguée en ce point est

$$m + n + \frac{2n^2}{m - n - C}.$$

S'il s'agit de la conjuguée $C = 0$, cette expression se réduit à

$$\frac{m^2 + n^2}{m - n}$$

qui ne peut être nulle qu'autant que m et n le sont séparément, c'est-à-dire que $\frac{dy}{dx}$ est nul; or en général les points de l'enveloppe imaginaire des conjuguées où $\frac{dy}{dx}$ sera nul n'auront pas leurs ordonnées réelles et n'appartiendront par conséquent pas à la conjuguée $C = 0$. Ces points maximums et minimums de l'enveloppe imaginaire seront des points maximums ou minimums de conjuguées quelconques.

Pour avoir les points maximums ou minimums d'une conjuguée C, il faudrait exprimer séparément les deux parties réelle et imaginaire du coefficient angulaire $\frac{dy}{dx} = m + n\sqrt{-1}$ et résoudre concurremment les deux équations

$$f\left(\alpha + \beta\sqrt{-1},\ \alpha' + \beta c\sqrt{-1}\right) = 0, \qquad m + n + \frac{2n^2}{m - n - C} = 0.$$

Points limites.

204. On peut appeler *points limites* d'une courbe les points où l'abscisse est maximum ou minimum ; on les déterminera comme les points maximums ou minimums au moyen des équations

$$f(x, y) = 0 \qquad f'_y(x, y) = 0$$

et les solutions obtenues seront sujettes à des exceptions analogues.

Les points limites réels appartiennent à la courbe réelle et à sa conjuguée $C = \infty$. Les points limites imaginaires appartiennent à l'enveloppe imaginaire des conjuguées et aux conjuguées dont les caractéristiques sont celles des points obtenus comme solutions.

205. Nous ferons seulement remarquer, à ce sujet, que, en un point où l'ordonnée est infinie, $\frac{dy}{dx}$, qui est le coefficient angulaire de l'asymptote à la branche qui passe par ce point est aussi infini, que $\frac{d^2y}{dx^2}$ l'est pareillement, puisque c'est le coefficient angulaire de la tangente à la courbe dont l'ordonnée serait la valeur de $\frac{dy}{dx}$ relative à la première courbe, et ainsi de suite, d'où l'on voit que les valeurs finies de la variable qui rendent infinie une fonction, rendent en même temps infinies toutes ses dérivées à l'infini et que les valeurs finies de la variable qui rendent infinie la dérivée n^{me} d'une fonction rendent aussi infinies toutes ses dérivées d'ordres supérieurs au n^{me}.

Points d'inflexion.

206. Les points d'inflexion d'une courbe sont ceux où la tangente traverse la courbe, avec cette condition que les deux éléments de la courbe qui partent du point de contact soient en prolongement l'un de l'autre, sans quoi ces points seraient de rebroussement et seraient déterminés par des conditions toutes différentes.

Le coefficient angulaire atteint aux points d'inflexion des valeurs maximums ou minimums, par conséquent ces points sont caractérisés d'une manière générale par la condition

$$\frac{d^2y}{dx^2} = 0 \,(^*).$$

[*] La dérivée seconde, dans cette théorie et dans quelques-unes de celles qui suivent, joue un rôle trop important pour que nous puissions nous dispenser de présenter une

Si $f(x, y) = 0$ est l'équation du lieu, on en tire d'abord

$$f'_x + f'_y \frac{dy}{dx} = 0$$

et ensuite

$$f''_{x^2} + 2f''_{xy} \frac{dy}{dx} + f''_{y^2} \left(\frac{dy}{dx}\right)^2 + f'_y \frac{d^2y}{dx^2} = 0,$$

la condition $\frac{d^2y}{dx^2} = 0$ se traduit donc généralement par

$$f''_{x^2} + 2f''_{xy} \frac{dy}{dx} + f''_{y^2} \left(\frac{dy}{dx}\right)^2 = 0$$

ou, en remplaçant $\frac{dy}{dx}$ par $-\frac{f'_x}{f'_y}$,

$$f''_{x^2} - 2f''_{xy} \frac{f'_x}{f'_y} + f''_{y^2} \frac{f'^2_x}{f'^2_y} = 0,$$

c'est-à-dire

$$\frac{f'^2_y f''_{x^2} - 2f''_{xy} f'_x f'_y + f''_{y^2} f'^2_x}{f'^2_y} = 0$$

---

remarque que l'on n'omet ordinairement que parce que l'on se borne à la considération des solutions réelles des équations que l'on discute.

Les points d'un lieu où $\frac{d^2y}{dx^2}$ est nul ou infini sont les points d'inflexion ou de rebroussement de ce lieu. Si les axes viennent à changer, ces points conservent leur caractère géométrique et l'on en conclut avec raison qu'ils doivent conserver leur caractère analytique. Aussi admet-on toujours sans démonstration que si $\frac{d^2y}{dx^2}$ est actuellement nul ou infini, il resterait nul ou infini au point fourni par la solution transformée de celle que l'on considère, quelque changement qu'on eût fait subir aux axes.

Mais d'abord, il est intéressant de connaître la relation qui lie effectivement les valeurs des secondes dérivées de l'ancienne ordonnée par rapport à l'ancienne abscisse et de la nouvelle ordonnée par rapport à la nouvelle abscisse en un même point quelconque d'un lieu, lorsque les axes ont subi une transformation quelconque; et d'un autre côté, les identités que l'on admet ordinairement sans démonstration ont besoin d'être établies directement lorsque le point considéré étant imaginaire n'a plus un caractère géométrique connu à l'avance.

Soient

$$x' = mx + ny \quad \text{et} \quad y' = m'x + n'y$$

les formules de transformation résolues par rapport aux nouvelles coordonnées, on en tire

$$\frac{dy'}{dx'} = \frac{m' + n' \frac{dy}{dx}}{\frac{dx'}{dx}}$$

et

$$\frac{dx'}{dx} = m + n \frac{dy}{dx},$$

équation que l'on réduira ordinairement à

$$f'^2_y\, f''_{x^2} - 2f''_{xy}\, f'_x\, f'_y + f''_{y^2}\, f'^2_x = 0.$$

Mais les solutions communes aux deux équations

$$f(x, y) = 0 \quad \text{et} \quad f'^2_y\, f''_{x^2} - 2f''_{xy}\, f'_x\, f'_y + f''_{y^2}\, f'^2_x = 0$$

ne correspondront pas plus toutes à des points d'inflexion que les solutions des équations $f(x,y) = 0$ et $f'_x = 0$ ne correspondaient toutes à des points maximums ou minimums. Les exceptions seront d'ailleurs analogues, puisque les points obtenus auront été déterminés comme points maximums ou minimums de la courbe dont l'ordonnée serait le coefficient angulaire de la tangente à la courbe proposée. On rencontrera notamment parmi eux ceux où $\dfrac{d^2y}{dx^2}$ se présenterait sous la forme $\dfrac{0}{0}$ et ceux où $\dfrac{d^3y}{dx^3}$ serait aussi nul.

Si m est le degré de $f(x, y) = 0$, celui de

$$f'^2_y\, f''_{x^2} - 2f''_{x,y}\, f'_x\, f'_y + f''_{y^2}\, f'^2_x = 0$$

---

d'où

$$\frac{dy'}{dx'} = \frac{m' + n'\dfrac{dy}{dx}}{m + n\dfrac{dy}{dx}}.$$

En dérivant de nouveau, on trouve

$$\frac{d^2y'}{dx'^2} = \frac{(mn' - nm')\dfrac{d^2y}{dx^2}}{\left(m + n\dfrac{dy}{dx}\right)^2}\,\frac{1}{\dfrac{dx'}{dx}},$$

ou, en remplaçant encore $\dfrac{dx'}{dx}$ par sa valeur,

$$\frac{d^2y'}{dx'^2} = \frac{(mn' - nm')\dfrac{d^2y}{dx^2}}{\left(m + n\dfrac{dy}{dx}\right)^3}.$$

On voit bien ainsi que $\dfrac{d^2y'}{dx'^2}$ est nul ou infini en même temps que $\dfrac{d^2y}{dx^2}$.

Si les anciens axes sont rectangulaires ainsi que les nouveaux, et que l'angle de rotation soit α,

$$m = \cos\alpha, \quad n = -\sin\alpha, \quad m' = \sin\alpha \quad \text{et} \quad n' = \cos\alpha.$$

Il en résulte

$$\frac{d^2y'}{dx'^2} = \frac{\dfrac{d^2y}{dx^2}}{\left(\cos\alpha - \sin\alpha\dfrac{dy}{dx}\right)^3}.$$

sera généralement $3m-4$, par conséquent le nombre des solutions communes aux équations

$$f(x, y) = 0 \quad \text{et} \quad f'^2_y f''_{x^2} - 2f'_x f'_y f''_{x,y} + f'^2_x f''_{y^2} = 0$$

sera

$$m(3m-4);$$

mais un certain nombre des points correspondants pourront rentrer dans les cas d'exception mentionnés plus haut.

207. Occupons-nous des points d'inflexion proprement dits, où $\frac{d^2y}{dx^2} = 0$, sans qu'aucune autre condition particulière se trouve remplie.

Quelles que soient les coordonnées d'un point d'inflexion, toutes les courbes déterminées par la condition $\frac{d\beta'}{d\beta} = C$, qui en émergeront, auront en ce point leur rayon de courbure infini, car la formule du n° 188

$$\frac{1}{R} = \frac{(p+q)(C^3 - 3Cn^2) + (p-q)(3C^2n - n^3)}{[(n+C)^2 + n^2(n-C)^2]^{\frac{3}{2}}},$$

donnera alors $\frac{1}{R} = 0$, puisqu'il faudra y faire p et q nuls.

Les points d'inflexion d'un lieu sont donc tels que toutes les courbes qui en émergent et le long desquelles les parties imaginaires des deux coordonnées croissent proportionnellement y éprouvent une inflexion. Ces points sont, dans tous les cas, des points d'inflexion des conjuguées qui y passent.

S'ils sont réels, nous avons vu au n° 156, qu'ils appartiennent à la fois à l'une et à l'autre enveloppe, et il est facile de vérifier que ce sont des points d'inflexion pour l'une et l'autre.

En effet, il n'y a pas de doute relativement à la courbe réelle et quant à l'enveloppe imaginaire des conjuguées; le fait résulte de la formule du rayon de courbure de cette enveloppe en un quelconque de ses points. Cette formule $R = r + r'$, où r et r', sont les deux parties réelle et imaginaire de

$$\frac{\left[1 + \left(\frac{dy}{dx}\right)^2\right]^{\frac{3}{2}}}{\frac{d^2y}{dx^2}}$$

montre, en effet, que R est infini quand $\frac{d^2y}{dx^2}$ est nul.

Ainsi les solutions fournies par les équations propres à donner les points d'inflexion de la courbe réelle fourniront soit les points d'inflexion de cette courbe et de l'enveloppe imaginaire des conjuguées, lesquels sont communs, soit des points d'inflexion de quelques conjuguées. D'ailleurs les points qui appartiendront à l'enveloppe totale seront aussi des points d'inflexion pour les conjuguées qui y passeront.

Mais les mêmes équations fourniront-elles tous les points d'inflexion soit de l'enveloppe totale des conjuguées, soit des diverses conjuguées? Pour les conjuguées la réponse est évidemment négative : en effet, le rayon de courbure d'une conjuguée C en un quelconque de ses points est, d'après la formule du n° 190,

$$R = \left(\frac{1+a^2}{1-n^2}\right)^{\frac{3}{2}} \frac{2n^3\,(r^2 + r'^2)}{a^3r + 3na^2r' - 3n^2ar - n^3r'}$$

où n désigne le rapport du petit au grand axe du faisceau des éléments du lieu au point considéré et a la tangente de l'angle que l'élément de la conjuguée fait avec le grand axe de ce faisceau. Or R devient infini quand r et r' le deviennent, mais il devient aussi infini quand $n = \pm 1$, ou quand

$$a^3r + 3na^2r' - 3n^2ar - n^3r' = 0.$$

Quant à l'enveloppe totale des conjuguées, au contraire, tous ses points d'inflexion seront donnés par les équations des points d'inflexion du lieu. En effet, le rayon de courbure de l'enveloppe en un quelconque de ses points étant $r + r'$, tous les points d'inflexion de cette courbe sont nécessairement caractérisés par l'une des conditions $r = \infty$ ou $r' = \infty$ qui exigent l'une et l'autre que $\frac{d^2y}{dx^2} = 0$.

Ainsi en résumé les équations

$$f(x, y) = 0 \quad \text{et} \quad \frac{d^2y}{dx^2} = 0$$

fourniront, outre des solutions singulières, tous les points d'inflexion de l'enveloppe totale, et quelques points d'inflexion de quelques conjuguées, caractérisés par cette condition que toutes les courbes partant de ces points et le long desquelles les parties imaginaires de y et de x croîtraient proportionnellement, auraient leurs rayons de courbure infinis. Les points d'inflexion qui ne rempliraient pas cette condition resteront à l'écart.

Points multiples.

208. Les points multiples d'un lieu sont les points tels qu'un faisceau de droites qui y passe ne coupe la courbe qu'en $m - 2$ autres points, au plus, si m est le degré de l'équation du lieu. Un point est double lorsqu'un faisceau quelconque de droites qui y passe ne coupe la courbe qu'en $m-2$ autres points, il est triple lorsque les autres rencontres du même faisceau et de la courbe ne sont plus qu'en nombre $m-3$ et ainsi de suite.

Lorsque plusieurs branches de la courbe réelle passent en un même point, les coordonnées de ce point ayant la forme réelle, sont nécessairement identiques sur les différentes branches auxquelles il appartient. Mais lorsque plusieurs branches d'une même conjuguée passent effectivement au même point, il n'en est pas de même, les coordonnées réelles de ce point pouvant être partagées de différentes manières en parties réelles et imaginaires, sur les différentes branches de la conjuguée.

Du reste un point multiple, ayant les mêmes coordonnées sur les différentes branches qui y passent, ne saurait appartenir qu'à deux ou plusieurs branches d'une même conjuguée, puisque sa caractéristique est invariable.

Les points où l'enveloppe imaginaire se coupe elle-même ne sont pas plus nécessairement multiples que ceux où passent deux branches d'une conjuguée quelconque.

Une courbe de degré m qui a un point multiple est la section d'une surface de degré m par un de ses plans tangents. La présence de points multiples caractérise donc d'une certaine manière les lieux dans leurs degrés.

Le coefficient angulaire de la tangente en un point $[x, y]$ d'un lieu $f(x, y) = 0$ est donné par l'expression $-\dfrac{f'_x(x, y)}{f'_y(x, y)}$, qui ne comporte généralement qu'une valeur, lorsque l'équation du lieu a été ramenée à la forme entière; tandis que le coefficient angulaire doit avoir, en un point multiple, autant de valeurs qu'il y passe de branches distinctes de la courbe.

Il faut donc, pour que l'accord se rétablisse, que l'expression $-\dfrac{f'_x}{f'_y}$ se présente, aux points multiples, sous la forme $\dfrac{0}{0}$, c'est-à-dire qu'en ces points f'_x et f'_y s'annulent.

Ainsi on obtiendra les points multiples d'un lieu $f(x, y) = 0$ en cherchant les solutions communes aux équations

$$f(x, y) = 0, \quad f'_x = 0 \quad \text{et} \quad f'_y = 0.$$

Comme trois équations à deux inconnues sont généralement incompatibles, on retrouve ici, sous une autre forme plus explicite, l'expression de ce fait que les lieux qui ont des points multiples sont plus ou moins particuliers.

Cela posé, nous appellerons points multiples d'un lieu $f(x, y) = 0$ les points correspondant aux solutions communes que pourront avoir les équations

$$f(x, y) = 0 \quad f'_x = 0 \quad \text{et} \quad f'_y = 0,$$

soit que ces solutions soient réelles ou qu'elles soient imaginaires.

Ainsi la méthode est toujours la même : les objets sont définis par rapport au lieu réel; les propriétés dont ils doivent jouir lorsqu'ils sont réels font connaître les équations propres à les déterminer, et ces équations servent ensuite de définitions aux objets eux-mêmes, lorsqu'ils deviennent imaginaires : reste alors la question de savoir ce que donnent ces équations.

Ici la réponse est facile : les lieux de degré m qui ont des points multiples sont les sections de surfaces de l'ordre m par leurs plans tangents et les points de contact sont les points multiples; si les contacts ont lieu sur les conjuguées de la surface, les points multiples sont imaginaires..

Toute droite réelle ou imaginaire dont l'équation est satisfaite par les coordonnées d'un point multiple d'un lieu, peut être considérée comme tangente au lieu en ce point, puisqu'elle coupe effectivement le lieu en deux points confondus en un seul.

Les points multiples, satisfaisant aux conditions $f(x, y) = 0$ et $f'_x = 0$, sont compris parmi les solutions des équations qui donneraient les points maximums ou minimums, et parmi celles des équations qui donneraient les points limites, comme satisfaisant aux deux conditions $f(x, y) = 0$, $f'_y = 0$.

Ils seraient, du reste, aussi bien compris parmi les solutions des équations qui donneraient les points de contact des tangentes menées au lieu parallèlement à une direction quelconque.

209. Les accroissements correspondants dx et dy de x et de y, en un point $[x, y]$ d'un lieu $f(x, y) = 0$ sont liés entre eux par la relation

$$0 = f(x, y) + \frac{df}{dx} dx + \frac{d^2f}{dx^2} \frac{dx^2}{1 \cdot 2} + \cdots$$
$$+ \frac{df}{dy} dy + 2 \frac{d^2f}{dx \cdot dy} \frac{dx \cdot dy}{1 \cdot 2} + \cdots$$
$$+ \frac{d^2f}{dy^2} \frac{dy^2}{1 \cdot 2} + \cdots$$
$$+ \cdots$$

$f(x, y)$ est nul de lui-même, par hypothèse, et en général la limite du rapport de dy à dx est fournie par l'équation

$$\frac{df}{dx} dx + \frac{df}{dy} dy = 0.$$

En un point multiple, cette équation s'évanouit d'elle-même, puisque $\frac{df}{dx}$ et $\frac{df}{dy}$ se réduisent à zéro.

Si les coefficients des termes du second degré en dx et dy ne s'éva-

14

nouissent pas, la limite du rapport de dy à dx est fournie par l'équation du second degré

$$\frac{d^2f}{dy^2}\left(\frac{dy}{dx}\right)^2 + 2\frac{d^2f}{dy\,dx}\left(\frac{dy}{dx}\right) + \frac{d^2f}{dx^2} = 0$$

et le point est simplement double.

Si le point était triple, on devrait trouver trois valeurs pour la limite du rapport $\frac{dy}{dx}$ et, par conséquent, les trois coefficients $\frac{d^2f}{dy^2}$, $\frac{d^2f}{dy\,dx}$ et $\frac{d^2f}{dx^2}$ devraient aussi disparaître. La valeur de $\frac{dy}{dx}$ serait alors fournie par l'équation

$$\frac{d^3f}{dy^3}\left(\frac{dy}{dx}\right)^3 + 3\frac{d^3f}{dy^2\,dx}\left(\frac{dy}{dx}\right)^2 + 3\frac{d^3f}{dy\,dx^2}\left(\frac{dy}{dx}\right) + \frac{d^3f}{dx^3} = 0$$

et ainsi de suite.

Quel que soit l'ordre de multiplicité du point considéré, les éléments du lieu en ce point formeront autant de faisceaux qu'il y aura d'unités dans le numéro de cet ordre; et si quelques valeurs de $\frac{dy}{dx}$ y sont réelles, les faisceaux correspondants s'aplatiront chacun en une droite.

Ombilics.

210. M. Chasles a nommé ombilics d'un lieu rapporté à des axes rectangulaires, les points où la dérivée de y par rapport à x a la valeur $\sqrt{-1}$. En ces points le coefficient angulaire est indépendant de la direction des axes, de sorte que le faisceau des éléments du lieu y est symétrique par rapport à toute direction. Nous avons donné au faisceau, dans ce cas, le nom de circulaire.

On voit par la formule du n° 190,

$$R = \left(\frac{1+a^2}{1-n^2}\right)^{\frac{3}{2}} \frac{2n^3(r^2+r'^2)}{a^3r + 3a^2nr' - 3an^2r - n^3r'}$$

où n représente le quotient par $\sqrt{-1}$ de la tangente de l'angle $\psi\sqrt{-1}$, défini par l'équation

$$\frac{dy}{dx} = \text{tang}\left(\varphi + \psi\sqrt{-1}\right),$$

que si n se réduit à 1, c'est-à-dire si le point $[x, y]$ est un ombilic, les courbes qui émergent de ce point et le long desquelles les parties imaginaires de y et de x varient proportionnellement, y ont toutes leurs rayons de courbure infinis.

Les ombilics sont, en particulier, des points d'inflexion des conjuguées qui y passent.

Ils ne sauraient appartenir à l'enveloppe imaginaire des conjuguées puisque le coefficient angulaire n'y est pas réel, mais ils peuvent être eux-mêmes réels. Ce sont alors des points isolés de la courbe réelle, mais des points isolés circulaires, c'est-à-dire des anneaux évanouissants qui ont pris à la limite la figure circulaire.

Un ombilic imaginaire n'appartient qu'à une conjuguée, mais un ombilic réel est un point de concours de toutes les conjuguées d'une certaine catégorie, et toutes les conjuguées qui y passent s'y infléchissent.

Points de raccord.

211. Lorsqu'en un point double d'un lieu $f(x, y) = 0$, l'équation

$$\frac{d^2f}{dy^2}\left(\frac{dy}{dx}\right)^2 + 2\,\frac{d^2f}{dy\,dx}\frac{dy}{dx} + \frac{d^2f}{dx^2} = 0$$

donne deux valeurs égales pour $\frac{dy}{dx}$, les deux branches du lieu qui passent en ce point y sont tangentes, mais ce point peut être un point de contact entre deux branches distinctes, un point double d'inflexion, ou un point de rebroussement ; il est important de distinguer les trois cas les uns des autres.

Nous nommerons points de raccord les points où deux branches du lieu se touchent et se prolongent séparément, dans des conditions différentes. En ces points où y et $\frac{dy}{dx}$ ont déjà chacune deux valeurs égales, $\frac{d^2y}{dx^2}$ a en général deux valeurs différentes, les deux branches n'ayant pas nécessairement même courbure, et si $\frac{d^2y}{dx^2}$ a deux valeurs égales différant à la fois de zéro et de l'infini, les deux branches considérées ont même courbure, à moins d'autres conditions particulières ; c'est tout ce à quoi se réduit le fait.

Si le point considéré est réel et que l'équation du lieu ait ses coefficients réels, les deux valeurs égales de $\frac{dy}{dx}$ sont aussi réelles et le point appartient à la courbe réelle. Si le point est imaginaire, en général les deux valeurs de $\frac{dy}{dx}$, quoique égales, sont imaginaires ; le point est alors un point de raccord de la conjuguée qui y passe. Mais si les deux valeurs égales de $\frac{dy}{dx}$ sont réelles, le point appartient à l'enveloppe imaginaire des conjuguées et en est un point de raccord.

Points doubles d'inflexion.

212. Ces points, où y et $\frac{dy}{dx}$ ont déjà séparément des valeurs égales, sont caractérisés par la condition que $\frac{d^2y}{dx^2}$ ait aussi deux valeurs égales mais nulles.

Si le point est réel et que l'équation du lieu ait ses coefficients réels, les deux valeurs de $\frac{dy}{dx}$ seront aussi réelles et le point appartiendra à la fois à la courbe réelle et à l'enveloppe imaginaire des conjuguées. Il sera point double d'inflexion à la fois pour la courbe réelle, pour l'enveloppe imaginaire des conjuguées et pour la conjuguée qui y passera.

Si le point est imaginaire, ce sera un point double d'inflexion pour la conjuguée qui y passera.

Points de rebroussement.

213. Les points de rebroussement sont les points doubles où $\frac{dy}{dx}$ a deux valeurs égales, mais où $\frac{d^2y}{dx^2}$ est infini.

Les branches de la courbe réelle qui passent en un point de rebroussement s'y arrêtent généralement, mais il peut arriver que deux points de rebroussement se rejoignent, les branches qui y passent ayant d'ailleurs même tangente. La figure de la courbe serait alors la même que si au lieu d'un point double de rebroussement on avait affaire soit à un point de raccord, soit à un point double d'inflexion. La distinction se fera par la discussion de $\frac{d^2y}{dx^2}$ qui ne présente rien de particulier en un point de raccord, s'annule en un point double d'inflexion, et passe par l'infini en un point de rebroussement.

On distingue habituellement deux genres de points de rebroussement : le rebroussement est dit du premier genre lorsque les deux branches sont séparées par leur tangente commune, ou, ce qui revient au même, lorsque les courbures de ces deux branches sont en sens contraires et du second genre dans l'autre cas.

Les deux cas se distinguent l'un de l'autre en ce que dans le premier la dérivée seconde change de signe en passant par l'infini, ce qui fait changer de sens la courbure, tandis que dans le second elle conserve son signe.

214. La dérivée seconde de y par rapport à x en un point double où les tangentes se confondent, est généralement infinie parce que c'est le coefficient angulaire de la courbe dont l'ordonnée serait $\dfrac{dy}{dx}$.

Mais il importe d'avoir une méthode pour distinguer à cet égard les cas les uns des autres.

Si le point considéré était réel, on y transporterait l'origine des coordonnées ; s'il est imaginaire, on fera le changement analogue de variables, qui n'altérera ni le degré de multiplicité du point, ni les valeurs des dérivées de y par rapport à x.

S'il ne s'agit que d'un point double, les deux tangentes étant supposées se confondre, l'équation du lieu prendra la forme

$$(y - mx)^2 + Ay^3 + By^2x + Cyx^2 + Dx^3 + \ldots = 0.$$

La première dérivée de y par rapport à x sera fournie par l'équation

$$[2(y-mx) + 3Ay^2 + 2Byx + Cx^2]\, y' - 2m(y-mx) + By^2 + 2Cyx + 3Dx^2 + \ldots = 0$$

et la seconde le sera par

$$[2(y-mx) + 3Ay^2 + 2Byx + Cx^2]\, y'' + [2 + 6Ay + 2Bx]\, y'^2 + [-4m + 4By + 4Cx]\, y'$$
$$+ 2m^2 + 2Cy + 6Dx + \ldots = 0.$$

Si l'on veut la valeur de y'' à l'origine, il faudra d'abord remplacer dans cette dernière équation y' par m, puisque c'est la valeur de la première dérivée en ce point. On aura ainsi

$$[2(y-mx) + 3Ay^2 + 2Byx + Cx^2]\, y'' + (6Ay + 2Bx)\, m^2 + (4By + 4Cx)\, m$$
$$+ 2Cy + 6Dx + \ldots = 0\,;$$

Il faudra, en outre, faire tendre y et x vers zéro, en établissant entre eux, à la limite, un rapport égal à m : cela revient à diviser tous les termes par x et à remplacer $\dfrac{y}{x}$ par m. L'équation devient alors

$$[3Amy + 2Bmx + Cx]\, y'' + 6Am^3 + 6Bm^2 + 6Cm + 6D + \ldots = 0$$

d'où l'on tire

$$y'' = -\frac{6}{x}\, \frac{Am^3 + Bm^2 + Cm + D + \ldots}{3Am^2 + 2Bm + C},$$

les termes omis au numérateur contenant tous y ou x en facteur disparaissant à la limite.

Cela posé, on voit que y'' sera généralement infini, ou du moins qu'il faudra introduire une hypothèse nouvelle pour qu'il conserve une valeur finie. Cette hypothèse est

$$Am^3 + Bm^2 + Cm + D = 0;$$

elle signifie que $y - mx$ doit se trouver facteur dans l'ensemble des termes du troisième degré de la nouvelle équation.

Lorsque cette condition ne sera pas remplie, la dérivée seconde, au point considéré, sera infinie. Dans le cas contraire elle se présentera sous la forme $\frac{0}{0}$ et pourra alors être quelconque.

215. Ce qui vient d'être dit permettra d'assigner d'une façon plus précise les caractères distinctifs des différents points doubles où $\frac{dy}{dx}$ aurait deux valeurs égales. Ainsi, pour que le point considéré soit simplement un point de raccord, ou un point double d'inflexion, il faudra que le premier membre $y - mx$ de l'équation de la tangente se trouve facteur dans l'ensemble des termes du troisième degré de l'équation de la courbe rapportée au point considéré pris pour origine.

Si cette condition est remplie et que d'ailleurs les valeurs de y'' ne soient pas infinies, le point ne sera pas de rebroussement; d'ailleurs suivant que y'' sera différent de zéro ou égal à zéro, le point sera de raccord ou d'inflexion.

Si $y - mx$ étant facteur dans l'ensemble des termes du troisième degré, y'' est encore infini, le rebroussement sera du second genre; en effet, dans le cas où l'équation de la courbe se présente sous la forme

$$(y - mx)^2 + (y - mx) (Ay^2 + Bxy + Cx^2) + \ldots = 0,$$

on voit que la droite $y = mx$ coupe la courbe en quatre points confondus à l'origine, ce qui ne doit pas arriver en général dans le cas du rebroussement de premier genre. Il faudrait, dans ce cas, pour avoir y'' et savoir s'il change de signe, tenir compte des termes du quatrième degré.

216. Un point de rebroussement pouvant être considéré comme un anneau évanouissant doit tenir lieu, lorsqu'il est réel, d'une portion de l'enveloppe réelle des conjuguées, c'est-à-dire appartenir à toutes les conjuguées dont les caractéristiques restent comprises entre de certaines limites; et en effet, lorsqu'une droite qui se déplace parallèlement à elle-même arrive en un point de rebroussement de la courbe réelle et le dépasse ensuite, le nombre des points réels suivant lesquels elle coupe le lieu change alors habituellement; la conjuguée dont les cordes réelles seraient parallèles à la direction constante de cette droite mobile doit donc prendre naissance au point de rebroussement. Du reste ce point est aussi de rebroussement pour toutes les conjuguées qui y passent, car $\dfrac{d^2y}{dx^2}$ y étant infini, le rayon de courbure d'une quelconque des conjuguées qui y passent s'y annule comme celui de la courbe réelle.

Un point de rebroussement imaginaire, mais où le coefficient angulaire de la tangente serait réel, appartiendrait à l'enveloppe imaginaire des conjuguées, mais il n'y passerait que la conjuguée dont la caractéristique serait celle de ce point. Cette conjuguée y éprouverait en tout cas un rebroussement.

Points conjugués.

217. Un point double réel où les tangentes sont imaginaires prend ordinairement le nom de point conjugué. Mais il ne se distingue des points multiples des conjuguées qu'en ce qu'étant réel il tient lieu d'un anneau de la courbe réelle et que, par conséquent, il y passe une infinité de conjuguées.

Lignes multiples des surfaces.

218. Si l'un des coefficients différentiels $\dfrac{df}{dx}$, $\dfrac{df}{dy}$, $\dfrac{df}{dz}$ est nul en un point [x, y, z] d'une surface, le plan tangent en ce point est parallèle à l'axe correspondant; si deux des trois coefficients sont nuls, le plan tangent est parallèle au plan des deux axes correspondants; mais si les trois coefficients différentiels s'annulent en même temps, le plan tangent devient en apparence indéterminé. Le fait tient en général à ce que la surface a plusieurs plans tangents au point considéré, ce point se trouvant être un des points de l'intersection de deux nappes de la surface. Pour obtenir séparément, dans ce cas particulier, les divers plans tangents qui peuvent exister, il suffira de distinguer les diverses séries de tangentes aux sections faites dans la surface par des plans contenant le point considéré et de chercher ensuite séparément les lieux de ces tangentes dans chaque série.

Les plans sécants pouvant être dirigés arbitrairement, nous les supposerons, pour plus de simplicité, parallèles à l'axe des z, ils auront alors pour équation générale

$$Y - y = m (X - x).$$

L'équation de la projection sur le plan des xz de la section faite par l'un d'eux résulterait de l'élimination de Y entre les équations

$$f (X, Y, Z) = 0 \quad \text{et} \quad Y - y = m (X - x).$$

Si cette élimination avait été effectuée et qu'elle eût donné pour résultat

$$\varphi(X, Z) = 0,$$

les équations des tangentes à la section au point $[x, z,]$ en supposant que ce point fût simplement double, seraient

$$Z - z = n(X - x),$$

n étant l'une des racines de l'équation

$$\frac{d^2\varphi}{dz^2} n^2 + 2 \frac{d^2\varphi}{dx\,dz} n + \frac{d^2\varphi}{dx^2} = 0;$$

l'équation du système de ces tangentes serait donc

$$\frac{d^2\varphi}{dz^2} \left(\frac{Z - z}{X - x}\right)^2 + 2 \frac{d^2\varphi}{dx\,dz} \frac{Z - z}{X - x} + \frac{d^2\varphi}{dx^2} = 0;$$

enfin le système des tangentes à la section dans son plan serait représenté par l'ensemble de cette dernière équation et de

$$Y - y = m(X - x),$$

et l'équation du système des deux plans tangents résulterait de l'élimination de m entre ces dernières.

219. Telle est la marche qu'il y aurait à suivre dans chaque cas particulier; mais pour arriver à une formule générale, nous n'effectuerons pas l'élimination de Y entre $f(X, Y, Z) = 0$ et $Y - y = m(X - x)$, mais nous exprimerons les coefficients différentiels

$$\frac{d^2\varphi}{dx^2}, \qquad \frac{d^2\varphi}{dx\,dz} \qquad \text{et} \qquad \frac{d^2\varphi}{dz^2}$$

au moyen des dérivées de $f(X, Y, Z)$, où Y sera considéré comme une fonction de X, ayant d'ailleurs pour dérivée

$$\frac{dY}{dX} = m.$$

les dérivées premières de φ par rapport à X et à Z sont

$$\frac{d\varphi}{dX} = \frac{df}{dX} + m \frac{df}{dY} \qquad \text{et} \qquad \frac{d\varphi}{dZ} = \frac{df}{dZ},$$

Y étant supposé remplacé par la valeur $y + m(X - x)$; de même

$$\frac{d^2\varphi}{dX^2} = \frac{d^2f}{dX^2} + 2m \frac{d^2f}{dX\,dY} + m^2 \frac{d^2f}{dY^2},$$

$$\frac{d^2\varphi}{dX\,dZ} = \frac{d^2f}{dX\,dZ} + m \frac{d^2f}{dY\,dZ}$$

et

$$\frac{d^2\varphi}{dZ^2} = \frac{d^2f}{dZ^2}$$

Y étant de même supposé remplacé par sa valeur.

L'équation

$$\frac{d^2\varphi}{dz^2}\left(\frac{Z-z}{X-x}\right)^2 + 2 \frac{d^2\varphi}{dx\,dz} \frac{Z-z}{X-x} + \frac{d^2\varphi}{dx^2} = 0$$

revient donc à

$$\frac{d^2f}{dz^2}\left(\frac{Z-z}{X-x}\right)^2 + 2\left\{\frac{d^2f}{dx\,dz} + m \frac{d^2f}{dy\,dz}\right\}\frac{Z-z}{X-x} + \frac{d^2f}{dx^2} + 2m \frac{d^2f}{dx\,dy} + m^2 \frac{d^2f}{dy^2} = 0,$$

et il ne reste plus qu'à éliminer m, c'est-à-dire à le remplacer par $\frac{Y-y}{X-x}$.

Cette élimination donne pour l'équation du système des plans tangents

$$\frac{d^2f}{dz^2}(Z-z)^2 + \frac{d^2f}{dx^2}(X-x)^2 + \frac{d^2f}{dy^2}(Y-y)^2 + 2\frac{d^2f}{dx\,dy}(X-x)(Y-y) +$$

$$2\frac{d^2f}{dy\,dz}(Y-y)(Z-z) + 2\frac{d^2f}{dz\,dx}(Z-z)(X-x) = 0.$$

On trouverait aussi aisément l'équation du système des trois plans tangents en un point où trois nappes d'une même surface viendraient se couper. Un pareil point serait caractérisé par les conditions

$$\frac{df}{dx}=0, \; \frac{df}{dy}=0, \; \frac{df}{dz}=0, \; \frac{d^2f}{dx^2}=0, \; \frac{d^2f}{dy^2}=0, \; \frac{d^2f}{dz^2}=0, \; \frac{d^2f}{dx\,dy}=0, \; \frac{d^2f}{dy\,dz}=0 \; \text{et} \; \frac{d^2f}{dz\,dx}=0.$$

CHAPITRE XV

Quadrature de la conjuguée dont les abscisses sont réelles.

220. L'aire comprise entre l'axe des x, deux ordonnées et un arc de la conjuguée qui a sa caractéristique infinie, s'obtient par la même intégration qui fournirait l'aire d'un segment analogue de la courbe réelle : la même intégrale sin YX $\int y\, dx$ prise entre des limites réelles par rapport à x, représentera soit l'aire d'un segment de la courbe réelle, soit l'aire d'un segment de la conjuguée $C = \infty$, suivant que les valeurs de y correspondant aux valeurs qu'aura prises la variable x, seront réelles ou imaginaires.

Dans le second cas, l'intégrale aura la forme $A + B\sqrt{-1}$: A représentera l'aire d'un segment du diamètre correspondant aux cordes parallèles à l'axe des y de la conjuguée $C = \infty$, et B l'aire comprise entre cette conjuguée et son diamètre.

Quadrature d'une conjuguée quelconque.

221. On pourrait évaluer l'aire d'une conjuguée quelconque de la courbe réelle, en rendant préalablement ses abscisses réelles. Après avoir donné à l'axe des y une direction convenable, on obtiendrait, comme dans le cas précédent, la mesure de l'aire comprise entre l'ancien axe des x, deux parallèles au nouvel axe des y, et un arc quelconque de la conjuguée considérée ; pour avoir l'aire qu'on se proposait d'obtenir, et qui devait être comprise entre l'axe des x, deux parallèles à l'ancien axe des y et l'arc de la conjuguée, il ne resterait qu'à corriger le résultat obtenu, en y ajoutant la différence des aires des deux triangles qui auraient pour sommets les points extrêmes de l'arc de la conjuguée, pour côtés, des parallèles à l'ancien et au nouvel axe des y, et pour bases, les segments de l'axe des x interceptés entre ces parallèles.

Mais alors on aurait, pour chaque conjuguée, à effectuer une transformation de coordonnées, la résolution par rapport à y de la nouvelle équation de la courbe, et, ce qui serait pis encore, une nouvelle intégration. Toutes ces complications peuvent être évitées, et la seule intégration qu'exige la quadrature de la courbe réelle suffira à la quadrature de toutes ses conjuguées.

La direction des ordonnées qui limitent le segment qu'on veut calculer est presque toujours indifférente par elle-même ; un changement dans cette direction n'entraîne qu'une correction toujours facile à faire et qui n'affecte pas la partie intéressante, au point de vue analytique, de l'intégrale qui représente le segment considéré. Pour cette raison, et pour fixer le langage, lorsqu'il s'agira d'une conjuguée quelconque, nous ne nous occuperons que de l'aire comprise entre un arc de cette conjuguée, deux de ses cordes réelles et l'axe des x; c'est toujours d'un segment pareil que nous entendrons parler, lorsque nous nous occuperons de l'aire de la conjuguée, et c'est ce segment que nous allons nous proposer d'évaluer.

Le principe qui va nous servir à ramener à une seule toutes les intégrations, en apparence différentes, qu'il faudrait effectuer pour quarrer les différentes conjuguées d'une même courbe, résulte de la remarque suivante : Une seule intégration effectuée par rapport à la courbe réelle, rapportée à certains axes, suffirait pour qu'on pût, par des transformations algébriques simples, former l'expression analytique de l'aire d'un segment de la même courbe rapportée à d'autres axes; mais on sait, d'un autre côté, que chaque expression de l'aire de la courbe réelle rapportée à des axes quelconques convient à l'aire de la conjuguée dont les abscisses sont alors réelles. Il est facile de préjuger de là qu'une seule et même intégration doit suffire pour quarrer la courbe réelle et toutes ses conjuguées.

222. Soit AB un arc de la courbe réelle rapportée successivement aux axes OX, OY et OX, OY', l'aire à calculer sera PABQ ou P'ABQ', et sera représentée par

$$\sin \text{YX} \int y\, dx,$$

ou par

$$\sin \text{Y'X} \int y'\, dx',$$

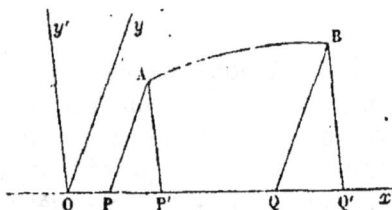

Fig. 7.

ces intégrales étant prises entre les limites $[x_0, y_0]$, $[x_1, y_1]$ ou $[x'_0, y'_0]$, $[x'_1, y'_1]$ qui correspondent aux extrémités A et B de l'arc considéré; la différence de ces deux intégrales est celle des aires des deux triangles QBQ' et PAP', qui ont pour mesures

$$\sin \text{Y'Y} \cdot \frac{y_1 y'_1}{2} \quad \text{et} \quad \sin \text{Y'Y} \frac{y_0 y'_0}{2}.$$

En remplaçant y'_0 et y'_1 par leurs valeurs en fonction de y_0 et y_1, tirées des formules de transformation,

$$x \sin YX = x' \sin YX + y' \sin Y'Y,$$
$$y \sin YX = y' \sin Y'X,$$

on obtient, pour expression de cette différence,

$$\sin Y'X \int_{x'_0, y'_0}^{x'_1, y'_1} y' \, dx' - \sin YX \int_{x_0, y_0}^{x_1, y_1} y \, dx = -\frac{1}{2} \sin Y'Y \frac{\sin YX}{\sin Y'X} (y_1^2 - y_0^2),$$

ce qui donne

$$\sin Y'X \int_{x'_0, y'_0}^{x'_1, y'_1} y' \, dx' = \sin YX \int_{x_0, y_0}^{x_1, y_1} y \, dx - \frac{1}{2} \sin Y'Y \frac{\sin YX}{\sin Y'X} (y_1^2 - y_0^2),$$

l'angle Y'Y étant compté positivement de l'axe des y vers l'axe des x.

Cette égalité, qui subsiste toujours vraie quels que soient x_0, y_0, x_1, y_1 réels, est une identité absolue. La fonction analytique qui représente l'aire d'une conjuguée quelconque comprise entre des cordes réelles partant de deux de ses points $\lfloor x_0 y_0 \rfloor$, $[x_1 y_1]$ est donc

$$\sin YX \left[\int_{x_0, y_0}^{x_1, y_1} y \, dx - \frac{1}{2} \frac{\sin Y'Y}{\sin Y'X} (y_1^2 - y_0^2) \right],$$

ou, en remplaçant $\dfrac{\sin Y'X}{\sin Y'Y}$ par la caractéristique C,

$$\sin YX \left(-\frac{y_1^2 - y_0^2}{2C} + \int_{x_0, y_0}^{x_1, y_1} y \, dx \right).$$

La partie réelle de cette quantité représente l'aire du diamètre de la conjuguée qui divise en parties égales ses cordes réelles, et la partie imaginaire l'aire comprise entre la conjuguée et son diamètre.

Lorsque les limites de l'intégrale correspondent à des points où la conjuguée touche la courbe réelle, la partie $-\sin YX \dfrac{y_1^2 - y_0^2}{2C}$ est réelle et représente alors effectivement la différence des deux triangles, l'un ajouté, l'autre retranché au segment qui serait compris entre des parallèles au premier axe des y; de sorte que

$$\sin YX \int_{x_0, y_0}^{x_1, y_1} y \, dx,$$

dans ce cas, représente, par sa partie imaginaire, l'aire fermée comprise entre la conjuguée et le diamètre qui divise en parties égales ses cordes réelles, et par sa partie réelle l'aire comprise entre le diamètre, l'axe des x et les deux ordonnées $x = x_0$, $x = x_1$.

223. La théorie précédente ne suppose aucunement que l'équation qui définit y ait ses coefficients réels. Par conséquent, si l'on sait quarrer les courbes renfermées dans une même équation littérale, on saura, par là même, non-seulement quarrer toutes les conjuguées de ces courbes, mais encore celles qui seraient fournies par la même équation où l'on aurait attribué aux constantes des valeurs imaginaires.

Par exemple, les aires de toutes les courbes imaginaires que peut représenter l'équation générale du second degré à coefficients imaginaires pourront s'exprimer au moyen seulement des fonctions circulaires et logarithmiques.

224. L'intégrale $\int y\,dx$ prise entre deux limites dont l'une est celle d'une valeur de x pour laquelle y est infinie, peut être finie ou infinie : il est important d'établir la condition relative à chacun des deux cas.

Soit

$$y = \frac{\varphi(x)}{(x-a)^\alpha},$$

$\varphi(x)$ ne s'annulant ni ne devenant infini pour $x = a$.

Si x s'éloigne très-peu de a, $\varphi(x)$ s'éloignera très-peu de $\varphi(a)$, de sorte que l'intégrale

$$\int_x^a \frac{\varphi(x)}{(x-a)^\alpha}\,dx$$

différera aussi peu qu'on le voudra de

$$\varphi(a) \int_x^a \frac{dx}{(x-a)^\alpha}$$

ou de

$$\varphi(a) \left[\frac{(x-a)^{1-\alpha}}{1-\alpha} \right]_x^a,$$

c'est-à-dire de

$$\frac{\varphi(a)}{1-\alpha} \left[(x-a)^{1-\alpha} \right]_x^a.$$

Cette quantité est finie ou infinie, suivant que α est plus petit ou plus grand que 1. Pour $\alpha = 1$, elle se présente sous une forme illusoire; mais on sait que, dans ce cas, l'intégrale est infinie.

Par conséquent, l'intégrale $\int y\,dx$, prise entre deux limites dont l'une, *a*, fournit une valeur infinie pour *y*, reste finie ou devient infinie suivant que la limite du produit de *y* par *x* — *a* est nulle ou ne l'est pas.

Rectifications.

225. La formule de la distance de deux points,

$$\sqrt{(x'-x'')^2+(y'-y'')^2}$$

ne représente plus, lorsque ces points sont imaginaires, que le rayon du cercle imaginaire qui aurait pour centre l'un d'eux et qui passerait par l'autre; la distance vraie des deux points n'y a qu'un rapport très-indirect. Il en est naturellement de même de la formule

$$\sqrt{dx^2+dy^2}$$

de la distance de deux points infiniment voisins.

Par conséquent, l'intégrale

$$\int dx \sqrt{1+\left(\frac{dy}{dx}\right)^2},$$

prise le long d'une conjuguée quelconque d'un lieu [*x, y*], représentera une grandeur que l'on pourrait définir, mais qui ne sera pas la longueur de l'arc de cette conjuguée compris entre les limites de l'intégration.

La même intégrale, qui sert à rectifier une courbe réelle, ne donnerait donc pas les longueurs prises sur ses conjuguées.

Mais le long de l'enveloppe imaginaire des conjuguées $\frac{dy}{dx}$ est réel et représente le coefficient angulaire de la tangente à cette courbe. $dx \sqrt{1+\left(\frac{dy}{dx}\right)^2}$, abstraction faite du signe $\sqrt{-1}$ qu'on remplacerait par 1, représente donc l'élément de la courbe et

$$\int dx \sqrt{1+\left(\frac{dy}{dx}\right)^2}$$

en représente un arc quelconque.

Si donc, pour avoir l'arc de la courbe réelle représentée par l'équation proposée, on a posé

$$z = \sqrt{1+\left(\frac{dy}{dx}\right)^2}$$

de sorte que l'aire de la courbe $[z, x]$ représente l'arc de la courbe $[y, x]$, l'aire de la conjuguée à ordonnées réelles de la courbe $[z, x]$ représentera proportionnellement l'arc de l'enveloppe imaginaire des conjuguées de la courbe proposée.

En d'autres termes, l'arc de l'enveloppe imaginaire des conjuguées est fourni par la même intégrale qui donne l'arc de l'enveloppe réelle, ou de la courbe proposée.

On verra dans le second volume une application intéressante de cette remarque à la théorie des fonctions elliptiques.

CHAPITRE XVI

Cubature de la conjuguée dont les ordonnées z sont seules imaginaires.

226. Les axes étant supposés rectangulaires, l'élément du volume droit compris entre le plan des xy et la surface que l'on veut cuber est

$$z dx\, dy$$

ou

$$F(x, y)\, dx\, .\, dy,$$

si l'équation de la surface a donné

$$z = F(x, y).$$

Ce volume droit indéfini est représenté par l'intégrale

$$\int dy \int F(x, y)\, dx;$$

pour le limiter, on se donne habituellement la trace horizontale, fermée, du cylindre qui doit en former le contour. Si cette trace est représentée par une équation $f(x, y) = 0$ qui donne

$$x = \varphi(y) \pm \sqrt{\psi(y)},$$

le volume considéré est représenté par

(1) $$\int_{y_0}^{y_1} dy \int_{\varphi(y) - \sqrt{\psi(y)}}^{\varphi(y) + \sqrt{\psi(y)}} F(x, y)\, dx,$$

y_0 et y_1 étant les ordonnées maximum et minimum de la courbe $f(x, y) = 0$.

Si la trace horizontale du cylindre est sinueuse et que son équation fournisse plus de deux valeurs de x en y, le volume s'exprime par plusieurs intégrales doubles dont les limites par rapport à x sont les différentes valeurs de x en fonction de y, prises deux à deux en ordre convenable, et les limites par rapport à y, les ordonnées maximum et minimum des différentes branches de la courbe sinueuse.

Le cas qui se présente le plus fréquemment est celui où le cylindre, qui comprend le volume à cuber, projette sur le plan horizontal le contour apparent de la surface. Si ce contour est limité dans les deux sens des x et des y, on calcule, comme il vient d'être dit, le volume droit compris entre la surface entière et le plan horizontal.

Si le contour est illimité, par exemple, dans le sens des x positifs et limité dans le sens des x négatifs, on peut le terminer, dans le sens des x positifs, par une parallèle $x = x_1$ à l'axe des y; alors $x = \chi(y)$ étant la valeur de x tirée de l'équation du contour apparent, le volume est représenté par

$$(2) \qquad \int_{y_0}^{y_1} dy \int_{\chi(y)}^{x_1} F(x, y)\, dx,$$

y_0 et y_1 étant les ordonnées limites de la base du cylindre sur la droite $x = x_1$, ou par plusieurs intégrales de même forme avec d'autres de la forme (1) si la base du cylindre comprend plusieurs branches du contour apparent, et que ce contour présente des points maximums et minimums par rapport à y.

Si le contour apparent est illimité dans les deux sens des x positifs et négatifs, on le termine par des parallèles à l'axe des y, $x = x_0$ et $x = x_1$ qui rencontrent le contour apparent et forment avec lui un espace clos sur le plan des xy; alors, outre des intégrales de la forme (1) ou (2), l'expression du volume en comprend d'une troisième forme

$$(3) \qquad \int_{y_0}^{y_1} dy \int_{x_0}^{x_1} F(x, y)\, dx.$$

Si la surface n'a pas de contour apparent sur le plan horizontal, en ce sens que ses points projetés parallèlement à l'axe des z recouvrent tout le plan des xy, on peut former sur ce plan un contour rectangulaire au moyen de deux parallèles à l'axe des y, $x = x_0$, $x = x_1$, et de deux parallèles à l'axe des x, $y = y_0$, $y = y_1$, et le volume s'exprime par une intégrale de la forme (3).

Cela posé, la conjuguée à abscisses et ordonnées réelles se cubera exactement comme la surface réelle, car dx et dy étant réels et $F(x, y)$ seul imaginaire, la partie réelle de l'intégrale

$$\int dy \int F(x, y)\, dx$$

représentera le volume terminé à la surface diamétrale, correspondant aux cordes parallèles à l'axe des z, de la partie considérée, et la partie imaginaire le volume compris entre la surface diamétrale et la conjuguée.

227. Si l'on prenait dans le plan horizontal un contour fermé quelconque, partie placé au-dessous de la surface réelle, partie au-dessous de la surface imaginaire, l'intégrale, abstraction faite du signe $\sqrt{-1}$ qu'on remplacerait par 1, représenterait la somme des volumes cylindriques terminés à la surface réelle et à la surface imaginaire.

On peut trouver dans cette remarque le moyen de simplifier quelquefois le procédé de calcul habituellement employé pour cuber la surface réelle. En effet, une intégrale de la forme

$$(3) \qquad \int_{y_0}^{y_1} dy \int_{x_0}^{x_1} F(x, y)\, dx$$

est généralement plus aisée à obtenir que celles des deux autres formes, parce que les limites x_0 et x_1 y sont constantes au lieu d'être des fonctions de y; cette intégrale donne un volume à base rectangulaire et non pas terminé au contour apparent de la surface, ce qui est habituellement ce dont on a besoin.

Mais si ce contour rectangulaire dépasse le contour apparent de la surface réelle, l'intégrale représentera sous forme réelle le volume cylindrique compris entre la surface réelle et le plan horizontal, volume qui aura pour base tout ou portion du contour apparent, plus le volume de la surface diamétrale compris dans l'intérieur d'un cylindre limité au contour apparent de la surface réelle et au contour rectangulaire, et sous forme imaginaire, le volume compris dans ce même cylindre entre la surface diamétrale et la surface imaginaire.

Or, si la surface diamétrale est précisément le plan des xy, son volume sera nul, et l'intégrale ne se composera plus que de deux parties, l'une réelle qui sera ce que l'on cherchait, et l'autre imaginaire qui se séparera aisément.

Si la surface diamétrale était quelconque, il faudrait la cuber à part, et cela ramènerait en général la difficulté qu'on voulait éviter; cependant, quand il s'agira de trouver le volume compris entre les deux nappes de la surface réelle, que sépare le plan diamétral qu'elle a en commun avec sa conjuguée, ce volume devant s'obtenir par une soustraction où le volume de la surface diamétrale disparaîtrait comme partie commune, rien ne s'opposera plus à la réussite de l'artifice que nous signalons.

Pour calculer le volume compris entre le plan des xy et une conjuguée quelconque, on pourrait rendre d'abord ses abscisses et ses ordonnées réelles, en changeant la direction de l'axe des z; mais nous allons voir qu'il est représenté par la même intégrale double qui donne le volume de la surface réelle, à la différence près toutefois d'une intégrale simple qui formera une partie complémentaire analogue à celle qu'introduit la recherche de l'aire d'une conjuguée quelconque d'une courbe plane.

Cubature d'une quelconque des conjuguées dont les ordonnées z et x seules sont imaginaires.

228. Les ordonnées z et x de la conjuguée considérée étant seules imaginaires, pour rendre réelles ses abscisses, il suffirait d'incliner convenablement l'axe des z dans le plan des zx; en d'autres termes, les cordes réelles de la conjuguée seront parallèles au plan des zx.

Cela posé, la question peut, sans inconvénient, être réduite à déterminer le volume compris entre la conjuguée considérée, un cylindre parallèle à ses cordes réelles et le plan des xy : si l'on voulait ensuite donner aux génératrices du cylindre une autre direction, sans changer la courbe suivant laquelle il devrait couper la conjuguée, la correction à faire se réduirait à l'introduction de l'intégrale simple qui exprimerait la différence des volumes des deux cylindres.

La question ainsi posée n'exige aucune invention nouvelle; chaque plan parallèle aux xz donne dans le cylindre considéré une section trapézoïdale dont l'aire, les axes de coordonnées étant supposés rectangulaires, est exprimée, comme on l'a vu au n° 222, par

$$\frac{z_0^2 - z_1^2}{2C} + \int_{x_0 z_0}^{x_1 z_1} F(x, y) \, dx,$$

$[x_0; z_0]$, $[x_1, z_1]$ étant les deux points où le plan parallèle aux xz, dont il s'agit, coupe l'intersection de la conjuguée et du cylindre, et l'intégrale étant prise comme si y était constant.

Le volume compris dans le cylindre entre deux plans parallèles aux xz, infiniment voisins, est donc

$$dy \left(\frac{z_0^2 - z_1^2}{2C} + \int_{x_0 z_0}^{x_1 z_1} F(x, y) \, dx \right),$$

et le volume cherché, si $y = y_0$ et $y = y_1$ sont les deux plans limites qui comprennent le cylindre, est représenté par

$$\int_{y_0}^{y_1} dy \left(\frac{z_0^2 - z_1^2}{2C} + \int_{x_0 z_0}^{x_1 z_1} F(x, y) \, dx \right),$$

expression qui ne diffère que par une intégrale simple de la formule du volume indéfini de la surface réelle.

Dans cette expression, la partie réelle représente le volume compris dans le cylindre considéré entre le plan des xy et le diamètre qui partage en parties égales les cordes réelles de la conjuguée, et la partie imaginaire, le volume compris dans le même cylindre entre la conjuguée et son diamètre.

Si le cylindre est circonscrit à la surface réelle, l'intégrale simple

$$\int_{y_0}^{y_1} dy \left(\frac{z_0^2 - z_1^2}{2C} \right)$$

représente le volume compris entre ce cylindre et un autre qui, coupant la surface réelle suivant la même courbe, aurait ses génératrices parallèles aux z; en supprimant donc cette intégrale simple, l'intégrale double qui reste

$$\int_{y_0}^{y_1} dy \int_{x_0 z_0}^{x_1 z_1} F(x, y)\, dx$$

représente le volume de la conjuguée compris dans un cylindre parallèle aux z.

Cubature d'une conjuguée quelconque.

229. C et C′ étant les deux caractéristiques de la conjuguée considérée, ses cordes réelles seront parallèles à la droite

$$x = \frac{1}{C}\, z,$$

$$y = \frac{1}{C'}\, z :$$

pour trouver l'expression du volume compris entre une portion de cette surface, un cylindre parallèle à ses cordes réelles et le plan des xy, nous raisonnerons comme en géométrie plane.

S'il s'agissait de la surface réelle, et que la rapportant successivement aux axes primitifs (x, y, z) et à de nouveaux axes (x, y, z') dont le dernier fût parallèle à la droite anciennement représentée par les équations $x = \frac{1}{C}\, z$, $y = \frac{1}{C'}\, z$, on formât les deux intégrales

$$\int dy \int z\, dx \quad \text{et} \quad \sin(Y, Z'X) \int dy' \left(\sin Z'X \int z'\, dx' \right)$$

en prenant pour limites les coordonnées, dans l'ancien et le nouveau système, des points d'une même courbe tracée sur la surface : ces deux intégrales différeraient entre elles de l'intégrale simple qui exprimerait la différence des volumes des deux cylindres parallèles l'un aux z, l'autre aux z', terminés d'une part à la courbe choisie et de l'autre au plan des xy.

Cette intégrale simple, en désignant par u une ordonnée perpendiculaire à la fois aux z et aux z', est

$$\frac{\sin ZZ'}{2} \int z \, . \, z' \, . \, du$$

qu'on peut exprimer en fonction de z, x et y de la manière suivante :
D'abord $z' = \dfrac{z}{\cos ZZ'}$, ce qui réduit l'intégrale considérée à

$$\frac{\tan g\, ZZ'}{2} \int z^2 \, du ;$$

en outre des plans parallèles aux z' et aux z, puisque les z' sont parallèles à la droite $x = \dfrac{1}{C} z, y = \dfrac{1}{C'} z$, ont pour équation générale

$$C'y - Cx = k,$$

la distance u d'un point x, y, z à l'un de ces plans est donc

$$\frac{C'y - Cx - k}{\sqrt{C^2 + C'^2}},$$

par conséquent

$$du = \frac{C'dy - Cdx}{\sqrt{C^2 + C'^2}} ;$$

d'un autre côté

$$\cos ZZ' = \frac{1}{\sqrt{C^2 + C'^2 + 1}},$$

et par suite

$$\tan g\, ZZ' = \sqrt{C^2 + C'^2}.$$

La substitution donne pour la partie complémentaire cherchée

$$\frac{1}{2} \int z^2 \, (C'dy - Cdx),$$

expression dans laquelle x, y, z sont les coordonnées des points de la courbe qui limite la portion de volume qu'on voulait calculer, de sorte que dx et dy peuvent y être exprimés en fonction de z et de dz au moyen de l'équation de la surface et de la condition qu'on y a adjointe pour définir la courbe en question.

En résumé donc, s'il s'agissait de la surface réelle, on aurait identiquement

$$\sin(\mathrm{Y}, \mathrm{Z'X}) \sin(\mathrm{Z'X}) \int dy' \int z' dx' = \int dy \int z dx - \frac{1}{2} \int^{2} z^{2} (\mathrm{C'}dy - \mathrm{C}dx),$$

xyz, $x'y'z'$ désignant dans les deux intégrales doubles les coordonnées anciennes et nouvelles des points correspondants de la surface, tandis que dans l'intégrale simple x, y, z seraient les coordonnées des points de la courbe tracée sur la surface pour limiter la portion à laquelle correspondraient les deux volumes considérés.

Or cette identité, absolue de sa nature, convient aussi bien à des valeurs imaginaires des coordonnées qu'à des valeurs réelles ; si donc,

$$z = \mathrm{F}(x, y)$$

étant toujours l'équation de la surface réelle,

$$x - \frac{1}{\mathrm{C}} z = f\left(y - \frac{1}{\mathrm{C'}} z\right).$$

est l'équation du cylindre réel qui doit, dans la conjuguée dont les caractéristiques sont $\frac{1}{\mathrm{C}}$ et $\frac{1}{\mathrm{C'}}$, intercepter le volume considéré, et que les équations

$$z = \mathrm{F}(x, y) \quad \text{et} \quad x - \frac{1}{\mathrm{C}} z = f\left(y - \frac{1}{\mathrm{C'}} z\right)$$

donnent

$$x = \varphi(y) \pm \psi(y),$$

le volume cherché, représenté par l'intégrale

$$\sin(\mathrm{Y}, \mathrm{Z'X}) \sin \mathrm{Z'X} \int dy' \int z' dx'$$

où les limites, qu'il est inutile d'indiquer, auraient été prises convenablement, sera aussi représenté par

$$\int_{y_0}^{y_1} dy \int_{\varphi(y) - \psi(y)}^{\varphi(y) + \psi(y)} \mathrm{F}(x, y) \, dx$$

$$- \frac{1}{2} \int_{y_0}^{y_1} \left\{ \mathrm{F}[\varphi(y) \pm \psi(y), y] \right\}^{2} [\mathrm{C'} - \mathrm{C}\,\varphi'(y) \mp \mathrm{C}\,\psi'(y)] \, dy,$$

dans laquelle les constantes y_0 et y_1 seraient les ordonnées maximum et minimum de la courbe qui limite, sur la conjuguée, la portion de la surface à laquelle correspond le volume cherché.

Quadratures des surfaces.

250. L'intégrale qui donne l'aire d'une surface $f(x, y, z) = 0$ est

$$\int \int dx\, dy \sqrt{1 + p^2 + q^2}$$

p et q désignant les dérivées partielles de z par rapport à x et par rapport à y.

Cette formule ne pourrait pas être utilisée à la quadrature des conjuguées; elle ne pourrait même généralement pas l'être à la quadrature de l'enveloppe imaginaire, quoique p et q fussent réels le long de cette enveloppe et que $\dfrac{1}{\sqrt{1 + p^2 + q^2}}$ représentât bien le cosinus de l'angle du plan tangent à cette enveloppe avec le plan des xy, parce que $dx \cdot dy$ ne représenterait généralement pas la projection sur le plan des xy de l'élément de l'enveloppe.

Toutefois la formule redeviendrait applicable si les coordonnées x et y de l'enveloppe étaient imaginaires sans parties réelles, comme cela arrive pour les enveloppes imaginaires des conjuguées des surfaces du second ordre, rapportées à leurs centres.

CHAPITRE XVII

DES ANGLES IMAGINAIRES AU CENTRE DU CERCLE RÉEL ET DES TRIANGLES IMAGINAIRES DÉFINIS PAR DES DONNÉES RÉELLES

Construction d'un angle imaginaire sans partie réelle,
dont on donne les lignes trigonométriques.

231. L'intégrale

$$\int_{x_0}^{x} dx \sqrt{a^2 - x^2}$$

représente l'aire du demi-segment intercepté dans le cercle $y^2 + x^2 = a^2$ par les ordonnées menées à des distances x_0 et x du centre ; la même aire est aussi représentée par

$$\frac{1}{2} a^2 \left(\text{arc cos} \frac{x_0}{a} - \text{arc cos} \frac{x}{a} \right) + \frac{x}{2} \sqrt{a^2 - x^2} - \frac{x_0}{2} \sqrt{a^2 - x_0^2},$$

de sorte que

$$\int_{x_0}^{x} dx \sqrt{a^2 - x^2} = \frac{1}{2} a^2 \left(\text{arc cos} \frac{x_0}{a} - \text{arc cos} \frac{x}{a} \right) + \frac{x}{2} \sqrt{a^2 - x^2} - \frac{x_0}{2} \sqrt{a^2 - x_0^2}.$$

Si l'aire mesurée est limitée à droite par la tangente $x = a$, l'égalité précédente devient

$$\int_{x_0}^{a} dx \sqrt{a^2 - x^2} = \frac{a^2}{2} \text{arc cos} \frac{x_0}{a} - \frac{x_0}{2} \sqrt{a^2 - x_0^2}$$

ou bien

$$\int_{a}^{x} dx \sqrt{a^2 - x^2} = - \frac{a^2}{2} \text{arc cos} \frac{x}{a} + \frac{x}{2} \sqrt{a^2 - x^2}.$$

Si x devient plus grand que a, cette égalité peut s'écrire

$$\sqrt{-1} \int_{a}^{x} dx \sqrt{x^2 - a^2} = - \frac{a^2}{2} \text{arc cos} \frac{x}{a} + \frac{x}{2} \sqrt{-1} \sqrt{x^2 - a^2}$$

ou bien

$$\int_a^x dx \sqrt{x^2 - a^2} = \frac{a^2 \sqrt{-1}}{2} \text{ arc cos } \frac{x}{a} + \frac{x}{2} \sqrt{x^2 - a^2}.$$

Mais $\int_a^x dx \sqrt{x^2 - a^2}$ représente l'aire du demi-segment intercepté dans l'hyperbole équilatère $y^2 - x^2 = -a^2$, entre le sommet de cette courbe et l'ordonnée menée à la distance x du centre; l'aire de ce segment est donc

$$\frac{a^2 \sqrt{-1}}{2} \text{ arc cos } \frac{x}{a} + \frac{x}{2} \sqrt{x^2 - a^2};$$

d'un autre côté, l'aire du triangle compris entre l'axe des x, l'ordonnée de l'hyperbole menée à la distance x de l'origine et le rayon mené du centre au point $[x, y]$ de la courbe est

$$\frac{x}{2} \sqrt{x^2 - a^2};$$

par conséquent le secteur hyperbolique, compris entre les rayons dirigés au sommet et au point $[x, y]$, étant la différence du triangle et du segment, son aire sera

$$- \frac{a^2 \sqrt{-1}}{2} \text{ arc cos } \frac{x}{a}.$$

En désignant donc par ψ le rapport de l'aire de ce secteur à celle du carré construit sur le rayon a comme diagonale, on pourra écrire

$$- \frac{a^2 \sqrt{-1}}{2} \text{ arc cos } \frac{x}{a} = \frac{a^2}{2} \psi,$$

ou

$$\text{arc cos } \frac{x}{a} = \psi \sqrt{-1}.$$

Ainsi la valeur absolue de l'angle imaginaire, sans partie réelle, dont le cosinus est une quantité réelle $\frac{x}{a}$, plus grande que 1, est le rapport à $\frac{a^2}{2}$ ou au carré construit sur a comme diagonale, du secteur intercepté dans l'hyperbole équilatère $y^2 - x^2 = -a^2$, entre l'axe transverse, la courbe et le rayon mené au point dont l'abscisse est $\dot{x}$.

Lorsque a et x varieront proportionnellement, le rapport des aires du secteur hyperbolique et du carré $\frac{a^2}{2}$ restera constant, en sorte que l'angle imaginaire $\psi \sqrt{-1}$ ne variera pas ; d'ailleurs, x et y se trouvant multipliés par un même nombre, l'angle réel formé, avec l'axe transverse, par le rayon de l'hyperbole, mené au point $[x, y]$, conservera aussi la même ouverture. L'angle réel et l'angle imaginaire dépendant donc l'un de l'autre, ils pourront être figurés l'un par l'autre.

232. Pour résumer ce qui précède, et le compléter de manière à définir à la fois les six lignes trigonométriques d'un angle formé d'une seule partie réelle ou imaginaire, c'est-à-dire ayant l'une ou l'autre des formes φ ou $\psi \sqrt{-1}$, nous dirons :

Si dans l'équation $y^2 + x^2 = 1$ on donne à x une valeur réelle quelconque et qu'on prenne la valeur correspondante de y, réelle ou imaginaire, x et y seront le cosinus et le sinus de l'angle réel, ou imaginaire sans partie réelle, dont la valeur absolue serait le double de la mesure du secteur circulaire ou hyperbolique intercepté entre l'axe des x et le rayon mené au point $[x, y]$; $\frac{y}{x}$ sera la tangente de cet angle, $\frac{x}{y}$ en sera la cotangente, $\frac{1}{x}$ la sécante et $\frac{1}{y}$ la cosécante.

Le cosinus et la sécante d'un angle imaginaire sans partie réelle seront réels ; le sinus, la tangente, la cotangente et la cosécante seront imaginaires, mais n'auront pas de parties réelles [*].

Construction d'un angle en partie réel, en partie imaginaire, dont les lignes trigonométriques sont données.

233. Si dans l'équation $y^2 + x^2 = 1$ on attribue à x une valeur imaginaire $\alpha + \beta \sqrt{-1}$, et qu'on tire la valeur correspondante de y, $\alpha' + \beta C \sqrt{-1}$, $\alpha + \beta \sqrt{-1}$ et $\alpha' + \beta C \sqrt{-1}$ seront le cosinus et le sinus d'un angle en partie réel, en partie imaginaire, $\varphi + \psi \sqrt{-1}$: les deux parties φ et ψ de cet angle s'obtiendront aisément par la règle suivante. Le point $[x, y]$ appartenant à la conjuguée C du cercle, si l'on joint le centre à ce point, au point où la conjuguée C touche la courbe réelle, enfin à l'origine de tous les angles, c'est-à-dire à l'extrémité droite du diamètre du cercle couché sur l'axe des x, les trois rayons ainsi menés intercepteront un secteur circulaire et un secteur hyperbolique : φ sera

---

[*] Tous les faits que nous venons de rapporter étaient connus depuis la fin du dernier siècle. Mais la découverte en était restée stérile jusqu'ici, parce qu'elle avait été entièrement fortuite.

le double de la mesure du secteur circulaire et ψ le double de la mesure du secteur hyperbolique.

En effet, si l'on fait tourner les axes de l'angle dont la tangente est $-\dfrac{1}{C}$ de manière à amener l'axe des x en coïncidence avec le rayon mené au point de contact de la circonférence et de la branche de la conjuguée C, sur laquelle se trouve le point $[x, y]$, la nouvelle abscisse x' du même point $[x, y]$ sera réelle et son ordonnée y' imaginaire sans partie réelle; l'angle du rayon mené au point $[x', y']$ avec le nouvel axe des x sera donc imaginaire sans partie réelle; d'un autre côté, sa valeur algébrique sera

$$\varphi + \psi \sqrt{-1} - \text{arc tang} \left(-\frac{1}{C}\right);$$

l'angle φ ne différait donc pas de arc tang $\left(-\dfrac{1}{C}\right)$, c'est-à-dire que sa mesure était bien le double de la mesure du secteur circulaire.

Quant à $\psi \sqrt{-1}$, sa tangente $\dfrac{y'}{x'}$ étant aussi celle du double du secteur hyperbolique, le double de ce secteur et l'angle ψ ne feront donc qu'un.

On pourrait donner de ce théorème la démonstration suivante qui, sans rien ajouter à l'évidence des faits, présente cependant une analogie assez remarquable avec la démonstration la plus usuelle des théorèmes relatifs à l'addition des arcs réels, pour mériter d'être consignée.

Soient M (*fig.* 8) un point quelconque d'une conjuguée TNT' du cercle OA, dont le rayon sera pris pour unité, N le point de contact des deux courbes, φ le double de l'aire du secteur circulaire AON, ψ le double de l'aire du secteur hyperbolique NOM, enfin x et y les coordonnées imaginaires du point M : on sait que les parties réelles de x et de y seront les coordonnées

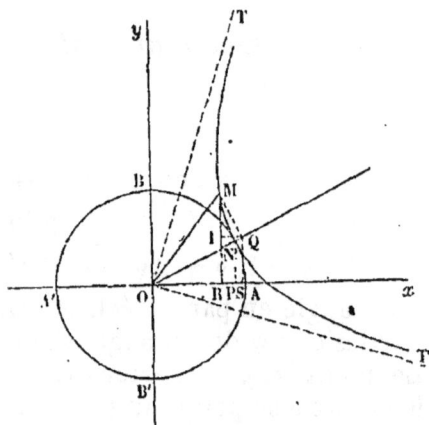

Fig. 8.

du milieu Q de la corde réelle de la conjuguée, menée par le point M, c'est-à-dire OS et SQ, et que leurs parties imaginaires seront les différences des coordonnées des points Q et M, c'est-à-dire $-$ QI et IM, de sorte que

$$x = \text{OS} - \text{QI} \sqrt{-1}$$

et

$$y = SQ + IM \sqrt{-1}.$$

Cela posé, comme

$$NP = \sin \varphi, \quad OP = \cos \varphi, \quad MQ \sqrt{-1} = \sin \psi \sqrt{-1},$$

enfin

$$OQ = \cos \psi \sqrt{-1},$$

les triangles semblables OQS et ONP d'une part, OQS et MQI de l'autre donneront

$$OS = \cos \varphi \cos \left(\psi \sqrt{-1} \right), \quad QI = \frac{\sin \varphi \sin \left(\psi \sqrt{-1} \right)}{\sqrt{-1}},$$

$$QS = \sin \varphi \cos \left(\psi \sqrt{-1} \right), \quad IM = \frac{\cos \varphi \sin \left(\psi \sqrt{-1} \right)}{\sqrt{-1}},$$

d'où

$$x = \cos \varphi \cos \left(\psi \sqrt{-1} \right) - \sin \varphi \sin \left(\psi \sqrt{-1} \right) = \cos \left(\varphi + \psi \sqrt{-1} \right)$$

et

$$y = \sin \varphi \cos \left(\psi \sqrt{-1} \right) + \cos \varphi \sin \left(\psi \sqrt{-1} \right) = \sin \left(\varphi + \psi \sqrt{-1} \right).$$

La règle à suivre pour construire l'angle imaginaire dont on donne le sinus ou le cosinus, ou toute autre ligne trigonométrique, se déduit immédiatement de ce qu'on vient de voir.

La droite qui va du centre au point dont les coordonnées sont les parties réelles du sinus et du cosinus donnés, fait avec le diamètre origine un angle égal à la partie réelle de l'angle cherché, et le point de rencontre de cette droite avec la circonférence est le sommet de l'arc d'hyperbole qui doit servir de base au secteur dont l'aire doublée sera la partie imaginaire de l'angle cherché; enfin les parties imaginaires du sinus et du cosinus donnés, ajoutées aux parties réelles des mêmes lignes, fourniront les coordonnées de la seconde extrémité de l'arc hyperbolique en question.

La partie imaginaire $\psi \sqrt{-1}$ de l'angle $\varphi + \psi \sqrt{-1}$ se compte comme la partie réelle de droite à gauche ou de gauche à droite, selon qu'elle est positive ou négative. De sorte que les deux angles $\varphi + \psi \sqrt{-1}$ et $\varphi - \psi \sqrt{-1}$ sont les inclinaisons, sur l'axe des x, des rayons menés aux extrémités d'une même corde réelle de la conjuguée dont l'axe transverse fait avec l'axe des x l'angle réel φ, ou dont la caractéristique est $-\dfrac{1}{\tan \varphi}$.

On retrouve aisément sur la figure les formules analytiques des angles qui correspondent à une ligne trigonométrique donnée. Ainsi à un sinus y correspondent, en vertu de l'équation $y^2 + x^2 = 1$, deux cosinus x égaux et de signes contraires; or la partie réelle de x changeant de signe, l'angle φ, d'après la règle énoncée, se change en $\pi - \varphi$; d'un autre côté, la partie imaginaire de x changeant de signe en même temps que la partie réelle, $\psi \sqrt{-1}$ se trouve changé en $- \psi \sqrt{-1}$, de sorte que l'angle devient

$$\pi - \varphi - \psi \sqrt{-1}$$

ou

$$\pi - \left(\varphi + \psi \sqrt{-1}\right).$$

Ainsi tous les angles qui répondent à un même sinus sont donnés par les formules

$$2K\pi + \left(\varphi + \psi \sqrt{-1}\right)$$

et

$$(2K + 1) \pi - \left(\varphi + \psi \sqrt{-1}\right).$$

Le mode de représentation que nous proposons pour les angles imaginaires est donc aussi fidèle que propre à faire image.

La formule

$$\cos \tfrac{1}{2} \left(\psi \sqrt{-1}\right) = \sqrt{\frac{1 + \cos \left(\psi \sqrt{-1}\right)}{2}}$$

fournit une construction simple de la bissectrice du secteur hyperbolique. De même la formule qui donne $\cos \left(m \psi \sqrt{-1}\right)$ en fonction de $\cos \left(\psi \sqrt{-1}\right)$ pourrait être employée à la répétition d'un secteur hyperbolique. Mais il est important d'observer que, bien que dans l'addition des angles imaginaires les secteurs imaginaires se comptent les uns à la suite des autres, cependant le secteur hyperbolique propre à figurer un angle imaginaire $\psi \sqrt{-1}$, considéré isolément, ne peut jamais être compté à partir d'un rayon incliné sur l'axe transverse de l'hyperbole à laquelle ce secteur doit appartenir; l'origine de l'arc d'hyperbole qui correspond à un angle imaginaire isolé est toujours l'un des sommets de cette hyperbole.

La tangente d'un angle imaginaire sans partie réelle ne peut croître que de $-\sqrt{-1}$ à $+\sqrt{-1}$, lorsque l'angle lui-même croît de $-\infty \sqrt{-1}$ à $+\infty \sqrt{-1}$. L'inclinaison réelle qui correspond à un angle imaginaire $\pm \infty \sqrt{-1}$ n'est que de $\pm \frac{\pi}{4}$ ou $\pm 45°$.

L'inclinaison réelle μ correspondant à un angle imaginaire $\psi\sqrt{-1}$ serait fournie par l'équation

$$\tan\left(\psi\sqrt{-1}\right) = \sqrt{-1}\ \tan\mu,$$

qui donne

$$\frac{e^{-\psi} - e^{\psi}}{e^{-\psi} + e^{\psi}} = \sqrt{-1}\ \frac{e^{\mu\sqrt{-1}} - e^{-\mu\sqrt{-1}}}{e^{\mu\sqrt{-1}} - e^{-\mu\sqrt{-1}}},$$

d'où l'on tirerait facilement μ en fonction de ψ.

Mais le but que nous nous proposons est de faire intervenir directement l'angle imaginaire dans la solution de toutes les questions qui en exigent l'emploi, sans retourner jamais à l'angle réel correspondant.

Des triangles imaginaires en général.

234. La manière la plus convenable, parce qu'elle est la plus générale, de définir un triangle quelconque, réel ou imaginaire, est de donner les coordonnées de ses trois sommets.

$[x', y']$, $[x'', y'']$, $[x''', y''']$ désignant les coordonnées des trois sommets d'un triangle rapporté à des axes quelconques, faisant entre eux un angle θ, les mesures des côtés de ce triangle seront pour nous, par définition,

$$\sqrt{(x'-x'')^2 + (y'-y'')^2 + 2(x'-x'')(y'-y'')\cos\theta},$$

$$\sqrt{(x'-x''')^2 + (y'-y''')^2 + 2(x'-x''')(y'-y''')\cos\theta}$$

et

$$\sqrt{(x''-x''')^2 + (y''-y''')^2 + 2(x''-x''')(y''-y''')\cos\theta};$$

les angles de ce triangle pourront être fournis, par exemple, par les formules

$$a^2 = b^2 + c^2 - 2bc\cos A,$$
$$b^2 = a^2 + c^2 - 2ac\cos B,$$
$$c^2 = a^2 + b^2 - 2ab\cos C,$$

qu'on pourrait remplacer, en tout ou en partie, et à volonté, par

$$\frac{a}{\sin A} = \frac{b}{\sin B} = \frac{c}{\sin C},$$

ou toutes autres formules qui s'en déduiraient.

La surface sera

$$\sqrt{p\,(p-a)\,(p-b)\,(p-c)}\,;$$

et de même, tous autres éléments constitutifs du triangle, tels que hauteurs, bissectrices, médianes, etc., seront fournis par les mêmes équations qui les donneraient dans un triangle réel.

La question ne consistera donc pas dans la détermination des éléments inconnus d'un triangle suffisamment défini, ou dans la résolution analytique de ce triangle, puisqu'elle se bornerait dès lors à la répétition de calculs déjà faits dans l'hypothèse de triangles réels : elle sera de donner à chacune des équations qui devraient entrer dans le calcul un sens précis et intelligible, qui fournisse l'expression de la condition graphique, correspondante, à laquelle devraient satisfaire les inconnues; de manière qu'il suffise ensuite de rapprocher les trois conditions propres à chaque groupe de données pour en déduire la règle à suivre dans la construction effective du triangle inconnu.

255. Mais la question même supposant la démonstration préalable de l'identité permanente du triangle et de ses éléments, nous devons d'abord établir cette identité.

Or, en premier lieu, si les axes viennent à changer d'une manière quelconque, les coordonnées nouvelles des trois sommets du triangle, tirées des formules vulgaires de transformation, fourniront toujours, on le sait, les trois mêmes points du plan ; ce qui suffit pour établir l'identité graphique du triangle imaginaire, aussi bien que réel.

D'un autre côté, aucune transformation de coordonnées ne pourra jamais altérer les expressions algébriques ni des côtés, ni des angles, ni de la surface, ni de tous autres éléments du triangle, quelles que soient les données qui le déterminent.

Parce que d'abord l'identité de la chose, qui va de soi quand cette chose est réelle, entraîne nécessairement l'identité analytique de la formule qui la représente, dans un mode quelconque ; et qu'il suffit d'ailleurs de savoir que cette identité analytique subsiste pour toutes les valeurs réelles des variables contenues dans la formule, pour pouvoir affirmer qu'elle ne serait pas troublée par l'attribution à ces variables de valeurs imaginaires.

Il résulte de ce qui vient d'être dit que, quel que soit le triangle que nous ayons à étudier, nous pourrons toujours choisir les axes à volonté, sans risquer d'altérer la question en quoi que ce soit.

256. Comme nous l'avons dit précédemment, la définition des éléments inconnus d'un triangle imaginaire se trouve dans les formules mêmes qui doivent fournir ces éléments et qui les donneraient dans le cas analogue d'un triangle réel; il est donc bien entendu que ce sera toujours de ces formules qu'il faudra se servir pour résoudre le triangle

proposé, mais l'usage à en faire doit être réglé par une restriction
indispensable.

La plupart des formules de trigonométrie rectiligne attribuent en
effet le double signe $\pm$ à toutes les inconnues qu'on en veut tirer.
L'espèce d'ambiguïté qui en résulte ne présente aucun inconvénient
lorsque le triangle doit être réel ; mais elle subsisterait d'une manière
fâcheuse dans le cas d'un triangle imaginaire, si l'on ne prenait soin de
définir plus exactement cette figure.

De quelques formules qu'on se soit servi pour résoudre un triangle,
il conviendra toujours de soumettre les résultats à la condition de vérifier les formules

$$\frac{\sin A}{a} = \frac{\sin B}{b} = \frac{\sin C}{c},$$

$$A + B + C = \pi.$$

Si l'indétermination n'est pas alors complétement levée, elle n'affectera
pas du moins chacun des éléments en particulier : elle portera sur
tout le triangle.

En effet, si d'abord on donne deux angles et un côté, dans ce cas la
condition $A + B + C = \pi$ déterminera le troisième angle sans ambiguïté ; dès lors les numérateurs des rapports

$$\frac{\sin A}{a}, \quad \frac{\sin B}{b} \quad \text{et} \quad \frac{\sin C}{c}$$

étant connus ainsi que l'un des trois dénominateurs, les deux autres
seront absolument déterminés.

Si l'on donne deux côtés et l'angle compris, on connaîtra la somme
des deux autres angles, et, à la vérité, on pourra partager cette somme
d'une infinité de manières en parties dont les sinus soient proportionnels
aux deux côtés donnés, mais ce ne pourra être qu'en ajoutant un
multiple quelconque de π à l'un des angles inconnus et retranchant
le même multiple à l'autre. Quant au troisième côté, il changera de
signe ou reprendra son signe primitif, selon que l'on aura ajouté à
l'un des angles inconnus et retranché à l'autre un multiple impair ou
pair de π.

Si l'on donne deux côtés et l'angle opposé à l'un d'eux, les deux
termes d'un même rapport étant déterminés, ainsi que le dénominateur
d'un second rapport, le numérateur de ce second rapport sera complétement déterminé, mais les deux angles inconnus pourront encore être
l'un augmenté, l'autre diminué d'un même multiple de π : par suite le
troisième côté pourra changer de signe.

Enfin si l'on donne les trois côtés, pour que les égalités

$$\frac{\sin A}{a} = \frac{\sin B}{b} = \frac{\sin C}{c},$$

$$A + B + C = \pi,$$

restassent satisfaites, on ne pourrait qu'augmenter l'un des trois angles d'un multiple de 2π, en diminuant les deux autres d'autres multiples de 2π, qui formassent la même somme.

237. Les observations que nous venons de présenter conviennent à toutes les hypothèses ; mais nous nous bornerons ici à étudier le cas où les triangles en question, bien qu'imaginaires, seraient définis par des données réelles.

238. Les deux premiers cas, où l'on donne soit un côté et les deux angles adjacents, soit deux côtés et l'angle compris, ne pouvant alors fournir de valeurs imaginaires pour les autres éléments du triangle, nous n'aurons pas pour le moment à nous en occuper.

Dans le troisième cas, où l'on donne deux côtés et l'angle opposé à l'un d'eux, le triangle peut être imaginaire.

Soient CAD (*fig.* 9) l'angle donné, $AC = b$ celui des côtés donnés qui doit être adjacent à l'angle A, CD la perpendiculaire abaissée de C sur AB, enfin $CE = a$ celui des côtés donnés qui doit être opposé à l'angle A.

Le côté CE, qui doit être opposé à l'angle A, étant moindre que la perpendiculaire CD, le triangle sera impossible.

Les formules

$$a^2 = b^2 + c^2 - 2bc \cos A$$

et

$$\frac{\sin C}{c} = \frac{\sin A}{a}$$

donnent

$$c = b \cos A \pm \sqrt{a^2 - b^2 \sin^2 A}$$

et

$$\sin C = \frac{b}{a} \sin A \cos A \pm \sin A \sqrt{1 - \frac{b^2}{a^2} \sin^2 A} :$$

sin C étant composé d'une partie réelle et d'une partie imaginaire, il en sera de même de C. Nous commencerons par déterminer la partie réelle de C. Pour cela, nous retrancherons de cet angle un angle réel φ tel, que $\sin(C - \varphi)$ n'ait plus de partie réelle :

$$\sin(C - \varphi) = \sin C \cos \varphi - \cos C \sin \varphi ;$$

pour abréger le calcul, nous tirerons $\cos C$ de la formule

$$\cos C = \frac{a^2 + b^2 - c^2}{2ab},$$

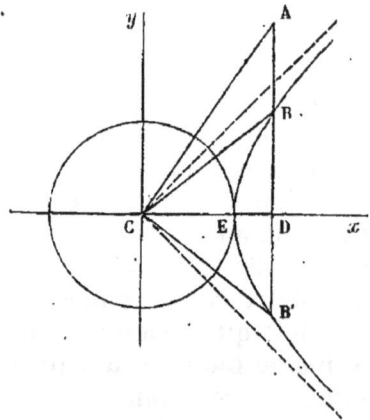

Fig. 9.

16.

qui, en y remplaçant c par sa valeur, donne

$$\cos C = \frac{b}{a} \sin^2 A \mp \cos A \sqrt{1 - \frac{b^2}{a^2} \sin^2 A}.$$

En substituant les valeurs de $\sin C$ et de $\cos C$, on trouve

$$\sin(C - \varphi) = \frac{b}{a} \sin A \cos A \cos \varphi - \frac{b}{a} \sin^2 A \sin \varphi$$

$$\pm \sqrt{-1} \, (\sin A \cos \varphi + \cos A \sin \varphi) \sqrt{\frac{b^2}{a^2} \sin^2 A - 1} \, ;$$

la condition qui détermine φ est donc

$$\frac{b}{a} \sin A \, (\cos A \cos \varphi - \sin A \sin \varphi) = 0,$$

qui donne

$$\varphi = \frac{\pi}{2} - A.$$

Ainsi la partie réelle de C est $\frac{\pi}{2} - A$; quant à la partie imaginaire $\psi \sqrt{-1}$, elle est donnée par l'équation

$$\sin \psi \sqrt{-1} = \sin(C - \varphi) = \pm \sqrt{-1} \sqrt{\frac{b^2}{a^2} \sin^2 A - 1}.$$

L'interprétation de ces résultats est facile à former : La circonférence décrite du point C comme centre, avec a pour rayon, ne coupant plus la droite AB, elle a été suppléée par celle des hyperboles équilatères, de même centre et de même rayon, qui pouvait, comme la circonférence, couper AB en deux points symétriquement placés par rapport à D, c'est-à-dire par l'hyperbole ayant son sommet en E ; de telle sorte que cette hyperbole coupant AB en B et B', le troisième sommet du triangle est B ou B', le troisième côté c est AD $\pm$ DB $\sqrt{-1}$; l'angle C est

$$\widehat{ACD} \pm 2 \, \frac{\text{secteur CEB}}{a^2} \sqrt{-1},$$

et enfin l'angle B est

$$\pi - \widehat{ACD} \mp 2 \, \frac{\text{secteur CEB}}{a^2} \sqrt{-1}.$$

En effet, si nous prenons pour axe des x la droite CD et pour axe des

y une perpendiculaire à CD, au point C, l'équation de l'hyperbole dont il s'agit sera

$$y^2 - x^2 = - a^2,$$

d'un autre côté, l'équation de AB sera

$$x = b \sin A,$$

BD sera donc égal à $\sqrt{b^2 \sin^2 A - a^2}$; ainsi, puisque

$$c = b \cos A \pm \sqrt{a^2 - b^2 \sin^2 A},$$

sa valeur est bien $AD \pm BD \sqrt{-1}$; quant à l'angle C, nous avons déjà vu qu'il a pour partie réelle ACD, et que le sinus de sa partie imaginaire est $\pm \sqrt{1 - \dfrac{b^2}{a^2} \sin^2 A}$, ou $\dfrac{DB}{a} \sqrt{-1}$: mais $\dfrac{DB}{a} \sqrt{-1}$ est aussi le sinus de $2 \dfrac{\text{secteur CEB}}{a^2} \sqrt{-1}$; par conséquent

$$C = \widehat{ACD} \pm 2 \frac{\text{secteur CEB}}{a^2} \sqrt{-1}.$$

La surface du triangle considéré, donnée par la formule

$$\frac{bc}{2} \sin A,$$

est évidemment

$$ACD \pm DCB \sqrt{-1}.$$

En sorte que si, dans l'expression analytique de cette surface, on remplace $\sqrt{-1}$ par 1, il reste l'expression de la surface du même triangle supposé réel.

239. Supposons maintenant qu'on donne les trois côtés d'un triangle et que l'un d'eux se trouve plus grand que la somme des autres

$$a > b + c.$$

Soient (*fig.* 10) $BC = a$, $BD = c$, $CE = b$. Les deux circonférences décrites des points B et C comme centres avec c et b pour rayons ne se coupant plus, seront suppléées par celles de leurs conjuguées hyperboliques qui peuvent se couper en deux points symétriquement placés par rapport à BC.

En effet, les formules donnent

$$\cos B = \frac{a^2 + c^2 - b^2}{2ac}$$

et

$$\cos C = \frac{a^2 + b^2 - c^2}{2ab} :$$

or on va voir que ces quantités sont bien les rapports $\dfrac{BF}{BD}$ et $\dfrac{CF}{CE}$, c'est-à-dire les cosinus des angles

$$2 . \frac{\text{secteur BDA}}{c^2} \sqrt{-1}$$

et

$$2 \frac{\text{secteur CEA}}{b^2} \sqrt{-1}.$$

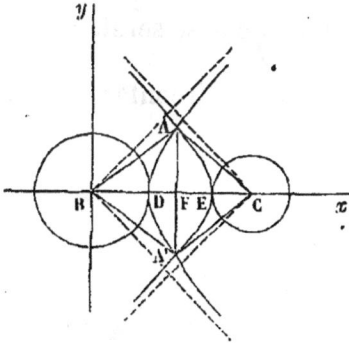

En effet, si l'on prend BC pour axe des x et pour axe des y la perpendiculaire à BC élevée au point B, les équations des deux hyperboles seront

$$y^2 - x^2 = - c^2$$

Fig. 10.

et

$$y^2 - (x - a)^2 = - b^2,$$

en sorte que l'abscisse du point de rencontre, ou BF, sera

$$\frac{a^2 + c^2 - b^2}{2a},$$

et que, par suite, $\dfrac{BF}{BD}$ sera

$$\frac{a^2 + c^2 - b^2}{2ac};$$

d'un autre côté,

$$CF = a - \frac{a^2 + c^2 - b^2}{2a} = \frac{a^2 + b^2 - c^2}{2a},$$

et ainsi

$$\frac{CF}{CE} = \frac{a^2 + b^2 - c^2}{2ab}.$$

Le triangle imaginaire cherché est donc bien BAC ; les angles B et C sont

$$2 \frac{\text{secteur BDA}}{c^2} \sqrt{-1} \quad \text{et} \quad 2 \frac{\text{secteur CEA}}{b^2} \sqrt{-1},$$

et l'angle A $= \pi -$ B $-$ C.

Quant à l'expression analytique de la surface de ce triangle, elle est

$$\frac{ac \sin B}{2} \quad \text{ou} \quad \frac{ac}{2} \frac{\text{AF} \sqrt{-1}}{c} \quad \text{ou} \quad \frac{a}{2} . \text{AF} . \sqrt{-1},$$

et si l'on y remplace $\sqrt{-1}$ par 1, elle donne la surface du même triangle supposé réel.

. Si l'on avait pris pour base des constructions l'un des petits côtés, b par exemple, l'interprétation des résultats du calcul se serait faite de la même manière.

Si (*fig*. 11), AC $= b$, CD $= a$, AE $= c$, les deux circonférences dé-

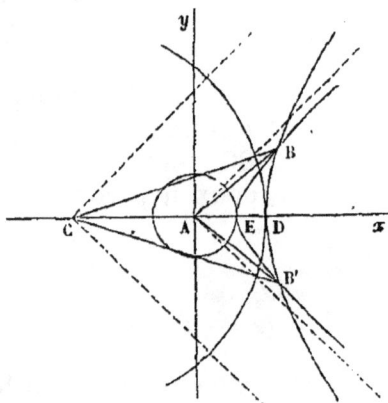

Fig. 11.

crites des points A et C comme centres avec c et a pour rayons seront suppléées par les hyperboles équilatères BEB′, BDB′ et le troisième sommet du triangle sera en B ou en B′.

CHAPITRE XVIII

Insuffisance du cercle réel.

240. Les droites représentées par l'équation

$$y = \left(m + n \sqrt{-1}\right) x + p + q \sqrt{-1}$$

partent toutes du point $x = -\dfrac{q}{n}$, $y = p - \dfrac{mq}{n}$, et sont respectivement parallèles à celles de mêmes caractéristiques que représente l'équation $y = \left(m + n\sqrt{-1}\right) x$.

Si l'on cherche l'angle $\varphi + \psi \sqrt{-1}$ dont la tangente serait $m + n \sqrt{-1}$, on trouve

$$m \tang^2 \varphi - (m^2 + n^2 - 1) \tang \varphi - m = 0$$

et

$$n \sqrt{-1} \tang^2 \left(\psi \sqrt{-1}\right) + (m^2 + n^2 + 1) \tang \left(\psi \sqrt{-1}\right) - n \sqrt{-1} = 0;$$

les deux valeurs de $\tang \varphi$ sont réciproques et de signes contraires, ainsi que celles de $\tang \left(\psi \sqrt{-1}\right)$; il en résulte que les valeurs de φ sont renfermées dans les formules

$$k\pi + \varphi \quad \text{et} \quad k\pi + \frac{\pi}{2} + \varphi,$$

et celles de $\psi \sqrt{-1}$ dans les formules

$$k\pi + \psi \sqrt{-1} \quad \text{et} \quad k\pi + \frac{\pi}{2} + \psi \sqrt{-1}.$$

D'un autre côté, comme l'équation

$$\tang \left(\varphi + \psi \sqrt{-1}\right) = m + n \sqrt{-1}$$

n'admet que les solutions renfermées dans la formule $k\pi + \varphi + \psi\sqrt{-1}$, il en résulte que si $k\pi + \varphi$ et $k\pi + \psi\sqrt{-1}$ sont des valeurs conjointes des angles inconnus, les autres seront $k\pi + \dfrac{\pi}{2} + \varphi$ et $k\pi + \dfrac{\pi}{2} + \psi\sqrt{-1}$.

241. Ainsi, bien que l'équation

$$y = \left(m + n\sqrt{-1}\right)x$$

représente une infinité de droites, la recherche des angles que ces droites font avec l'axe des x, instituée comme elle vient de l'être, ne fournirait que les angles

$$k\pi + \varphi + \psi\sqrt{-1},$$

auxquels il ne correspondrait, dans le cercle réel, conformément à ce qui a été dit dans le chapitre précédent, que deux directions opposées, qui, par conséquent, ne se rapporteraient qu'à une seule droite.

Cette droite du faisceau

$$y = \left(m + n\sqrt{-1}\right)x,$$

dont l'angle avec l'axe des x se trouve défini dans l'équation

$$\tang\left(\varphi + \psi\sqrt{-1}\right) = m + n\sqrt{-1},$$

peut être aisément distinguée des autres : c'est l'une des asymptotes communes aux deux hyperboles conjuguées de l'ellipse nulle

$$(y - mx)^2 + n^2x^2 = 0,$$

qui ont les mêmes axes de symétrie qu'elle. En effet, si l'on rapporte le lieu

$$y = \left(m + n\sqrt{-1}\right)x = x\,\tang\left(\varphi + \psi\sqrt{-1}\right)$$

aux axes de l'ellipse

$$(y - mx)^2 + n^2x^2 = 0,$$

d'une part, l'équation prendra la forme

$$y = n'\sqrt{-1}\,x,$$

et de l'autre l'angle $\varphi + \psi\sqrt{-1}$ n'aura dû être altéré que par la soustraction de l'angle réel dont on aura fait tourner l'axe des x.

On voit par là : 1° que l'angle φ devait être l'inclinaison sur l'axe des x de l'un des deux axes de symétrie de l'ellipse

$$(y - mx)^2 + n^2x^2 = 0,$$

ce qui explique pourquoi l'on a trouvé pour φ les valeurs

$$k\pi + \varphi \quad \text{et} \quad k\pi + \frac{\pi}{2} + \varphi;$$

2° que si l'on a pris pour nouvel axe des x le grand axe de l'ellipse

$$(y - mx)^2 + n^2x^2 = 0,$$

n' étant alors moindre que 1, $n'\sqrt{-1}$ pourra être la tangente d'un angle imaginaire sans partie réelle, qui dès lors ne différera pas de $\psi\sqrt{-1}$.

Enfin comme l'angle réel μ qui correspond à un angle imaginaire $\psi\sqrt{-1}$, sans partie réelle, est défini par l'équation

$$\text{tang}\,\mu = \frac{\text{tang}\,\left(\psi\sqrt{-1}\right)}{\sqrt{-1}},$$

la direction cherchée sera en définitive

$$y = \frac{n'\sqrt{-1}}{\sqrt{-1}}\,x = n'x,$$

c'est-à-dire qu'elle coïncidera avec celle de l'une des asymptotes de l'hyperbole

$$y^2 - n'^2x^2 = 0,$$

construite sur les axes de l'ellipse

$$(y - mx)^2 + n^2x^2 = 0.$$

242 Il convient toutefois de signaler ici une exception remarquable aux conclusions portées dans les deux numéros précédents.

Si à l'ellipse

$$(y - mx)^2 + n^2x^2 = 0$$

on substituait le cercle

$$y^2 + x^2 = 0,$$

ce cercle ayant une infinité de systèmes d'axes de symétrie rectangulaires, la droite du faisceau

$$y = \sqrt{-1}\,x,$$

à laquelle s'appliqueraient les résultats des calculs précédents, deviendrait indéterminée; ou plutôt, les conclusions précédentes convenant également bien à toutes les droites du faisceau, l'angle $\varphi + \psi \sqrt{-1}$, fourni par le calcul, devrait donner l'inclinaison, sur l'axe des x, d'une quelconque des droites du faisceau.

C'est en effet ce qui est : l'équation

$$\tan\left(\varphi + \psi \sqrt{-1}\right) = m + n \sqrt{-1}$$

se décompose en

$$n \sqrt{-1} \tan\varphi . \tan\left(\psi \sqrt{-1}\right) + \tan\varphi - m = 0$$

et

$$m \tan\varphi \tan\left(\psi \sqrt{-1}\right) + \tan\left(\psi \sqrt{-1}\right) - n \sqrt{-1} = 0,$$

qui, si l'on y fait $m = 0$ et $n = 1$, donnent

$$\tan\left(\psi \sqrt{-1}\right) = \sqrt{-1}$$

et

$$\tan\varphi = \frac{0}{0},$$

ce qui s'accorde avec les prévisions énoncées : l'angle $\psi \sqrt{-1}$ est infini, il correspond à 45° réels et l'angle φ reste complétement indéterminé. L'angle $\varphi + \psi \sqrt{-1}$ que donne le calcul convient donc à l'inclinaison sur l'axe des x d'une quelconque des droites du faisceau.

Cette exception est remarquable en ce que la question qui nous occupe, de représenter les inclinaisons sur l'axe des x des droites qui composent un même faisceau, se trouve ainsi capable d'une solution complète, sans l'intervention d'aucun artifice nouveau, quand il s'agit d'un faisceau *circulaire*

$$y = \sqrt{-1} \, x,$$

tandis qu'elle ne pourra être résolue pour un faisceau *elliptique*

$$y = \left(m + n \sqrt{-1}\right) x,$$

qu'en employant de nouveaux moyens.

Quoi qu'il en soit, l'angle que fait avec l'axe des x la droite du faisceau

$$y = \sqrt{-1} \, x,$$

dont la caractéristique est C, se trouve représenté par

$$\varphi + \infty \sqrt{-1},$$

φ désignant l'angle dont la tangente est $-\dfrac{1}{C}$, ou l'angle que fait avec l'axe des x le diamètre transverse de la conjuguée du cercle que rencontre la droite considérée.

243. On pourrait regarder le faisceau elliptique

$$y = (m + n \sqrt{-1})\, x$$

comme la projection d'un faisceau circulaire,

$$y = \sqrt{-1}\, x,$$

tracé dans un plan oblique au plan des coordonnées, et qui, le coupant suivant le grand axe de l'ellipse

$$(y - mx)^2 + n^2 x^2 = 0,$$

ferait avec lui un angle ayant pour cosinus le rapport du petit au grand axe de cette ellipse.

Cette manière de concevoir le faisceau elliptique suffirait à la représentation graphique ; mais je ne pense pas qu'il soit possible d'en tirer la formule de l'angle d'une quelconque des droites qui le composent, avec l'axe des x.

244. Ce qui particularise l'angle imaginaire défini par l'équation

$$\tang (\varphi + \psi \sqrt{-1}) = m + n \sqrt{-1},$$

et en restreint l'appartenance à une seule droite du faisceau

$$y = (m + n \sqrt{-1})\, x,$$

c'est évidemment qu'il est pris dans le cercle réel

$$y^2 + x^2 = 1 ;$$

et, en effet, le faisceau

$$y = (m + n \sqrt{-1})\, x,$$

ne coupant le cercle

$$y^2 + x^2 = 1,$$

qu'en deux points diamétralement opposés, l'angle $\varphi + \psi \sqrt{-1}$ défini par l'équation

$$\tang (\varphi + \psi \sqrt{-1}) = (m + n \sqrt{-1}),$$

ne pouvait être que l'angle avec l'axe des x du diamètre qui passe par ces deux points.

C'est, au reste, ce que l'on vérifiera aisément en constatant que les points de rencontre dont il s'agit, appartiennent effectivement à la droite du faisceau à laquelle convient l'angle trouvé.

Si l'on suppose qu'on ait pris pour axe des x le grand axe de l'ellipse

$$(y - mx)^2 + n^2 x^2 = 0,$$

l'équation de ce lieu sera devenue

$$y^2 + n'^2 x^2 = 0,$$

où n'^2 sera moindre que 1; l'équation du faisceau sera donc alors

$$y = n' \sqrt{-1}\, x;$$

quant à l'équation du cercle réel, elle sera restée

$$y^2 + x^2 = 1;$$

mais d'ailleurs les points de rencontre du faisceau avec le cercle n'auront point changé.

Or les coordonnées actuelles de ces points seront

$$x = \frac{1}{\sqrt{1 - n'^2}}$$

et

$$y = \frac{n' \sqrt{-1}}{\sqrt{1 - n'^2}},$$

et représenteront le point

$$x = \frac{1}{\sqrt{1 - n'^2}}, \quad y = \frac{n'}{\sqrt{1 - n'^2}},$$

qui appartient bien à la droite

$$y = n'x$$

du faisceau, à laquelle se rapportait, comme on l'a vu, l'angle

$$\varphi + \psi \sqrt{-1}.$$

245. Ce qu'on vient de dire montre clairement ce qu'il y a à faire pour comprendre indifféremment, dans le calcul, toutes les droites d'un même faisceau

$$y = \left(\acute{m} + n \sqrt{-1} \right) x :$$

la méthode devra évidemment consister à substituer au cercle réel

$$y^2 + x^2 = 1,$$

un cercle imaginaire

$$y^2 + x^2 = \left(r + r' \sqrt{-1} \right)^2,$$

où r et r' puissent être déterminés de manière que les points d'intersection de ce cercle imaginaire et du faisceau

$$y = \left(m + n \sqrt{-1} \right) x,$$

appartiennent à telle droite que l'on voudra du faisceau.

246. Cela posé, nous devons d'abord compléter la discussion du cercle imaginaire dans le cas où, ayant son centre réel, son équation serait de la forme

$$(x - a)^2 + (y - b)^2 = \left(r + r' \sqrt{-1} \right)^2$$

et pourrait, par conséquent, être réduite à

$$x^2 + y^2 = \left(r + r' \sqrt{-1} \right)^2,$$

par un changement d'origine.

L'enveloppe imaginaire des conjuguées du lieu

$$y^2 + x^2 = \left(r + r' \sqrt{-1} \right)^2$$

est, comme on l'a déjà vu, le cercle

$$y^2 + x^2 = (r + r')^2 ;$$

si

$$x = \alpha + \beta \sqrt{-1}$$

et

$$y = \alpha' + \beta' \sqrt{-1}$$

sont les coordonnées d'un point de cette enveloppe, α, α', β et β' satisferont aux équations

$$\alpha^2 + \alpha'^2 = r^2,$$
$$\beta^2 + \beta'^2 = r'^2$$

et

$$\frac{\alpha}{\alpha'} = \frac{\beta}{\beta'} = \frac{1}{C}.$$

Les deux points où la conjuguée C touchera l'enveloppe seront donc aux extrémités de son diamètre couché sur la droite $y = Cx$.

Toutes les conjuguées du lieu étant égales et superposables, puisque l'équation ne change pas lorsqu'on fait tourner les axes d'un angle quelconque autour de l'origine, il suffira de discuter, par exemple, celle qui a ses abscisses réelles.

Si l'on ne donne à x que des valeurs réelles, celle de y pourra s'écrire

$$y = \sqrt{r^2 - r'^2 - x^2 + 2rr'\sqrt{-1}},$$
$$= \frac{1}{2}\sqrt{\sqrt{(r^2 - r'^2 - x^2)^2 + 4r^2r'^2} + (r^2 - r'^2 - x^2)}$$
$$+ \frac{1}{2}\sqrt{-1}\cdot\sqrt{\sqrt{(r^2 - r'^2 - x^2)^2 + 4r^2r'^2} - (r^2 - r'^2 - x^2)}.$$

Les deux radicaux devant être affectés du même signe ou de signes contraires, suivant que r et r' seront eux-mêmes de même signe ou de signes contraires.

La courbe est symétrique par rapport aux deux axes de coordonnées; elle touche l'enveloppe aux extrémités de son diamètre dirigé suivant l'axe des y, puisque sa caractéristique est infinie; d'ailleurs, en faisant $x = 0$, on trouve

$$y = \pm \left(r + r'\sqrt{-1}\right).$$

Le faisceau des asymptotes de toutes les conjuguées étant représenté par l'équation

$$y = \pm \sqrt{-1}\, x,$$

celles de la courbe qui nous occupe se confondent donc avec les bissectrices des angles des axes.

La figure de cette courbe change considérablement lorsque change l'ordre de grandeur de r^2 et de r'^2. En effet, le rayon de courbure de la courbe au point où elle touche son enveloppe est

$$\pm \frac{r^2 + r'^2}{r - r'},$$

d'ailleurs les deux courbures sont de même sens ou de sens contraires, suivant que r^2 est plus grand ou plus petit que r'^2.

Lors donc que r'^2 est plus grand que r^2, la courbe tournant sa convexité à l'enveloppe, s'éloigne peu de la figure de l'hyperbole équilatère qui toucherait l'enveloppe aux mêmes points; toutefois elle embrasse cette hyperbole, car son rayon de courbure

$$\pm \frac{r^2 + r'^2}{r - r'}$$

est toujours plus grand que celui de l'hyperbole qui est

$$\pm\,(r + r').$$

En effet, si r' est positif, comme il est plus grand en valeur absolu que r, les deux rayons de courbure sont

$$\frac{r^2 + r'^2}{r' - r}\quad\text{et}\quad r' + r;$$

si, au contraire, r' est négatif, il faut prendre pour les deux rayons de courbure les formules

$$\frac{r^2 + r'^2}{r - r'}\quad\text{et}\quad -(r + r');$$

dans l'un et l'autre cas le premier est plus grand que le second.

Au contraire, lorsque r^2 est plus grand que r'^2, la courbe et l'enveloppe, au point où elles se touchent, ont leurs courbures tournées du même côté. Au reste, le rayon de courbure de la conjuguée est toujours plus grand que celui de l'enveloppe, puisque ce dernier est encore $\pm(r + r')$.

On peut vérifier aisément de la manière suivante ces indications de la théorie. Pour savoir si la courbe coupe ou non ses deux tangentes $y = \pm(r + r')$, posons

$$y = \sqrt{r^2 - r'^2 - x^2 + 2rr'\sqrt{-1}} = z + u\sqrt{-1},$$

les x des points de rencontre cherchés seront dès lors fournis par les équations

$$z^2 - u^2 = r^2 - r'^2 - x^2,$$
$$zu = rr'$$

et

$$z + u = r + r'.$$

Or, les deux dernières donnent

$$z = r\quad\text{et}\quad u = r',$$

ou bien

$$z = r'\quad\text{et}\quad u = r,$$

d'où résultent

$$x^2 = 0;$$

ou bien

$$x^2 = 2(r^2 - r'^2).$$

On voit donc que la courbe ne coupe sa tangente $y = r + r'$ que lorsque r^2 est plus grand que r'^2.

On peut encore remarquer que le rayon de courbure de la courbe, au point où elle touche l'enveloppe, devient infini lorsque $r = r'$. Mais cette condition suppose r et r' de même signe, de sorte que r et r' variant d'une manière continue, si r^2 dépasse r'^2 dans un sens ou dans l'autre, le sens de la courbure de la courbe au point où elle touche son enveloppe, change dans tous les cas, mais avec des circonstances différentes, suivant que r et r' sont alors de même signe ou de signes contraires. Dans le premier cas, le rayon de courbure devient infini au moment où la courbure change de sens, tandis qu'il reste fini à ce moment dans le cas contraire.

Pour se rendre compte de cette singularité, il suffira d'observer que dans le dernier cas, l'enveloppe s'étant trouvée momentanément réduite à un point à l'origine des coordonnées, les branches supérieure et inférieure de la conjuguée se sont rapprochées jusqu'à se toucher en ce point, ensuite de quoi chacune d'elles continuant son mouvement, le point de contact de celle qui touchait l'enveloppe au-dessus de l'axe des x passe au-dessous, et réciproquement; de sorte qu'en réalité la courbure de chacune des branches reste tournée du même côté, comme cela devait être.

Lorsque r^2 est plus grand que r'^2, la courbe affecte deux formes entièrement différentes, selon que r et r' sont de même signe ou de signes contraires. Dans le premier cas, les parties gauche et droite de la branche qui touche l'enveloppe au-dessus de l'axe des x, après être descendues au-dessous de la tangente menée à l'enveloppe au point de contact, remontent sans couper l'axe des x et prennent pour asymptotes les parties supérieures des bissectrices des angles des axes, tandis que dans le cas contraire les mêmes parties coupent l'axe des x et ont pour asymptotes les parties inférieures des bissectrices des angles des axes.

On vérifie ces indications, que la condition de continuité impose suffisamment, en cherchant les points de rencontre de la courbe avec l'axe des x.

Si l'on pose, comme précédemment,

$$y = z + u \sqrt{-1},$$

d'où résultent

$$z^2 - u^2 = r^2 - r'^2 - x^2$$

et

$$zu = rr',$$

on obtiendra les x des points de rencontre de la courbe avec l'axe des x en joignant aux précédentes la condition

$$z + u = 0.$$

Mais $z + u = 0$ et $zu = rr'$ ne sont compatibles qu'autant que r et r' sont de signes contraires, et il en résulte alors

$$x^2 = r^2 - r'^2.$$

Dans le cas où r et r' sont de même signe, la courbe a, d'après ce qu'on vient de dire, deux tangentes horizontales outre les droites $y = \pm (r + r')$. Pour les trouver, il faut faire

$$\frac{d(z+u)}{dx} = 0,$$

on a ainsi à résoudre les équations

$$z^2 - u^2 = r^2 - r'^2 - x^2,$$
$$zu = rr',$$
$$z\frac{dz}{dx} - u\frac{du}{dx} = -x,$$
$$z\frac{du}{dx} + u\frac{dz}{dx} = 0,$$
$$\frac{dz}{dx} + \frac{du}{dx} = 0,$$

ou bien

$$\frac{dz}{dx}(u - z) = 0,$$
$$\frac{dz}{dx}(u + z) = -x,$$
$$zu = rr',$$
$$z^2 - u^2 = r^2 - r'^2 - x^2.$$

Si r et r' étaient de signes contraires, il en serait de même de z et u, de sorte que l'équation

$$\frac{dz}{dx}(u - z) = 0$$

ne donnerait que

$$\frac{dz}{dx} = 0, \quad \text{d'où} \quad x = 0, \quad z = \pm r, \quad u = \pm r';$$

mais si r et r' sont de même signe, on peut satisfaire à l'équation

$$\frac{dz}{dx}(u - z) = 0,$$

en posant

$$u = z,$$

et il en résulte

$$x^2 = r^2 - r'^2, \quad u = z = \pm\sqrt{rr'}.$$

Il serait facile, d'après toutes ces indications, de construire la courbe dans chaque cas distinct.

On peut encore remarquer que, si r' était nul, la courbe se composerait de la circonférence du cercle

$$y^2 + x^2 = r^2,$$

et de l'hyperbole équilatère

$$y^2 - x^2 = -r^2,$$

et que si r était nul, elle se réduirait à l'hyperbole équilatère

$$y^2 - x^2 = r'^2.$$

Des angles au centre du cercle imaginaire.

247. Si x et y désignent les coordonnées d'un point du lieu

$$y^2 + x^2 = \left(r + r'\sqrt{-1}\right)^2,$$

$$x_1 = \frac{x}{r + r'\sqrt{-1}} \quad \text{et} \quad y_1 = \frac{y}{r + r'\sqrt{-1}}$$

satisferont à l'équation

$$y_1^2 + x_1^2 = 1.$$

et seront le cosinus et le sinus d'un angle défini analytiquement et géométriquement, $\varphi + \psi\sqrt{-1}$.

Nous avons regardé l'expression $\varphi + \psi\sqrt{-1}$ comme représentant l'inclinaison sur l'axe des x du rayon mené de l'origine au point $[x_1, y_1]$.

Nous regarderons de même l'expression

$$\left(r + r'\sqrt{-1}\right)^2 \left(\varphi + \psi\sqrt{-1}\right) = \Phi + \Psi\sqrt{-1}$$

comme représentant l'inclinaison sur l'axe des x du rayon mené de l'origine au point $[x, y]$.

Les valeurs conjointes de x et de y déterminent évidemment $\Phi + \Psi\sqrt{-1}$ à un multiple près de

$$\pi\left(r + r'\sqrt{-1}\right)^2,$$

et réciproquement.

248. L'angle $\Phi + \Psi\sqrt{-1}$ est déjà défini géométriquement, d'une

17

manière indirecte, par sa relation avec l'angle $\varphi + \psi \sqrt{-1}$; mais nous allons voir qu'il comporte par rapport à la conjuguée du cercle

$$x^2 + y^2 = \left(r + r' \sqrt{-1}\right)^2,$$

sur laquelle se trouve le point correspondant $[x, y]$, et, par rapport à l'enveloppe, une définition directe, analogue à celle que nous avons don-née dans le chapitre précédent de l'angle $\varphi + \psi \sqrt{-1}$ tracé au centre du cercle réel.

Nous supposerons d'abord que le point $[x, y]$ appartienne à la con-juguée $C = 0$ du lieu, qui touche l'enveloppe aux extrémités du dia-mètre couché sur l'axe des x : les autres cas se ramèneront aisément à celui-là, puisque, pour effectuer le passage, il suffira de faire tourner les axes d'un angle réel, autour de l'origine.

Supposons que le point $[x, y]$ appartienne à la portion supérieure de la branche de droite de la conjuguée $C = 0$; soient M ce point, P le pied de son ordonnée, A l'extrémité droite du diamètre horizontal et O le centre de l'enveloppe.

L'intégrale

$$\int dx \sqrt{\left(r + r' \sqrt{-1}\right)^2 - x^2}$$

est

$$\frac{1}{2}\left(r + r'\sqrt{-1}\right)^2 \left[\frac{x}{r+r'\sqrt{-1}} \sqrt{1 - \left(\frac{x}{r+r'\sqrt{-1}}\right)^2} - \arccos \frac{x}{r+r'\sqrt{-1}}\right] :$$

si l'on prend pour limite inférieure l'abscisse du point A, c'est-à-dire $r + r' \sqrt{-1}$, on a donc

$$\int_{r+r'\sqrt{-1}}^{x} dx \sqrt{\left(r + r' \sqrt{-1}\right)^2 - x^2}$$

$$= \frac{1}{2}\left(r + r'\sqrt{-1}\right)^2 \left[\frac{x}{r+r'\sqrt{-1}} \sqrt{1 - \left(\frac{x}{r+r'\sqrt{-1}}\right)^2} - \arccos \frac{x}{r+r'\sqrt{-1}}\right],$$

d'où

$$\arccos \frac{x}{r+r'\sqrt{-1}} = \varphi + \psi \sqrt{-1}$$

$$= -\frac{1}{\frac{1}{2}\left(r+r'\sqrt{-1}\right)^2} \int_{r+r'\sqrt{-1}}^{x} dx \sqrt{\left(r+r'\sqrt{-1}\right)^2 - x^2} + \frac{\frac{1}{2}x\sqrt{\left(r+r'\sqrt{-1}\right)^2 - x^2}}{\frac{1}{2}\left(r + r'\sqrt{-1}\right)^2},$$

et par conséquent

$$\Phi + \Psi \sqrt{-1} = -2 \int_{r+r'\sqrt{-1}}^{x} dx \sqrt{(r+r'\sqrt{-1})^2 - x^2} + 2\frac{1}{2} x \sqrt{(r+r'\sqrt{-1})^2 - x^2}.$$

Or $\sqrt{(r+r'\sqrt{-1})^2 - x^2}$ étant réel, $\frac{1}{2} x \sqrt{(r+r'\sqrt{-1})^2 - x^2}$ en y remplaçant $\sqrt{-1}$ par 1 (tous calculs faits, bien entendu), représenterait l'aire du triangle OMP ; d'un autre côté

$$\int_{r+r'\sqrt{-1}}^{x} dx \sqrt{(r+r'\sqrt{-1})^2 - x^2},$$

en y remplaçant aussi $\sqrt{-1}$ par 1, donnerait l'aire du segment AMP ; par conséquent en remplaçant de même $\sqrt{-1}$ par 1 dans

$$\frac{1}{2} x \sqrt{(r+r'\sqrt{-1})^2 - x^2} - \int_{r+r'\sqrt{-1}}^{x} dx \sqrt{(r+r'\sqrt{-1})^2 - x^2},$$

on obtiendra l'aire du secteur AOM compris entre la conjuguée et les deux rayons OA et OM, de sorte que

$$\frac{1}{2} x \sqrt{(r+r'\sqrt{-1})^2 - x^2} - \int_{r+r'\sqrt{-1}}^{x} dx \sqrt{(r+r'\sqrt{-1})^2 - x^2}$$

pourrait être considéré comme l'expression de l'aire du secteur AOM, convenablement décomposée en parties réelle et imaginaire, ce qui permettrait d'écrire

$$\Phi + \Psi \sqrt{-1} = 2 \text{ sect AOM}.$$

Quoi qu'il en soit, la somme $\Phi + \Psi$ des deux parties réelle et imaginaire de la quantité $\Phi + \Psi \sqrt{-1}$, définie plus haut, est le double de l'aire du secteur AOM.

Pour connaître Φ et Ψ, il resterait donc seulement à savoir comment se décompose

$$\Phi + \Psi.$$

Or l'angle

$$\varphi + \psi \sqrt{-1}$$

est, par hypothèse, tel que son sinus multiplié par $r + r'\sqrt{-1}$ se trouve réel, puisque ce produit n'est autre que l'y du point décrivant que l'on suppose appartenir à la conjuguée $C = 0$.

Ainsi φ et ψ sont liés par la condition que

$$\sin (\varphi + \psi \sqrt{-1}) (r + r'\sqrt{-1})$$

soit réel, c'est-à-dire

$$r' \sqrt{-1} \sin\varphi \cos\psi \sqrt{-1} + r \cos\varphi \sin\psi \sqrt{-1} = 0,$$

d'où

$$\tan\varphi \cot\psi \sqrt{-1} = \frac{r \sqrt{-1}}{r'}.$$

Cette relation entre φ et ψ en fournirait une correspondante entre Φ et Ψ, qui, jointe à

$$\Phi + \Psi = 2 \operatorname{sect} A\hat{O}M,$$

achèverait de faire connaître Φ et Ψ.

249. Supposons maintenant que le point $[x, y]$ appartienne à une conjuguée quelconque dont la caractéristique sera $C = -\cot\gamma$, ce qui signifie que la conjuguée C touchera l'enveloppe aux extrémités du diamètre incliné de l'angle γ sur l'axe des x.

On rentrera dans le cas précédent en faisant tourner d'abord les axes de l'angle γ autour de l'origine : par conséquent x' et y' désignant les coordonnées nouvelles d'un point M dont les coordonnées anciennes étaient x et y, B désignant l'extrémité du rayon incliné de l'angle γ sur l'axe des x, Q le pied de la perpendiculaire abaissée du point M sur OB prolongé, $\varphi' + \psi' \sqrt{-1}$ l'angle dont le cosinus et le sinus seraient

$$x'_1 = \frac{x'}{r + r' \sqrt{-1}} \quad \text{et} \quad y'_1 = \frac{y'}{r + r' \sqrt{-1}} :$$

l'angle $\varphi + \psi \sqrt{-1}$ sera égal à

$$\gamma + \varphi' + \psi' \sqrt{-1},$$

par conséquent l'angle $\Phi + \Psi \sqrt{-1}$ aura pour valeur

$$\gamma \left(r + r' \sqrt{-1}\right)^2 + \left(\varphi' + \psi' \sqrt{-1}\right) \left(r + r' \sqrt{-1}\right)^2$$

La seconde partie $\left(\varphi' + \psi' \sqrt{-1}\right) \left(r + r' \sqrt{-1}\right)^2$ de cet angle se lie au double du secteur BOM par les relations qu'on a établies précédemment, et, quant à la première, elle représente le produit par $\left(r + r' \sqrt{-1}\right)^2$ du double du secteur AOB.

De l'angle d'un faisceau de droites imaginaires avec l'axe des x.

250. Ce qui précède suffira pour expliquer la multiplicité des angles correspondants à un même coefficient angulaire.

Quel que soit le point que l'on considère du lieu

$$y = (m + n \sqrt{-1})\, x,$$

on trouve que $\dfrac{y}{\sqrt{x^2 + y^2}}$ et $\dfrac{x}{\sqrt{x^2 + y^2}}$ sont toujours le sinus et le cosinus du même angle $\varphi + \psi \sqrt{-1}$; mais ce résultat doit être interprété en ce sens que, quel que soit le point $[x, y]$, le rapport à $(x^2 + y^2)$ de l'angle $\Phi + \Psi \sqrt{-1}$, que fait avec l'axe des x le rayon du cercle décrit de l'origine comme centre, auquel appartient le point $[x, y]$, donne toujours la même quantité $\varphi + \psi \sqrt{-1}$: quant à l'angle $\Phi + \Psi \sqrt{-1}$, il varie avec le rayon de ce cercle, par conséquent avec x et y.

Pour exprimer l'angle avec l'axe des x d'une droite quelconque du faisceau

$$y = (m + n \sqrt{-1})\, x;$$

ayant pour caractéristique C, il suffira d'exprimer en fonction de C le rayon du cercle sur lequel se trouve un des points de cette droite.

Nous supposerons d'abord, pour simplifier le calcul, que le faisceau ait son équation réduite à la forme $y = n\sqrt{-1}$; on rentrera ensuite dans le cas général au moyen d'une transformation de coordonnées.

Soit

$$x = \alpha + \beta \sqrt{-1} \quad \text{et} \quad y = \alpha' + \beta C \sqrt{-1}$$

une solution de l'équation

$$y = n \sqrt{-1}\, x,$$

on aura :

$$\alpha' = -n\beta \quad \text{et} \quad \beta C = n\alpha,$$

d'où

$$\beta = \frac{n\alpha}{C} \quad \text{et} \quad \alpha' = \frac{-n^2\alpha}{C};$$

et par suite,

$$x = \alpha \left(1 + \frac{n}{C} \sqrt{-1}\right), \quad y = \alpha \left(-\frac{n^2}{C} + n \sqrt{-1}\right),$$

d'où

$$x^2 + y^2 = \alpha^2 \left\{ 1 - \frac{n^2}{C^2} + \frac{2n}{C} \sqrt{-1} + \frac{n^4}{C^2} - n^2 - \frac{2n^3}{C} \sqrt{-1} \right\}$$

$$= \alpha^2 \left\{ (1 - n^2)\left(1 - \frac{n^2}{C^2}\right) + \frac{2n}{C} \sqrt{-1}\,(1 - n^2) \right\}$$

$$= \alpha^2 (1 - n^2) \left\{ 1 - \frac{n^2}{C^2} + \frac{2n}{C} \sqrt{-1} \right\}$$

$$= \alpha^2 \frac{1 - n^2}{C^2} (C + n \sqrt{-1})^2.$$

Le point

$$x = \alpha + \beta \sqrt{-1}, \quad y = \alpha' + \beta C \sqrt{-1}$$

appartiendra donc au cercle

$$y^2 + x^2 = \alpha^2 \frac{1 - n^2}{C^2} (C + n \sqrt{-1})^2.$$

Par conséquent l'angle de la droite C du faisceau

$$y = n \sqrt{-1} \, x$$

avec l'axe des x, sera

$$\Phi + \Psi \sqrt{-1} = \alpha^2 \frac{1 - n^2}{C^2} (C + n \sqrt{-1})^2 \text{ arc tang } (n \sqrt{-1}),$$

cet angle étant pris dans le cercle de rayon

$$r + r' \sqrt{-1} = \alpha \frac{\sqrt{1 - n^2}}{C} (C + n \sqrt{-1}).$$

251. L'angle $\Phi + \Psi \sqrt{-1}$ que l'on vient de calculer contient, comme on devait s'y attendre, un facteur arbitraire α^2, mais ce facteur entre aussi dans l'expression du carré du rayon, de sorte que l'angle croît comme le carré du rayon du cercle dans lequel on le prend, comme cela devait être.

Mais il sera souvent préférable de faire disparaître ce facteur, ce que l'on fera en prenant pour unité le rayon $r + r'$ de l'enveloppe des conjuguées du cercle au centre duquel on voudra porter l'angle.

Or, d'après la formule précédente,

$$r + r' = \alpha \frac{\sqrt{1 - n^2}}{C} (C + n),$$

on exprimera donc les résultats obtenus en disant que la droite C du faisceau

$$y = n \sqrt{-1} \, x$$

fait avec l'axe des x l'angle

$$\Phi + \Psi \sqrt{-1} = \frac{(C + n \sqrt{-1})^2}{(C + n)^2} \text{ arc tang } (n \sqrt{-1}),$$

compté dans le cercle de rayon

$$\frac{C + n \sqrt{-1}}{C + n},$$

dont les conjuguées ont pour enveloppe imaginaire le cercle

$$x^2 + y^2 = 1.$$

Si le faisceau considéré se trouvait dans une position quelconque par rapport aux axes, son équation serait

$$y = \left(m + n \sqrt{-1}\right) x = x \tang \left(\varphi + \psi \sqrt{-1}\right);$$

l'expression de l'angle avec l'axe des x de la droite C de ce faisceau se tirerait de la formule précédente en substituant à C la tangente de l'angle de la droite $y = Cx$ avec la droite $y = x \tang \varphi$, c'est-à-dire

$$\frac{C - \tang \varphi}{1 + C \tang \varphi};$$

ce qui donnerait

$$\Phi + \Psi \sqrt{-1} = \left[\frac{\dfrac{C - \tang \varphi}{1 + C \tang \varphi} + \tang \left(\psi \sqrt{-1}\right)}{\dfrac{C - \tang \varphi}{1 + C \tang \varphi} + \dfrac{1}{\sqrt{-1}} \tang \left(\psi \sqrt{-1}\right)}\right]^2 \left(\varphi + \psi \sqrt{-1}\right).$$

ou en désignant par γ l'angle dont la tangente est C,

$$\Phi + \Psi \sqrt{-1} = \left[\frac{\tang (\gamma - \varphi) + \tang \left(\psi \sqrt{-1}\right)}{\tang (\gamma - \varphi) - \sqrt{-1} \, \tang \left(\psi \sqrt{-1}\right)}\right]^2 \left(\varphi + \psi \sqrt{-1}\right).$$

cet angle devant être pris au centre du cercle dont le rayon serait

$$\frac{\tang (\gamma - \varphi) + \tang \left(\psi \sqrt{-1}\right)}{\tang (\gamma - \varphi) - \sqrt{-1} \, \tang \left(\psi \sqrt{-1}\right)}.$$

De l'angle de deux faisceaux de droites imaginaires.

252. Le calcul ordinaire appliqué à la recherche de l'angle de deux faisceaux

$$y = \left(m + n \sqrt{-1}\right) x = \tang \left(\varphi + \psi \sqrt{-1}\right) x$$

et

$$y = \left(m' + n' \sqrt{-1}\right) x = \tang \left(\varphi' + \psi' \sqrt{-1}\right) x$$

ne fournit, pour l'angle inconnu, que la seule valeur

$$\varphi' - \varphi + (\psi' - \psi) \sqrt{-1};$$

mais à cette valeur unique correspondent des angles en nombre infini lorsqu'on les recherche au centre de tous les cercles imaginaires dissemblables.

Le résultat obtenu, au reste, pourrait s'interpréter d'une infinité de manières différentes, puisqu'il se rapporte à deux quelconques des droites de l'un et de l'autre faisceau.

Mais il est clair qu'il n'aura de sens net, qu'autant qu'on le rendra relatif à des droites de l'un et l'autre faisceau pouvant couper un même cercle. Or les caractéristiques C et C' de deux droites de l'un et l'autre faisceau remplissant cette condition, seraient liées entre elles par la relation

$$\frac{\operatorname{tang}(\gamma - \varphi) + \operatorname{tang}(\psi \sqrt{-1})}{\operatorname{tang}(\gamma - \varphi) - \sqrt{-1}\,\operatorname{tang}(\psi \sqrt{-1})} = \frac{\operatorname{tang}(\gamma' - \varphi') + \operatorname{tang}(\psi' \sqrt{-1})}{\operatorname{tang}(\gamma' - \varphi') - \sqrt{-1}\,\operatorname{tang}(\psi' \sqrt{-1})}.$$

ou

$$\frac{\operatorname{tang}(\gamma - \varphi)}{\operatorname{tang}(\psi \sqrt{-1})} = \frac{\operatorname{tang}(\gamma' - \varphi')}{\operatorname{tang}(\psi' \sqrt{-1})}.$$

Dans ces conditions, γ et γ' désignant les angles dont les tangentes seraient C et C', l'angle des deux droites C et C' des deux faisceau sera

$$\left[\varphi' - \varphi + (\psi' - \psi)\sqrt{-1}\right]\left[\frac{\operatorname{tang}(\gamma - \varphi) + \operatorname{tang}(\psi \sqrt{-1})}{\operatorname{tang}(\gamma - \varphi) - \sqrt{-1}\,\operatorname{tang}(\psi \sqrt{-1})}\right]^2,$$

quantité qui se lie, comme on l'a vu précédemment, à l'aire du secteur de la conjuguée considérée comprise entre les deux droites choisies dans l'un et l'autre faisceau.

De l'angle de contingence d'un lieu en un point imaginaire.

253. L'équation

$$Y - y = -\frac{f'_x(x, y)}{f'_y(x, y)}(X - x) = (m + n\sqrt{-1})(X - x)$$

représente le lieu $f(x, y) = 0$ dans un espace infiniment petit tracé autour du point $[x, y]$ de ce lieu; c'est-à-dire que les droites du faisceau

$$Y = (m + n\sqrt{-1})X$$

sont parallèles aux tangentes à toutes les courbes que l'on pourrait tracer à partir du point $[x, y]$ dans la portion du plan recouverte par les conjuguées du lieu

$$f(x, y) = 0.$$

Si l'on donne à x un accroissement infiniment petit,

$$dx = d\alpha + d\beta \sqrt{-1},$$

il en résulte pour y l'accroissement

$$dy = \left(m + n\sqrt{-1}\right)\left(d\alpha + d\beta \sqrt{-1}\right) = md\alpha - nd\beta + (nd\alpha + md\beta)\sqrt{-1},$$

et le point $[x, y]$ a décrit un élément parallèle à la conjuguée

$$C = \frac{nd\alpha + md\beta}{d\beta}$$

du faisceau

$$y = \left(m + n\sqrt{-1}\right) x.$$

Si le point $[x, y]$ se déplace infiniment peu, $\dfrac{dy}{dx}$ change et devient

$$\frac{dy}{dx} + \frac{d^2y}{dx^2}\, dx\,;$$

en posant donc

$$\frac{d^2y}{dx^2} = p + q\sqrt{-1},$$

le faisceau des éléments du lieu devient

$$y = \left[m + n\sqrt{-1} + (p + q\sqrt{-1})\, dx\right] x,$$

l'angle de ce nouveau faisceau avec l'ancien est l'angle de contingence du lieu au point $[x, y]$; il reçoit son interprétation de ce qui précède.

De la courbure d'un lieu en un point imaginaire.

254. L'angle de contingence défini comme il vient de l'être a pour expression

$$\frac{\dfrac{d^2y}{dx^2}}{1 + \left(\dfrac{dy}{dx}\right)^2}\, dx.$$

Le rapport de cet angle à la différentielle de l'abscisse, et par conséquent à l'expression $ds = \sqrt{dx^2 + dy^2}$, est indépendant du chemin suivi par le point $[x, y]$. Cela ne signifie pas que l'angle que fait le faisceau des éléments du lieu au point $[x, y]$, avec le faisceau voisin reste le même tout autour du point $[x, y]$, mais que le rapport de cet angle à ds ou $\sqrt{dx^2 + dy^2}$ reste toujours le même.

Ce rapport est la courbure du lieu au point considéré, et cette courbure reçoit de ce qui précède une interprétation simple.

Transformation imaginaire des coordonnées.

255. Si dans une équation $f(x, y) = 0$ on remplace x par $x + a + a'\sqrt{-1}$, y par $y + b + b'\sqrt{-1}$, et qu'on suppose en même temps l'origine des coordonnées transportée effectivement au point dont les coordonnées anciennes étaient $x = a + a'$, $y = b + b'$, l'ensemble du lieu représenté par la nouvelle équation, rapporté aux nouveaux axes, coïncidera avec l'ancien lieu ; c'est-à-dire que le lieu entier recouvrira les mêmes portions du plan et le même nombre de fois pour chacune d'elles. Mais les conjuguées se trouveront changées ; les points d'une des conjuguées du nouveau lieu dériveront en effet par transformation de points pris sur toutes le conjuguées du premier.

La substitution des expressions

$$x \cos\alpha - y \sin\alpha \quad \text{et} \quad y \sin\alpha + y \cos\alpha$$

à la place de x et de y, dans une équation $f(x, y) = 0$, a pour effet, lorsque α est réel, ou bien de faire tourner les axes autour de l'origine d'un angle α, de droite à gauche par exemple, en laissant fixe le lieu représenté par l'équation primitive, ou de faire tourner au contraire de gauche à droite de l'angle α le lieu en question, en laissant les axes primitifs fixes. Les deux opérations rentrent l'une dans l'autre et servent par conséquent aux mêmes usages.

Dans le cas, au contraire, où l'angle α serait imaginaire sans partie réelle, il serait impossible de considérer la transformation comme revenant à un changement effectif d'axes.

En effet, d'abord le lieu représenté par la nouvelle équation ne sera jamais, sauf un cas particulier que nous examinerons, superposable à l'ancien, c'est-à-dire qu'il ne sera pas seulement transporté, mais en même temps déformé.

D'un autre côté, si l'ouverture effective correspondant à un même angle réel est toujours la même, quel que soit le cercle réel ou imaginaire au centre duquel on place cet angle, ce qui permet de concevoir sans ambiguïté possible une rotation réelle ; au contraire, l'ouverture réalisée d'un angle imaginaire sans partie réelle dépend essentiellement du rapport $\frac{r'}{r}$, qui définit le cercle imaginaire au centre duquel on place cet angle. D'où il résulte que faire tourner les axes autour de l'origine d'un angle imaginaire $\alpha \sqrt{-1}$ n'aurait de sens clair qu'autant qu'on aurait choisi d'avance, ce qui ne pourrait se faire qu'arbitrairement, le rapport des parties imaginaire et réelle du rayon du cercle au centre duquel on devrait compter l'angle $\alpha \sqrt{-1}$.

La question posée doit donc être réduite à savoir comment se déduisent l'un de l'autre les lieux représentés par deux équations

$$f(x, y) = 0$$

et

$$f\left(x \cos \alpha \sqrt{-1} - y \sin \alpha \sqrt{-1}, \quad x \sin \alpha \sqrt{-1} + y \cos \alpha \sqrt{-1}\right) = 0,$$

rapportées à un même système d'axes rectangulaires.

Cette question est facile à résoudre.

Si x et y désignent les coordonnées d'un point quelconque du premier lieu et x', y' celles du point correspondant du second, les relations

$$x = x' \cos \alpha \sqrt{-1} - y' \sin \alpha \sqrt{-1}$$

et

$$y = x' \sin \alpha \sqrt{-1} + y' \cos \alpha \sqrt{-1},$$

d'où l'on déduit immédiatement

$$x^2 + y^2 = x'^2 + y'^2,$$

montrent d'abord que les deux points $[x, y]$ et $[x', y']$ appartiennent au même cercle imaginaire.

Ainsi chacun des points du premier lieu ne s'est déplacé que sur le cercle imaginaire où il se trouvait d'abord.

De plus, les mêmes équations donnent

$$\frac{y}{x} = \frac{\dfrac{y'}{x'} + \tan \alpha \sqrt{-1}}{1 - \dfrac{y'}{x'} \tan \alpha \sqrt{-1}},$$

c'est-à-dire

$$\arctan \frac{y}{x} = \alpha \sqrt{-1} + \arctan \frac{y'}{x'}.$$

Ainsi le point $[x, y]$ s'est déplacé sur le cercle qui le contenait, de façon que l'angle décrit par le rayon vecteur eût pour mesure constante $\alpha \sqrt{-1}$.

Si, dans l'équation

$$y^2 + x^2 = \left(r + r' \sqrt{-1}\right),$$

on remplace x et y respectivement par

$$x \cos \alpha - y \sin \alpha \quad \text{et} \quad x \sin \alpha + y \cos \alpha,$$

elle reste identiquement la même, quel que soit α, réel ou imaginaire, composé d'une ou de deux parties, de sorte que le lieu ne subit aucune modification.

Ce résultat s'explique tout naturellement, car tous les points du lieu appartenant au même cercle et chacun d'eux ne décrivant qu'un arc de ce cercle, le lieu des nouveaux points ne pouvait pas différer de l'ancien.

Des coordonnées polaires.

256. La règle que nous avons adoptée pour figurer les lieux imaginaires représentés par une équation entre les coordonnées rectilignes d'un point, avait été éprouvée dans trop de circonstances diverses pour que nous ne dussions pas renoncer à l'emploi des coordonnées polaires, tant qu'il serait impossible de retrouver dans une équation

$$f (\rho \cos \omega, \rho \sin \omega) = 0,$$

les mêmes points qu'avait fournis l'équation

$$f (x, y) = 0.$$

Il eût été absurde d'imaginer arbitrairement un mode de représentation des solutions imaginaires d'une équation en coordonnées polaires, sans se préoccuper de savoir si les lieux que l'on supposerait dès lors représentés par cette équation, coïncideraient ou non avec ceux qu'avait fournis l'équation correspondante en coordonnées rectilignes.

Mais la théorie précédente fournit d'elle-même la règle à suivre dans la représentation graphique des coordonnées polaires, lorsqu'elles cessent d'être réelles.

Il est facile de voir que dans l'équation

$$f (\rho \cos \omega, \rho \sin \omega) = 0,$$

ω ne doit être regardé que comme la mesure de l'angle que fait, avec l'axe des x, le rayon vecteur mené au point mobile, l'angle lui-même devant être pris dans le cercle dont le rayon est ρ.

Moyennant cette manière d'entendre les coordonnées polaires, les lieux fournis par les deux équations

$$f(x, y) = 0 \quad \text{et} \quad f(\rho \cos \omega, \; \rho \sin \omega) = 0$$

coïncideront toujours évidemment.

En effet, pour construire l'ensemble des lieux représentés par une équation $f(x, y) = 0$, on pourrait poser $x = \rho \cos \omega$ et $y = \rho \sin \omega$; donnant alors à ω une valeur quelconque $\varphi + \psi \sqrt{-1}$, on trouverait, dans le cercle réel de rayon 1, le rayon dont l'angle avec l'axe polaire serait $\varphi + \psi \sqrt{-1}$, les coordonnées de l'extrémité de ce rayon fourniraient les valeurs de $\dfrac{x}{\rho}$ et de $\dfrac{y}{\rho}$, qu'il suffirait donc de multiplier par ρ pour obtenir x et y. Or, par cette opération, l'angle $\varphi + \psi \sqrt{-1}$ se trouverait transporté au centre du cercle de rayon ρ, et le point $[x, y]$ obtenu appartiendrait à ce cercle.

257. Pour retrouver dans une équation

$$f(\rho \cos \omega, \; \rho \sin \omega) = 0$$

les conjuguées du lieu

$$f(x, y) = 0,$$

il suffira d'assujettir les parties réelles et imaginaires de ρ et de ω à une condition convenable. Cette condition est facile à exprimer.

Soient

$$\rho = r + r' \sqrt{-1} \quad \text{et} \quad \omega = \varphi + \psi \sqrt{-1};$$

les valeurs correspondantes de x et de y seront

$$x = \left(r + r' \sqrt{-1} \right) \left(\cos \varphi \cos \psi \sqrt{-1} - \sin \varphi \sin \psi \sqrt{-1} \right),$$
$$y = \left(r + r' \sqrt{-1} \right) \left(\sin \varphi \cos \psi \sqrt{-1} + \cos \varphi \cos \psi \sqrt{-1} \right);$$

pour que le rapport des parties imaginaires de y et de x reste constant et égal à la caractéristique C de la conjuguée qu'on voudrait obtenir, il faudra donc que

$$\frac{r \cos \varphi \sin \psi \sqrt{-1} + r' \sqrt{-1} \sin \varphi \cos \psi \sqrt{-1}}{- r \sin \varphi \sin \psi \sqrt{-1} + r' \sqrt{-1} \cos \varphi \cos \psi \sqrt{-1}} = C$$

ou

$$\frac{r' \sqrt{-1} \, \tan \varphi + r \, \tan \psi \sqrt{-1}}{r' \sqrt{-1} - r \, \tan \varphi \, \tan \psi \sqrt{-1}} = C,$$

ou encore

$$\frac{\operatorname{tang}\varphi + \dfrac{r\operatorname{tang}\psi\sqrt{-1}}{r'\sqrt{-1}}}{1 - \operatorname{tang}\varphi\,\dfrac{r\operatorname{tang}\psi\sqrt{-1}}{r'\sqrt{-1}}} = \mathrm{C}.$$

En posant

$$\operatorname{tang}\gamma = -\frac{1}{\mathrm{C}} \quad \text{et} \quad \operatorname{tang}\mu = \frac{r\operatorname{tang}\psi\sqrt{-1}}{r'\sqrt{-1}},$$

cette condition revient à

$$\frac{\pi}{2} + \gamma = \varphi + \mu,$$

d'où

$$\mu = \frac{\pi}{2} + \gamma - \varphi;$$

par conséquent

$$\operatorname{tang}(\varphi - \gamma) = \frac{r'\sqrt{-1}}{r\operatorname{tang}(\psi\sqrt{-1})},$$

ou enfin

$$\operatorname{tang}(\varphi - \gamma)\operatorname{tang}\psi\sqrt{-1} = \frac{r'\sqrt{-1}}{r},$$

condition très-simple et dont la forme est remarquable.

Quand il s'agit de la conjuguée $\mathrm{C} = \infty$, cette condition devient

$$\operatorname{tang}\varphi\,\operatorname{tang}\psi\sqrt{-1} = \frac{r'}{r}\sqrt{-1}.$$

Application aux courbes du second degré.

258. Si l'on veut, dans l'équation

$$\rho = \frac{p}{1 - e\cos\omega},$$

retrouver, par exemple, la conjuguée $\mathrm{C} = \infty$ de la courbe réelle qu'elle représente, il faudra faire $\varphi = 0$ et $r' = 0$; en effet, l'équation

$$r + r'\sqrt{-1} = \frac{p}{1 - e\cos(\varphi + \psi\sqrt{-1})}$$

se décompose en

$$r \left(1 - e \cos \varphi \cos \psi \sqrt{-1}\right) + er' \sqrt{-1} \sin \varphi \sin \psi \sqrt{-1} = p$$

et

$$er \sin \varphi \sin \psi \sqrt{-1} + r' \sqrt{-1} \left(1 - e \cos \varphi \cos \psi \sqrt{-1}\right) = 0,$$

la dernière donne

$$\frac{r}{r' \sqrt{-1}} = \frac{e \cos \varphi \cos \psi \sqrt{-1} - 1}{e \sin \varphi \sin \psi \sqrt{-1}},$$

de sorte que la condition à remplir serait

$$\frac{1}{\tan \varphi \tan \psi \sqrt{-1}} = \frac{e \cos \varphi \cos \psi \sqrt{-1} - 1}{e \sin \varphi \sin \psi \sqrt{-1}},$$

d'où

$$\tan \varphi \tan \psi \sqrt{-1} = 0.$$

En faisant $\tan \psi \sqrt{-1} = 0$, on aurait évidemment la courbe réelle ; par conséquent on obtiendra la conjuguée $C = \infty$ en faisant $\tan \varphi = 0$, mais alors l'équation

$$er \sin \varphi \sin \psi \sqrt{-1} + r' \sqrt{-1} \left(1 - e \cos \varphi \cos \psi \sqrt{-1}\right)$$

donnera $r' = 0$.

Ainsi la conjuguée $C = \infty$ de la courbe $\rho = \dfrac{p}{1 - e \cos \omega}$ sera donnée par les solutions de la forme

$$\omega = \psi \sqrt{-1} \quad \text{et} \quad \rho = r.$$

FIN DU TOME PREMIER.